高等学校"十二五"规划教材·计算机系列

ASP 动态网站程序设计教程

（修订版）

主　编　文东戈

副主编　朱　玲　李艳东

哈尔滨工业大学出版社

内 容 简 介

本书由浅入深、循序渐进地讲述了 ASP 编程技术的基础知识及网站建设的方法过程,全书共分 9 章,主要介绍了动态网站的含义、结构体系及其主机方案、开发步骤要求;ASP 开发环境配置、ASP 编程规则、VBScript 脚本语言的基本语法;ASP 的内置对象、组件技术;数据库基础及 SQL 语句、ADO 对象及数据库操作;通用模块的设计;最后按软件工程的思想以电子商务网站为例介绍了网站设计开发的全过程。

本书是作者在多年的教学与应用开发实践的基础上编写而成,内容翔实,循序渐进,结构清晰,图文并茂,实例丰富,可作为高等学校有关专业 Web 编程与网站开发相关课程的教材,也可作为各类 ASP 动态网站程序设计教学的培训教材及自学参考资料。

图书在版编目(CIP)数据

ASP 动态网站程序设计教程/文东戈主编. —2 版. —哈尔滨:
哈尔滨工业大学出版社,2013.1(2015.10 重印)
 ISBN 978-7-5603-2743-3

Ⅰ.①A… Ⅱ.①文… Ⅲ.①网页制作工具-高等学校-
教材 Ⅳ.①TP393.092

中国版本图书馆 CIP 数据核字(2013)第 009184 号

责任编辑 王桂芝 贾学斌
出版发行 哈尔滨工业大学出版社
社 址 哈尔滨市南岗区复华四道街 10 号 邮编 150006
传 真 0451－86414749
网 址 http://hitpress.hit.edu.cn
印 刷 黑龙江省地质测绘印制中心印刷厂
开 本 787mm×1092mm 1/16 印张 17.5 字数 420 千字
版 次 2008 年 8 月第 1 版 2013 年 1 月第 2 版
 2015 年 10 月第 2 次印刷
书 号 ISBN 978-7-5603-2743-3
定 价 35.00 元

(如因印装质量问题影响阅读,我社负责调换)

序

当今社会已进入前所未有的信息时代,以计算机为基础的信息技术对科学的发展、社会的进步,乃至一个国家的现代化建设起着巨大的推进作用。可以说,计算机科学与技术已不以人的意志为转移地对其他学科的发展产生了深刻影响。需要指出的是,学科专业的发展都离不开人才的培养,而高校正是培养既有专业知识、又掌握高层次计算机科学与技术的研究型人才和应用型人才最直接、最重要的阵地。

随着计算机新技术的普及和高等教育质量工程的实施,如何提高教学质量,尤其是培养学生的计算机实际动手操作能力和应用创新能力是一个需要值得深入研究的课题。

虽然提高教学质量是一个系统工程,需要进行学科建设、专业建设、课程建设、师资队伍建设、教材建设和教学方法研究,但其中教材建设是基础,因为教材是教学的重要依据。在计算机科学与技术的教材建设方面,国内许多高校都做了卓有成效的工作,但由于我国高等教育多模式和多层次的特点,计算机科学与技术日新月异的发展,以及社会需求的多变性,教材建设已不再是一蹴而就的事情,而是一个长期的任务。正是基于这样的认识和考虑,哈尔滨工业大学出版社组织哈尔滨工业大学、东北林业大学、大庆石油学院、哈尔滨师范大学、哈尔滨商业大学等多所高校编写了这套"高等学校计算机类系列教材"。此系列教材依据教育部计算机教学指导委员会对相关课程教学的基本要求,在基本体现系统性和完整性的前提下,以必须和够用为度,避免贪大求全、包罗万象,重在**突出特色**,体现**实用性和可操作性**。

(1)在体现科学性、系统性的同时,突出实用性,以适应当前 IT 技术的发展,满足 IT 业的需求。

(2)教材内容简明扼要、通俗易懂,融入大量具有启发性的综合性应用实例,加强了实践部分。

本系列教材的编者大都是长期工作在教学第一线的优秀教师。他们具有丰富的教学经验,了解学生的基础和需要,指导过学生的实验和毕业设计,参加过计算机应用项目的开发,所编教材适应性好、实用性强。

这是一套能够反映我国计算机发展水平,并可与世界计算机发展接轨,且适合我国高等学校计算机教学需要的系列教材。因此,我们相信,这套教材会以适用于提高广大学生的计算机应用水平为特色而获得成功!

2008 年 1 月

再版前言

ASP 作为目前流行的网站设计技术,具有简单易学、环境配置简单、功能强大等特点,是许多网站设计者首选的开发技术。本书从介绍动态网站建设的基础讲起,主要介绍了 ASP 编程技术的基础知识、组件技术、数据库操作,以及网站设计通用模块的设计与实现过程,一步步引领读者走上 ASP 网站开发之路。

本书面向学习 ASP 和网站开发的初中级用户。本书采用由浅入深、循序渐进的讲述方法,在内容编写上充分考虑到初学者的实际需求,通过大量实用的操作指导和有代表性的实例,可以使读者直观、迅速地了解 ASP 的主要功能和动态网站的制作方法。

作为高校教材,本书在编写过程中将理论与实践相结合,摒弃了一些艰深的计算机专业术语,以及对一些较为复杂的技术细节的介绍,力图让读者形成一个较为系统和全面的知识体系结构,了解现实中运行的网站实际开发的过程,并能将学会的知识与技能应用于实践。所以,本书以实用、够用为标准,用大量的实例说明网站建立的思路、数据处理的策略和手段,最后通过网站建设通用模块的设计及实现过程进行详细分析讲解,对前面知识进行总的概括,为提高学生的动手能力奠定扎实的基础。

本书是作者长期教学经验和工程实践积累的结果,书中的所有例子和程序都来自教学和工程实践。所有的程序都力求最精、最简、最易懂,而且具有一定的代表性。每一个程序都说明一个知识点,再把几个小知识点综合起来形成一个综合实例。

全书共分 9 章,每章均以丰富的实例进行讲解,读者可以按照目录次序依次阅读,也可以根据需要查找特定内容进行学习。第 1 章介绍动态网站的含义、体系及其开发程序;第 2 章介绍网站建设的基础知识,包括 HTML 标识、网页设计工具、主机方案、网站项目工程开发步骤及要求;第 3 章介绍 ASP 开发基础,包括环境配置、ASP 编程规则及 VBScript 脚本语言的基本语法;第 4 章介绍 ASP 的内置对象;第 5 章介绍 ASP 的组件技术;第 6 章介绍数据库基础及 SQL 语句;第 7 章介绍 ADO 对象及数据库操作;第 8 章介绍多个通用模块的设计与实现过程,可作为大型网站的设计基础。第 9 章按照软件工程的设计思想,以电子商务网站为例,介绍网站设计开发步骤及编码实现的过程。

本书与其他相关的计算机图书相比,具有以下特点:

从 ASP 的基础讲起,让读者轻松学习网站的开发过程。

具有独特的通用模块设计。本书给出了多个通用功能模块的设计与实现过程,这些模块可以作为大型网站的设计基础,使读者能够由浅入深地学习网站的设计过程。

具有丰富的实例及源代码。在本书的每一章中都介绍了丰富的实例,读者都可以在本书提供的下载文件中找到这些实例代码。

本次再版由黑龙江科技学院文东戈担任主编,齐齐哈尔大学朱玲、李艳东担任副主编。具体编写分工如下:第1、2、7、9章由文东戈编写,第3、4章由朱玲编写,第5、6、8章由李艳东编写。程杰、廉龙颖、赵艳芹、王艳涛、纪明宇、楚洪波等人也参与了本书的编写工作。在整个编写过程中,得到了黑龙江八一农垦大学、哈尔滨商业大学、东北林业大学、鸡西大学等院校同行的热情帮助和指导,在此,编者对以上人员致以诚挚的谢意!本书致力于让多层次的读者阅读后都能有所收获,但是由于编者的水平有限,疏漏之处在所难免,欢迎读者与专家批评指正。

为使本书更好地服务于读者的学习,我们为读者提供了本书实例的源代码。使用本书学习的读者,如需要本书实例的源代码,可和我们联系(E-mail 地址:wdg3000@163.com)。

编　者
2012 年 12 月

目　　录

第1章 动态网站建设概述

随着互联网的发展,网络已经渗透到人们日常生活的方方面面,特别是基于 Web 方式的应用,正在悄悄地改变着人们的生活方式。如网上购物、网上办公、网上考试、网络教学等等,以及各种信息管理系统也都趋于 Web 方式。目前网站建设的设计开发技术有很多种,本章主要介绍动态网站建设的基本知识、方式方法、结构模式、开发语言以及平台组合等。

本章的学习目标
◆ 掌握动态网页与静态网页的区别
◆ 掌握动态网页的运行原理
◆ 掌握 C/S 与 B/S 模式的区别
◆ 了解动态网站设计开发的各种程序特点

1.1 动态网站简介

用户访问网站时最主要的是完成交互功能,就是网站针对用户不同的需求,做出不同的响应,这已经成为网页制作技术的主要发展方向。那么如何设计出一个用户使用管理方便、动态更新、支持互动的网站呢? 这就需要动态网站的设计开发技术。

1.1.1 Web 服务器端与客户端浏览器

基于 Web 方式提供服务的一方被称为 Web 服务器,而接受服务的一方一般都是通过浏览器进行网站访问的则被称为客户端浏览器。例如,当客户在浏览"网易"站点主页时,"网易"网站主页所在的服务器就被称为服务器端,而浏览者的计算机则被称为客户端。

服务器端和客户端并不是一成不变的,如果原来提供服务的服务器端用来接收其他服务器端的服务,此时该服务器端将转化成为客户端;如果自己的计算机上已经安装了 Web 服务器软件,就可以把自己的计算机作为服务器,成为服务器端,用户就可以通过网络访问到自己的计算机。对于程序设计者来说,在进行程序开发调试时,既可以把自己的计算机当作服务器端,又可以当作客户端在本机上预览自己所设计的网站。

1.1.2 静态网页

1.什么是静态网页
在网站设计中,纯粹 HTML 格式的网页通常被称为"静态网页",静态网页的文件扩展名是以.htm、.html、.shtml、.xml 等为后缀的。在 HTML 格式的网页上,也可以出现各种动态的效果,如 GIF 格式的动画、FLASH、滚动字幕等,但这些"动态效果"只是视觉上的。

静态网页的特点:

① 静态网页每个网页都有一个固定的 URL,且网页 URL 以.htm、.html、.shtml 等常见形式为后缀。

② 网页内容一经发布到网站服务器上,无论是否有用户访问,每个静态网页的内容都是保存在网站服务器上的,也就是说,静态网页是实实在在保存在服务器上的文件,每个网页都是一个独立的文件。

③ 静态网页的内容相对稳定,因此容易被搜索引擎检索到。

④ 静态网页没有数据库的支持,在页面设计和维护方面的工作量十分庞大,因此当网站信息量和更新量很大时,完全依靠静态网页的制作方式将花费大量的人工和时间。

⑤ 静态网页的交互性比较弱小,在功能方面有较大的限制。

2.静态网页的工作原理

静态网页主要以 HTML 标识为主,也可以嵌入 JavaScript 等脚本语言完成网页特效或简单的交互,但这些网页代码在客户端是完全可见的,在服务器端没有经过任何解释而是全部直接下载到客户端浏览器上,由客户端的浏览器进行解释执行的,它的工作原理如图 1.1 所示。

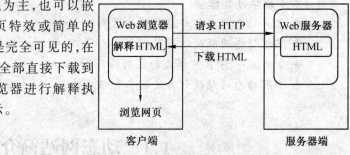

图 1.1　静态网页工作原理

1.1.3　动态网页

1.什么是动态网页

动态网页一般是指运行在服务器端的程序网页,它可以根据用户的不同请求,做出不同的响应,动态网页中除了 HTML 标识外还嵌入了程序语言,该网页随着开发语言的不同其文件的扩展名也不同,例如,ASP 文件的扩展名为".asp",JSP 文件的扩展名为".jsp"。动态网页可以根据不同的时间、地点、请求完成不同的交互功能。例如,留言板、聊天室、网上购物等等都是动态网页实现的。

2.动态网页的工作原理

当用户从客户端浏览器向 Web 服务器输入请求时,服务器接到用户的不同请求后,首先会寻找所要浏览的动态网页文件,该动态网页文件中的程序根据请求运行相关的程序代码,并解释运行成标准的 HTML,最后再将 HTML 发送给客户端。其工作原理如图 1.2 所示。

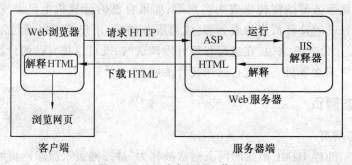

图 1.2　ASP 动态网页工作原理

例如,在 ASP 环境下,HTML 代码主要负责描述信息的显示样式,而程序代码则用来描述处理逻辑。普通的 HTML 页面只依赖于 Web 服务器,而 ASP 页面需要附加的语言引擎 IIS 来分析和执行程序代码。程序代码的执行结果被重新嵌入到 HTML 代码中,然后一起发送给浏览器。ASP 都是面向 Web 服务器的技术,客户端浏览器不需要任何附加的软件支持。

3. 动态网页的特点

从图 1.2 动态网页的工作原理来看,动态网页可以总结出以下特点:

① 动态网页源程序在服务器端运行,一般由 Web 服务器的解释器解释执行。

② 用户在客户端看不到动态网页的源代码,而只是其在服务器端运行解释后并下载到客户端的 HTML。

③ 动态网页可以实现网站的动态更新,一般在客户端通过对服务器端数据库操作来实现,这样可以大大地降低网站维护的工作量。

④ 动态网页可以实现交互功能,实现用户之间及用户和服务器之间的通信。

1.2 动态网站的体系结构

基于网络的应用程序体系结构目前主要分为 C/S 结构体系和 B/S 结构体系。随着网络技术的发展,这两种体系结构软件在日常事务、管理维护中,日渐趋于 Web 方式的操作方法。本小节将对这两种体系结构的特点作详细的说明和阐述。

1.2.1 C/S 结构模式

C/S(Client/Server)结构即客户机/服务器结构,该结构模式的应用程序安装在客户机上,在客户机上连接到网络数据库服务器,通过网络分布式处理共享网络数据信息,它将大量表达服务、业务逻辑放在客户端,数据处理放在服务器端。该结构模式一般应用在局域网中,而且具有大规模的数据处理能力,它可以充分利用两端硬件环境的优势,将任务合理分配到 Client 端和 Server 端,降低了系统的资源消耗和通讯开销。C/S 结构示意图如图 1.3 所示。

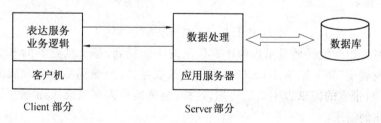

图 1.3 C/S 结构模式示意图

C/S 体系结构虽然采用的是开放模式,但在特定的应用中,无论是客户端还是服务器端都还需要特定的软件支持。因为每一个客户机都需要安装一套客户端软件,而且由于客户机承担了大量的运算工作,对于客户机的性能和配置要求较高,所以该模式又称为胖客户机模式。由于没能提供用户真正期望的开放环境,C/S 结构的软件需要针对不同的操作系统开发不同版本的软件,而在软件产品维护升级时,对局域网内的所有用户都要更新软件系统,工作量非常大,而且代价高,效率低。

目前大多数应用软件系统都是 C/S 模式的两层结构,现在的软件应用系统向分布式的

Web 应用三层结构发展;内部的和外部的用户都可以访问新的和现有的应用系统,Web 和 C/S 应用都可以进行同样的业务处理,如 Internet 网络上的 QQ 程序,客户机上的应用程序模块共享逻辑组件,通过连接应用服务器系统中的逻辑可以扩展出新的应用系统,这也是目前 C/S 模式应用系统的发展方向。

1.2.2　B/S 结构模式

由于 C/S 的胖客户机模式对于客户机的性能和配置要求较高,无法支持多种类型的客户机设备,例如 PDA、手机等,并且对网络带宽要求很高,远程接入困难。于是,以标准的浏览器为客户端的 B/S 瘦客户机模式成为解决 C/S 所存在问题的不二选择。因为采用这种模式,客户机只需要处理界面显示逻辑即可,而事务处理、应用逻辑处理等其他运算则在数据库服务器或者中间层的应用服务器进行。

B/S(Browser/Server)结构即浏览器/服务器结构,它是随着 Internet 技术的兴起,对 C/S 结构的一种变化或者改进的结构。在这种结构下,系统的程序安装在服务器端,客户是通过 Web 浏览器来实现对系统的操作,极少部分事务逻辑在前端(Browser)实现,但是主要事务逻辑在服务器端(Server)实现。它形成了三层结构模式,即由浏览器、Web 服务器、数据库服务器三个层次组成,其本质上是种特殊的客户机/服务器结构,只不过它的客户端软件简化为 Web 浏览器,这样就大大简化了客户端的操作,减轻了系统维护与升级的工作量,服务器上的系统维护更新也可以通过远程进行,极大地方便了用户操作,降低了系统的成本。B/S 的结构示意图如图 1.4 所示。

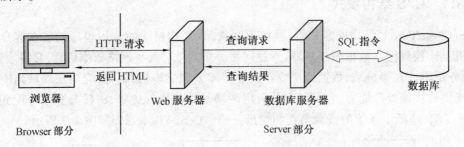

图 1.4　B/S 结构示意图

随着人们对应用系统界面显示内容丰富程度的不断提高,基于浏览器的 B/S 模式的瘦客户端也不断地发展变"胖",如 WebGIS 的地理信息系统等,客户端仍然需要和服务器做大量的交互,因此 B/S 对带宽的需求也不断地增加,这样,浏览器也需要安装 Java 虚拟机和各种插件等来满足客户端的需求。

1.2.3　C/S 与 B/S 结构结合的混合模式

基于 Web 的 C/S 与 B/S 相混合模式的软件结构系统是基于网络的、分布式的、异构的系统,它们共用同一数据库系统,可容纳不同地域、不同网络结构类型、不同应用程序开发工具,在功能相对独立的软件系统上形成数据的统一性,体系模块通过 Web 服务器在客户端以浏览器方式访问,也可以通过客户端安装专门的软件来访问系统,实现系统间或系统模块间的信息共享。

例如,采用 C/S 与 B/S 混合模式的酒店客房管理系统中,C/S 结构模式负责酒店客房的管理,B/S结构模式负责普通用户的酒店客房信息浏览及 Internet 网络用户远程网上预定客房等等,而它们结合的公共部分就是共用一个数据库系统,如图 1.5 所示。

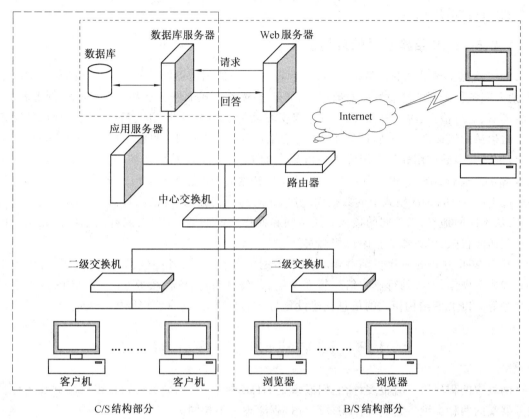

图 1.5　C/S 与 B/S 结构混合模式示例图

1.2.4　C/S 与 B/S 结构模式的区别

C/S 和 B/S 是当今世界开发模式技术架构的两大主流技术。目前,以 C/S 和 B/S 技术开发出的产品很多。这两种技术都有各自的特点和应用。

(1)从硬件环境的角度来说,C/S 一般建立在专用的网络上,小范围的网络环境,局域网之间再通过专门服务器提供连接和数据交换服务。而 B/S 建立在广域网之上,不必是专门的网络硬件环境,例如电话上网、租用设备上网等。接入网络环境更加方便,比 C/S 有更强的适应范围。

(2)从安全的角度来说,C/S 一般面向相对固定的用户群,对信息安全的控制能力很强。一般高度机密的信息系统采用 C/S 结构适宜,可以通过 B/S 发布可公开的信息。而 B/S 建立在广域网之上,面向不可知的用户群,因此对安全的控制能力相对弱一些。

(3)从用户接口的角度来说,C/S 建立在 Windows 平台上,表现方法有限,因此对客户端应用软件的开发要求和对客户端操作人员的操作水平要求较高;而 B/S 建立在浏览器上,有更加丰富和生动的表现方式与用户交流,降低了对操作人员或用户的要求。

(4)从系统维护和升级的角度来说,由于 C/S 结构的整体性特点而导致系统维护难度大、升级难,因此系统一旦出现问题,可能会要求再做一个全新的系统;而 B/S 结构组成方面只是构件个别的更换,并能够实现系统的无缝升级,系统维护开销减到最小,用户从网上自己下载安装就可以实现升级。

1.2.5 B/S 结构模式的应用前景

Internet 是全球最大的计算机网络,基于 Internet 下的浏览器网站的访问,不受时间、地域限制,把人们各种美好的理想生活变成现实,如基于 Web 方式的网上购物、聊天通信、网上教学、报名考试、信息检索、收发邮件、网上娱乐等交互功能的动态网站上的各种活动,目前已经是人们日常生活的组成部分,人们自然而然地生活在 Internet 构筑的信息社会中。

目前,大多数应用软件系统都正在由现在的 Client/Server 结构形式向分布式的 Web 应用的 Browser/Server 结构形式方向发展。以目前的技术看,建立 B/S 结构的网站建设网络应用,并通过 Internet/Intranet 模式下的数据库应用,相对易于把握,成本也比较低。它能实现不同的人员,从不同的地点,以不同的接入方式访问和操作共同的数据库;它能有效地保护数据平台和管理访问权限,服务器数据库也相对安全。

基于 Web 方式的应用目前并不只局限于浏览各种网站,各种信息管理平台目前也趋于 Web 方式下操作,如各种行业的信息管理系统、办公自动化、各种政务平台、WebGIS 地理信息系统等等。以 B/S 结构模式的信息化建设是目前的主要方式,有着广阔的发展前景。

1.3 网站建设的程序介绍

网页中的程序语言有很多种,它们嵌入到 HTML 标识中,可分为运行在客户端的及运行在服务器端的两种类型。它们的作用及运行过程原理各不相同。

1.3.1 执行于客户端的网页程序

执行在客户端的网页程序一般都属于静态网页,其执行过程是将 HTML 网页从服务器端下载到客户端,由客户端的浏览器或相关的平台负责解释并执行,最后将执行后的结果显示在浏览器中。

运行在客户端的程序也能完成同用户的简单交互,如不同时间的不同响应状态、表单验证、鼠标控制的一些网页特效等等。这些程序一般只是在客户端完成同用户的简单交互,并没有把用户的请求传到服务器端处理,所以这些交互功能有限。

执行在客户端的网页程序优点是浏览器完成了所有的工作,这可以减轻服务器的负担。而且客户端程序运行起来比服务器端程序快得多,当一个浏览器的用户执行了一个操作时,不必通过网络对其作出响应,客户端程序本身就可以作出响应。

目前,运行在客户端浏览器的网页程序有 JavaScript 或 VBScript 脚本程序、Java 的 Applet 程序、ActiveX 控件程序或 Flash 程序等等,这些程序有的可以直接由浏览器解释执行,有的需要客户端的下载插件支持才能运行,如 Java 的 Applet 程序需要 Java SDK 支持,而 JavaScript 等脚本程序则根据浏览器的版本及类别的不同而决定能否正常运行。

1．Javascript

Javascript 就是适应动态网页制作的需要而诞生的一种新的编程语言,如今越来越广泛地应用于 Internet 网页制作上。Javascript 是由 Netscape 公司开发的一种脚本语言(Scripting Language)，或者称为描述语言。在 HTML 基础上，使用 Javascript 可以开发交互式 Web 网页。Javascript 的出现使得网页和用户之间实现了一种实时性的、动态的、交互性的关系，使网页包含更多活跃的元素和更加精彩的内容。运行用 Javascript 编写的程序需要能支持 Javascript 语言的浏览器。Netscape 公司 Navigator 3.0 以上版本的浏览器、微软公司 Internet Explorer 4.0 以上版本的浏览器都能支持 Javascript。微软公司还有自己开发的 Javascript，称为 Jscript。Javascript 和 Jscript 基本上是相同的，只是在一些细节上有出入。Javascript 短小精悍，它是专门为制作 Web 网页而量身定做的一种简单的编程语言。又是在客户机上执行的，因此大大提高了网页的浏览速度和交互能力。

Java 与 JavaScript 是完全不同的。Java 全称应该是 Java Applet，是嵌在网页中、而又有自己独立的运行窗口的小程序。Java Applet 是预先编译好的 class 文件。Java Applet 的功能很强大，可以访问 http、ftp 等协议，甚至可以在电脑上种病毒。相比之下，JavaScript 的能力就比较小了。JavaScript 是一种"脚本"，它直接把代码写到 HTML 文档中，浏览器读取它们的时候才进行编译、执行，而且是在客户端由浏览器解释执行的，所以能查看 HTML 源文件就能查看 JavaScript 源代码。JavaScript 没有独立的运行窗口，浏览器当前窗口就是它的运行窗口。它们的相同点是以 Java 作编程语言。

2. VBscript

VBScript(Microsoft Visual Basic Scripting Edition)是程序开发语言 Visual Basic 家族中的成员，它将灵活的 Script 应用于 Microsoft Internet Explorer (IE 浏览器)中的 Web 客户机和 Microsoft Internet Information Server (IIS)中的 Web 服务器中。

你可以在 HTML 文件中直接嵌入 VBScript 脚本，这不仅能够扩展 HTML，而且还能使带有 VBScript 脚本的网页可以完成交互功能。

VBScript 既可以作为客户端编程语言，也可以作为服务器端编程语言。但是，一般来说，可以解释 VBScript 脚本的浏览器只有 Microsoft Internet Explorer。例如 Netscape Navigater 将忽略 VBScript 脚本。所以 VBScript 作为客户端编程语言在网页中应用很少，而 JavaScript 脚本语言是客户端编程的主流。

VBScript 是 ASP(Active Server Pages)的缺省语言，即运行在服务器端的 VBScript 也可以称为 ASP，本书中所有的 ASP 例子程序都是使用 VBScript 编写的。

用 VBScript 作为服务器端编程语言的好处是：VBScript 不受浏览器的限制，VBScript 脚本在网络传送给浏览器之前被执行，Web 浏览器收到的只是标准的 HTML 文件。当你创建 ASP 网页时，你将用 VBScript 作为服务器端编程语言，因此，本书 3.4 节中介绍的 VBScript 编程基础即是 ASP 编程基础。

1.3.2　执行于服务器端的网页程序

执行在服务器端的程序，我们一般把它称为动态网页程序，该类程序可分为脚本解释程序和编译后的执行程序。

脚本解释程序在运行前并不需要经过编译动作，而是由解释器直接解释执行程序指令，如 ASP、PHP、JSP 等。

编译执行程序是在服务器端的程序经过编译后执行，再把执行后的结果以 HTML 方式下载到客户端进行解释浏览。如 ActiveX 控件、.NET 程序,它们可以用不同的语言平台来开发实现,如 Java、VC++ 、C# 、VB 等等。

在执行效率上,编译后的程序执行效率高于脚本解释的程序,并且编译程序在功能扩充上更加自如。而脚本程序是在执行时才解释,所以一般跨平台移植性较好。下面介绍几个常用的执行于服务器端的网页程序。

1.CGI 程序

在服务器端执行的网页程序,最主要的用途是处理从客户端送到服务器端的数据。客户端网页通常通过表单将数据送至服务器端,服务器端再通过 CGI 接口将前端网页的数据转传给负责处理此信息的程序。当完成执行后,该程序便会将执行结果所产生的网页输出给服务器,由服务器负责回传给客户端。由于程序取得数据的方式是通过 CGI 接口的,因此,这类程序又被称为 CGI 程序。

CGI 程序的撰写并不限于使用哪一种程序语言,有人用 C,有人用 VB,还有人用 Perl 语言(Practical Extraction and Report Language)。不过,不论是使用哪种语言,该程序都必须从 CGI 接口读入数据后,从一长串的字符串中取得所要的数据,然后加以处理。处理完了再将结果输出为网页,因此,输出的数据包含了 HTML 标识的执行结果。而在程序中输出数据的方式,与一般程序将数据输出于屏幕的方式并无不同。

撰写 CGI 程序时,最令人厌烦的部分,不外乎是解读通过 CGI 接口所传给程序的字符串。这些字符串是由客户端网页中所输入的数据所组成的,CGI 程序的撰写者必须自行从字符串中取得所需要的信息。CGI 程序的另一个缺点,就是除了 Perl 是解译式语言外,其他都是编译式语言。当您使用编译式语言撰写 CGI 程序时,每次修改程序后,您就必须重新编译程序一次,然后再利用浏览器进行测试。因此,所有使用编译式语言撰写 CGI 程序的开发者都认为,写这类程序实在是非常折磨人的。正因为如此,在各种可撰写 CGI 程序的语言中,解译式的 Perl 语言是最受欢迎的,不仅因其处理字符串的能力强,而且执行前不需要编译动作,撰写时也只需要纯文字编辑器即可。因此,其执行效能差的缺点,在这个地方就显得微不足道了。

2.ASP 程序

ASP 全名为 Active Server Pages,是一个 Web 服务器端的开发环境,利用它可以产生和执行动态的、互动的、高性能的 Web 服务应用程序。ASP 采用脚本语言 VBScript 作为自己的开发语言。

ASP 使用 VBScript 简单易懂的脚本语言,结合 HTML 代码,即可快速地完成网站的应用程序;无需编译,容易编写,可在服务器端直接执行;另外,ASP 使用 ActiveX 服务器组件(ActiveX Server Components)可以具有无限可扩充性;可以使用 Visual Basic、Java、Visual C++ 、COBOL 等程序设计语言来编写你所需要的 ActiveX Server Components。

ASP 是 Microsoft 开发的动态网页语言,继承了微软产品的一贯传统,只能执行于微软的服务器产品,例如,在 Windows NT/2000/2003 或 XP 操作系统下的 Web 服务器 IIS(Internet Information Server)和 Windows 98/Me 的 PWS(Personal Web Server)。UNIX 下也有 ChiliSoft 的组件来支持 ASP,但是 ASP 本身的功能有限,必须通过 ASP + COM 的群组合来扩充,UNIX 下的 COM 实现起来非常困难,所以说 ASP 的平台移植性不好。

正因为 ASP 是 Microsoft 产品,所以搭建 ASP 动态网站相对比较容易,例如在 Windows 2000/2003 Server 版的 Web 服务器 IIS 下,利用 Microsoft 的 Access/SQL Server 即可轻松搭建动态

网站。

3．PHP 程序

PHP(Hypertext Preprocessor)，超文本预处理器的字母缩写，是一种被广泛应用的开放源代码的多用途脚本语言，它可嵌入到 HTML 中，尤其适合 web 开发。它大量地借用 C、Java 和 Perl 语言的语法，并耦合 PHP 自己的特性，使 Web 开发者能够快速地实现动态页面。它支持目前绝大多数数据库。PHP 解释器是完全免费的，用户可以从 PHP 官方站点自由下载。

PHP 可以编译成与许多数据库相连接的函数，PHP 与 MySQL 是公认的最佳组合。用户还可以自己编写外围的函数去间接存取数据库。通过这样的途径，当用户更换使用的数据库时，可以轻松地修改编码以适应这样的变化。PHPLIB 就是最常用的可以提供一般事务需要的一系列基库。但 PHP 提供的数据库接口支持彼此不统一，比如对 Oracle、MySQL、Sybase 的接口，彼此都不一样，这也是 PHP 的一个弱点。PHP 提供了类和对象，基于 Web 的编程工作非常需要面向对象的编程能力。

PHP 是一种跨平台的服务器端的嵌入式脚本语言，可在 Windows、UNIX、Linux 的 Web 服务器上正常执行，还支持 IIS、Apache 等常用的 Web 服务器。用户更换平台时，无需变换 PHP 代码，可即拿即用。构建"Linux + Apache + PHP + MySQL"平台是目前公认的构建中小型网站的黄金组合。

4．JSP 程序

JSP 是 Sun 公司推出的新一代网站开发技术，Sun 公司借助自己在 Java 上的不凡造诣，又把人们引进 JSP 的时代，JSP 即 Java Server Pages，它可以在 Serverlet 和 JavaBeans 的支持下，完成功能强大的站点程序。

使用 JSP 技术，Web 页面开发人员可以使用 HTML 或者 XML 标识来设计和格式化最终页面，使用 JSP 标识或者小脚本来产生页面上的动态内容。产生内容的逻辑被封装在标识和 JavaBeans 群组件中，并且捆绑在小脚本中，所有的脚本在服务器端执行。如果核心逻辑被封装在标识和 Beans 中，那么其他人，如 Web 管理人员和页面设计者，就能够编辑和使用 JSP 页面，而不影响内容的产生。在服务器端，JSP 引擎解释 JSP 标识，产生所请求的内容(例如，通过存取 JavaBeans 群组件，使用 JDBC 技术存取数据库)，并且将结果以 HTML 页面的形式发送回浏览器。这有助于作者保护自己的代码，而又能保证任何基于 HTML 的 Web 浏览器的完全可用性。

由于 JSP 页面的内置脚本语言是基于 Java 程序设计语言的，而且所有的 JSP 页面都被编译成为 Java Servlet，JSP 页面就具有 Java 技术的所有好处，包括健壮的存储管理和安全性。

作为 Java 平台的一部分，JSP 拥有 Java 程序设计语言"一次编写，各处执行"的特点。所以 JSP 几乎可以执行于所有平台，如 WindowsNT、Linux、UNIX。在 NT 下 IIS 通过一个外加服务器，例如 JRUN 或者 ServletExec，就能支持 JSP。知名的 Web 服务器 Apache 能够支持 JSP。由于 A-pache 广泛应用在 WindowsNT、UNIX 和 Linux 上，因此 JSP 有更广泛的执行平台。虽然现在 Win-dowsNT/2000 操作系统占了很大的市场份额，但是在服务器方面，UNIX 的优势仍然很大，而新崛起的 Linux 更是来势强劲。从一个平台移植到另外一个平台，JSP 和 JavaBeans 甚至不用重新编译即可移植，因为 Java 字节码都是标准的，与平台无关。

5．ASP．NET 程序

ASP．NET 是微软提供的新一代的 Web 开发平台，它为开发人员提供了生成企业级 Web 应用程序所需要的服务、编程模型和软件基础结构。同其他 Web 开发平台相比,ASP.NET 不像 ASP、PHP 那样靠解释执行,也不像 JSP 那样执行中间代码,而是编译为二进制数后执行。显然,它的安全性和执行效率都要远远高于以往任何一种动态网页技术,但由于它需要.NET 框架平台支持,所以对于开发运行环境平台的软硬件的要求比较高。

通常情况下,解释型的脚本语言在性能上抵不上编译型的语言。但由于 ASP.NET 页面在执行前会被编译,所以 ASP.NET 的性能得到了很大的提高。自推出.NET 开发平台以来,微软在 Web 服务器端开发语言方面,主推 VB.NET 和 C#.NET 这两种编译型语言。通过这两种开发语言,程序员可以像开发普通的 Windows 程序一样来开发 Web 程序,只不过在 Windows 程序中用于开发 GUI 界面的各种控件,在 Web 程序开发中也有它们相应的 Web 版本。

ASP.NET Web 开发技术为程序员提供了 Code Behind 技术,即程序代码与页面内容的分离设计方法,它通过 Web 控件将程序代码与页面内容成功分离,从而使 ASP.NET 的程序结构异常清晰,开发和维护的效率也得到了很大的提高。

本章小结

本章主要介绍了动态网站和静态网站的运行原理及区别,网站建设开发的体系结构模式,C/S 与 B/S 结构模式的区别,最后对当前常用的开发动态网站的 Web 程序进行了详细阐述。

目前,基于 Web 方式的程序设计 ASP 市场应用仍非常广,而且经久不衰。从以上介绍可以看出,ASP 是开发动态网站中最简单的一门工具,它无需编译,可以用“记事本”或“网页制作工具”即可编辑设计,编程语言类似于 Visual Basic,而且搭建开发运行环境的平台方法简单方便,所以对于初学者来说,学习 ASP 是在动态网站建设开发中见效最快的捷径,通过学习 ASP 可以为将来基于 Web 方式的开发奠定良好的基础。

思考与实践

1.什么是动态网页、静态网页?它们的工作原理区别是什么?

2.什么是 C/S 结构、B/S 结构?举例说明它们的应用方法。

3.网页程序怎么划分?都有哪些网页程序?它们各自的特点是什么?

4.什么是跨平台?哪些网页编程语言可以实现跨平台?举例说明网页程序移植实现跨平台的方法。

第2章

网站建设基础

　　动态网页编程最重要的特征就是由程序自动生成网页,最终形成供浏览器解释的 HTML。那么如何设计出精美的网页以及动态更新交互的站点,这就需要网页编程与网页制作相结合。本章主要介绍网站建设所必须掌握的基础知识,如网页文档的结构、超链接、表格和表单等基本的 HTML 标识的写法要求,网页编辑的常用工具,动态网站项目工程的设计步骤要求,以及网站的发布与维护、网站的主机方案等相关知识。

本章的学习目标

◆ 掌握 HTML 的语法及其网页文档的结构
◆ 掌握超链接、表格和表单标记的使用
◆ 了解网页制作的常用工具
◆ 了解网站项目工程开发的步骤要求
◆ 了解网站发布方法及网站的主机方案

2.1　HTML 基础

　　ASP 是嵌入到 HTML 标识中的脚本程序,而 HTML 是网页源文件的基本组成,ASP 在服务器端执行后,最终是以 HTML 的形式下载到客户端由浏览器解释输出,形成供用户浏览的网页。所以在学习 ASP 之前,很有必要了解并掌握 HTML 基本知识。

　　本小节主要介绍和 ASP 编程关系比较密切的 HTML 基本结构、表格、连接、框架以及表单的标识写法,对于网页制作中的网页布局、修饰、样式、美工等部分还必须利用可视化网页制作工具来设计制作。

2.1.1　HTML 简介

　　HTML 是 HyperText Markup Language 的首字母缩写,中文通常称为超文本标记语言。它是 Internet 上用于编写网页的主要语言。HTML 是纯文本类型的语言,使用 HTML 编写的网页文件也是标准的纯文本文件。可以用任何文本编辑器,例如 Windows 的"记事本"程序打开它,查看其中的 HTML 源代码,也可以在使用浏览器打开网页时,通过相应的"查看源文件"命令查看网页中的 HTML 代码。HTML 语法非常简单,它采用简捷明了的语法命令,通过各种标记、元素、属性、对象建立与图形、声音、视频等多媒体信息以及其他超文本文档的链接。

　　要查看网页内容,必须使用网页浏览器,浏览器的主要作用就是解释超文本文件中的各种标记,将单调乏味的文字显示为丰富多彩的内容。目前最为流行的浏览器有 Internet Explorer (简称 IE)以及 Netscape Communicator,本书中所有的例子都采用 Windows XP 中自带的 IE 6.0 作为浏览器。

利用 HTML 编写的网页是解释型的,也就是说,网页的效果是在用浏览器打开网页时动态生成的,而不是事先存储于网页中的。当用浏览器打开网页时,浏览器读取网页中的 HTML 代码,分析其语法结构,然后根据解释的结果显示网页内容。

超文本标记语言 HTML 是学习网页设计的基础,HTML 已经成为各种浏览器的通用标准,并独立于各种操作系统平台。HTML 不是程序语言,它只是一种标记语言,一种文本语言。不管你采用哪种技术,哪种语言编程的动态网页最终都以 HTML 的形式输出。

编写 HTML 可以用 Windows 中的"记事本",但编写设计修饰复杂的网页必须借助网页制作工具,进行可视化设计制作,即能自动生成 HTML 标识的网页。

但是 HTML 语言的功能十分有限,无法达到人们的预期设计目标,以实现令人耳目一新的动态效果。这样,各种嵌入到 HTML 中的脚本语言和动态网页开发语言应运而生,使得网页设计更加多样化。

2.1.2 HTML 语法及其网页文档的结构

1. HTML 语法

HTML 标记用于修饰、设置 HTML 文件的内容及格式。用户只需输入文件内容和必要的标记(也称为标识),文件内容在浏览器窗口内就会按照标记定义的格式显示出来。一般情况下,HTML 标记使用下列格式:

<标记名>文件内容</标记名>

一般 HTML 标记具有如下特点:

① 标记需要填写在一对尖括号"< >"内,它们通常是英文单词的首字母或缩写。

② 标记一般情况下是成对出现的。结束标记是在标记的前面添加斜杠"/"。

例如,对一字符串进行"加粗"修饰的表示为:

字符串

③ 在书写标记时,英文字母的大小写或混合使用大小写都是允许的,如 HTML、html 和 Html 的作用和效果都是一样的。

④ 标记内可以包含一些属性。标记属性可由用户设置,否则将采用默认的设置值。属性名称出现在标记的后面,并且以空格进行分隔。如果标记具有多个属性,那么不同的属性名称之间将以空格隔开。HTML 对属性名称的排列顺序没有特别的要求,用户可根据个人的爱好,在标记之后排列所需的属性名称。另外,标记的属性值需要使用双引号或单引号括起来。其格式如下:

<标记名字 属性1 属性2 属性3 ……>

例如,对一字符串进行以"红色"、及文字大小进行修饰的表示为:

<font color="#FF0000" size="4">字符串</font>

⑤ HTML 标记书写最好有层次,可以使读者一目了然,写成一行或另起一行都是可以的,但不能把"< >"分开另起一行写。

例如,输出一个表格的 HTML 标识写法为:

```
< table border = "1″ width = "100％″ >
    < tr >
        < td > 字符串 1 < /td >
        < td > 字符串 2 < /td >
    < /tr >
    < tr >
        < td > 字符串 3 < /td >
        < td > 字符串 4 < /td >
    < /tr >
< /table >
```

也可以紧凑方式写为：

```
< table border = "1″ width = "100％″ >
    < tr > < td > 字符串 1 < /td > < td > 字符串 2 < /td > < /tr >
    < tr > < td > 字符串 3 < /td > < td > 字符串 4 < /td > < /tr >
< /table >
```

⑥ 有些特殊标记并不是"成对出现"的，只是在出现的位置进行网页输出的修饰解释。
例如，换行的标记可以表示为：

字符串 1 < br > 字符串 2

2.网页文档的基本结构

网页文档的 HTML 标记通常由 3 部分组成：即起始标记、网页标题和文件主体。其中，文件主体是 HTML 文件的主要部分与核心内容，它包括文件所有的实际内容与绝大多数的标记符号。

网页文档的基本结构 HTML 标记结构为：

< HTML >
< HEAD > < TITLE > 网页标题 < /TITLE >
　　网页的属性
< /HEAD >
< BODY >
　　网页主体显示部分
< /BODY >
< /HTML >

网页文档的各部分结构说明如下：

① < HTML > 和 < /HTML > 之间为网页文档中的所有文本和 HTML 标识都包含在其中，它表示该文档是以超文本标识语言（HTML）编写的。事实上，现在常用的 Web 浏览器都可以自动识别 HTML 文档，并不要求有该标签，也不对该标签进行任何操作，但是为了使 HTML 文档能够适应不断变化的 Web 浏览器，还是应该养成不省略这对标签的良好习惯。

② < head > 和 < /head > 之间的内容是 Head 信息。Head 信息是不显示出来的，你在浏览器里看不到。但是这并不表示这些信息没有用处。例如你可以在 Head 信息里加上浏览器要显示网页文字的编码设置，对于简体中文一般设置成 GB2312 编码形式输出。在 < title > 和 < /title > 之间的内容，是这个网页文件的标题。你可以在浏览器最顶端的标题栏看到这个标

题。

③ < body > 和 < /body > 之间的信息是正文,即网页页面显示的内容。它是网页的主体部分。

例如,输出一个简单的 HTML 网页,代码为:

```
< HTML >
< HEAD >
    < meta http – equiv = ″Content – Type″ content = ″text/html; charset = gb2312″ >
    < title > 我的网站 < /title >
< /HEAD >
< BODY >
    我的第一个网页
< /BODY >
< /HTML >
```

运行演示效果如图 2.1 所示。

图 2.1　一个简单的 HTML 网页

2.1.3　超链接

超链接是网页中最为重要的部分,单击文档中的超链接,即可跳转至相应的网页位置。可以说,浏览 Internet 就是从一个文档跳转到另一个文档、从一个位置跳转到另一个位置、从一个网站跳转到另一个网站的链接过程。

1.超链接含义

利用超链接可以实现在文档间或文档中的跳转。超链接由两个端点及一个方向构成,通常将开始位置的端点称为源端点,而将目标位置的端点称为目标端点,链接就是由源端点指向目标端点的一种跳转。源端点可以是一个字符串、图片、按钮等;而目标端点可以是任意的网络资源,例如,它可以是一个页面、一幅图像、一段声音、一段程序,甚至可以是页面中的某个位置。

在 HTML 中,超文本链接主要通过标记 < a > 和 < /a > 来实现。它的基本格式为:

　　< a href = ″目标端点″ > 源端点 < /a >

另外超链接还具有一个 Target 属性,此属性用来指明浏览时的目标框架,它的语法格式为:

　　< a href = ″目标端点″ target = ″目标框架″ > 源端点 < /a >

Target 默认值为当前显示的网页浏览器窗口,而常用的值是 target = ″_ blank″,即链接的目

标显示在打开一个新的浏览器窗口中。例如：

  < a href = ″http://www.163.com″ target = ″_ blank″> 打开网易站点 </a>

2.链接路径

链接到目标端点的表达方式有三种形式：绝对路径、相对路径和基于站点根目录路径。图 2.2 所示为某一站点的文件结构，下面以该站点为例介绍链接路径的表达方法。

（1）绝对路径

如果在链接中，使用完整的物理地址，这种链接路径就称为绝对路径。绝对路径的特点是路径同链接的源端点无关。

例如，在图 2.2 所示的站点文件夹 aspweb 中，站点根目录主页的 index.asp 文件连接到 userreg 文件夹的 login.asp 文件，采用绝对路径链接表示为：

  < a href = ″c:\inetpub\wwwroot\aspweb\userreg\login.asp″> 注册</a>

从以上链接方法中可以看出，采用绝对路径的缺点在于，这种方式的链接不利于站点的移植，例如，若将该站点文件夹 aspweb 移动到另一个 Web 服务器，并以"D:\www"为站点根目录，则以上采取的绝对链接则失效，所以，必须对站点中的每个使用绝对路径的链接都进行修改，这是很麻烦的，也很容易出错。

（2）相对路径

相对路径是连接到的目标端点以当前源端点为基准点的相对位置表示方法，它避免了绝对路径的缺陷，对于在本站点之中的链接来说，使用相对路径是一个很好的方法。如果链接中源端点和目标端点位于一个目录下，则在链接路径中只需要指明目标端点的文档名称就可以了。

图2.2　示例站点结构

例如，在图 2.2 所示的站点文件夹 aspweb 中，站点根目录主页的 index.asp 文件连接到 userreg 文件夹的 login.asp 文件，采用相对路径链接表示为：

  < a href = ″userreg\login.asp″> 注册 </a>

而以 userreg 文件夹的文件 login.asp 为源端点链接到站点根目录的主页文件 index.asp 中，相对路径的表示方法为：

  < a href = ″...\index.asp″> 返回主页 </a>

其中"...\"为退出当前文件夹，返回到上一个目录中。从中可以看出，采用相对路径表示方法简单，而且无论站点文件夹如何移植，它和物理路径无关，所以采用相对路径的表示方法在站点变更移植中，链接不做任何修改仍然生效。

利用相对路径的缺点在于，如果修改了站点的结构，或是移动了文档，则链接的源端点发生了变化，文档中的链接关系就会失效，因为相对路径是由文档间的相对位置而定的。

（3）基于根目录的路径

基于根目录的路径可以看成是绝对路径和相对路径之间的一种折中，在这种路径表达方式中，所有的路径都是从站点的根目录开始的，它与源端点的位置无关，通常用一根斜线"/"表示根目录，所有基于根目录的路径都从该斜线开始。

例如,从任何站点内的文件中返回站点的主页文件 index.asp 的表示方法为:

< a href = "/index.asp" > 返回主页 </a>

2.1.4 表格

在 ASP 的动态网页中,很多信息都是以列表的方式显示的,这是 ASP 程序嵌套于 HTML 标识中最密切的部分,而且表格在网页排版布局、固定文本图像的输出中起着重要作用,所以学习 HTML 标识的表格部分还是很有必要的。

对于动态网页编程的用户,表格的 HTML 标识只需了解表格的基本结构即可,其他部分的表格样式、边框、背景等修饰部分建议用可视化网页制作工具进行设计即可。

表格是用 < table > 标签定义的。表格被划分为行(使用 < tr > 标签),每行又被划分为数据单元格(使用 < td > 标签)。td 表示"表格数据"(Table Data),即数据单元格的内容。数据单元格可以包含文本、图像、表单、新表格等。想要显示一个有边框的表格,需要使用 border 属性。如果不指定 border 属性,表格将不显示边框。

如果表格的单元格 < td > </td > 之间没有内容,那么这个单元格的边界是不会被显示出来的,尽管整个表格已设置边界值。要显示这个单元格的边界,可以插入一个" "HTML标识的空格符。

【例 2.1】 图 2.3 所示为一个输出表头及一行数据的表格内容的示例,其 HTML 标识可以表示为:

```
1     < html >
2     < head >
3         < meta http - equiv = "Content - Type" content = "text/html; charset = gb2312" >
4         < title > 图书列表网页 </title>
5     </head>
6     < body >
7     < table border = "1" width = "100%" >
8         < tr >
9         < td > 书号 </td>
10        < td > 书名 </td>
11        < td > 单价 </td>
12        </tr>
13     < tr >
14     < td > A911 </td>
15         < td > ASP 动态网站程序设计教
程 </td>
16         < td > 22 </td>
17     </tr>
18     </table>
19     </body>
20     </html>
```

该表格 HTML 标识的网页输出效果如图 2.3 所示。

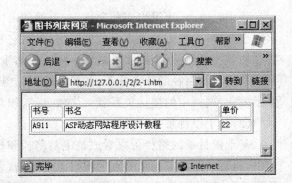

图 2.3 HTML 标识的表格示例运行效果图

在示例运行效果图 2.3 中,表格的第一行为"表头",由示例代码中的第 8 ~ 12 行表示。本示例中表的数据只有一条,代码中第 13 ~ 17 行所表示的。第 7 行的"border = ″1″"表示表的边框粗细,"width = ″100％″"表示表格宽度自适应浏览器的窗口大小的百分比,这种表示方法可以使表格数据显示随着浏览器窗口大小而改变。也可以用像素方式表示,如"width = ″400″",即该表格显示的宽度为 400 像素。

2.1.5　表单

表单在动态网页编程中起着重要作用,它将用户在客户端表单中输入的信息提交到服务器端的信息传递平台,由 ASP 程序进行数据交换处理,然后再将处理后的结果返回给客户浏览器中,这样就实现了交互功能。本小节主要介绍客户端的表单界面的 HTML 标识设计、表单的基本结构及表单域的各对象的标识写法,至于表单传递的信息接收方法将在 ASP 的 Request 对象中再进行详细讲解。

【例 2.2】　图 2.4、2.5 所示为用户在表单内输入信息提交界面及接收的数据信息界面,该程序由两部分组成,一部分是呈现给用户的一个填写信息的表单界面文件 login. htm,另一部分是接收表单传递信息的 ASP 程序文件 login. asp。

图 2.4　表单提交示例运行效果图　　图 2.5　表单接收示例运行效果图

表单提交文件 login. htm 示例代码为:

```
1     < form action = ″login. asp″ method = post >
2         姓名 : < input type = ″text″ name = ″user″ > < br >
3         密码 : < input type = ″password″ name = ″pwd″ > < br >
4             < input type = ″submit″ value = ″送出″ >
5             < input type = ″reset″ value = ″重写″ >
6     < /form >
```

接收文件 login. asp 为:

```
1     < font color = ″# ff0000″ > < % = request(″user″) % > < /font > 你好!
2     你的密码为 : < font color = ″# ff0000″ > < % = request(″pwd″) % > < /font >
```

在表单提交界面示例 login. htm 中,第 1 行 action 的值接收文件名 login. asp,并处理接收表单提交的信息,method 提交方法为 post。接收信息文件包含了 ASP 程序,所以命名为". asp"类型文件。该示例文件把接收的信息又输出给浏览器供用户查看。request 对象的应用方法在以后章节中详细介绍。

1. 表单的基本结构

表单的结构标识由 < form > 和 < /form > 来实现,其中包括它的两个重要属性。它的基本结构标识为：

   < FORM METHOD = 发送方法类型 ACTION ="数据接收者" >

    ……(表单域的各个对象)

   </FORM >

  其中表单域中的各个对象可以是文本框、文本编辑区、复选框、单选按钮、下拉菜单、普通按钮等，表单域中可以是一个对象，也可以是多个对象。表单标记可以有多个属性，对于网站软件开发者而言，最重要的是以下两个属性。

  (1)method

  该属性用于定义发送表单数据的方法，其属性值可以为"get"或"post"。

  如果 method 的属性值为"post"，则生成的请求是 POST 请求。它表明用户在表单中填写的数据包含在表单的主体中，一起被传送到服务器上的处理程序中。该方法没有字符的限制，它包含了所有 ISO 10646 的字符集，因此，如果表单数据中含有非 ASCII 码的字符，则只能适用"post"方法。

  如果 method 的属性值为"get"，则生成的请求是 GET 请求。它表明用户在表单中填写的数据附加在由 action 属性所设置的 URL 中，形成一个新的 URL，然后将这个新的 URL 发送到服务器上的处理程序中。该方法由于将数据附加到 URL 中，因此，它所能处理的数据量受到服务器和浏览器所能处理的最大 URL 长度的限制(默认时是 8 192 个字符长度)。

  图 2.6 所示是将"例 2.2"中的 login.htm 文件中第 1 行的 method 的值由原来的 post 改为 get 方式时，接收文件的信息变化。提交接收方式在图 2.5 和 2.6 中的"地址栏"中进行比较，从中可以看出，两个方式的结果没有差别，而地址栏中的表达方式是不同的，即 get 方式的表单提交可以在地址栏中携带表单值。读者可以从图中看到，接收值和地址栏中携带的值是相同的，该种方式在以后章节中应用时再详细介绍。

图 2.6 "get"方式表单接收示例运行效果图

  (2)action

  该属性为接收表单信息的 ASP 程序文件名，如"例 2.2"中，填写表单信息后提交给 action 值为 login.asp 的文件程序进行表单信息处理。

  2.表单域的各对象 HTML 标识

  表单域的对象也称为表单控件，它的类型较多，这里只介绍几个常用的表单域的对象，其他更多的表单域对象自行参阅相关资料书籍。

  表单域的各个对象，属于表单框架 < form > 和 < /form > 结构体内的元素，如果脱离表单框架虽然能够正常显示，但它不属于该表单体，也就是该对象的信息不会提交到 action 指定的文

件进行接收处理。以下各个对象中最重要的是 name 值，表单提交后的接收文件接收信息就是
依靠 name 值加以区分的。

（1）文本域（text）

文本域又称为单行文本输入框，用于在其中输入字符或字符串，比如用户姓名、号码、地址
等允许用户输入的一些简短的单行信息。它的 type 属性值为"text"。文本域 HTML 标识及其
主要属性的格式写法为：

> **< INPUT TYPE = "text" NAME = "文本域的命名" VALUE = "文本域内显示的值" >**

（2）密码域（Password）

密码域定义一个单行的密码框，用户在其中输入字符或字符串时，当 type 属性值为"pass-
word"时，显示的是相应的" ＊ "符号。要注意的是，尽管在输入文本时显示星号，但实际上在
Internet 上发送的数据仍然是没有加密的文本明文，这种方法没有保密性。它的常用格式写法
为：

> **< INPUT TYPE = "password" NAME = "密码域的命名" >**

（3）文本区（Textarea）

文本区也称多行输入框，主要用于输入较长的文本信息，如说明、介绍、解释等，在文本区
控件中，用户可以像在普通的文本编辑窗口中一样进行常见的文本编辑操作。文本区控件是
由 < textarea > 和 < /textarea > 标记及其属性实现的，它的 HTML 标识及其主要属性的格式写法
为：

> **< TEXTAREA NAME = "文本区的命名" ROWS = "行数" COLS = "列数" > 显示的信息**
> **< /TEXTAREA >**

其中 ROWS 行数表示的为文本区的高度，COLS 列数表示的为文本区的宽度，"显示的信
息"为该文本区内显示的信息，一般情况下等待用户输入则该位置为空。

（4）单选框（Radio）

单选框也称为单选按钮，用户在一组选项里只能选择一个。当 type 属性值为"radio"时，它
定义一个单选框，用 checked 表示缺省已选的选项。它的 HTML 标识及其主要属性的格式写法为：

> **显示值 1 < INPUT TYPE = "radio" NAME = "单选按钮命名" VALUE = "传递值 1" Checked >**
> **显示值 2 < INPUT TYPE = "radio" NAME = "单选按钮命名" VALUE = "传递值 2" >**
> ⋮

因为单选按钮为一组选项，一般情况下第 1 项为默认已经选择上的，所以第 1 行中加入
checked 属性。而且在实际应用中，多个单选按钮可以共用一个名称，即共用一个 name 属性
值，以实现多选一的功能，value 值为传递的值，每一个单选框被选择时它所传递的值应该不
同，显示值可以和传递值相同。

（5）复选框（Checkbox）

复选框也可以称为复选按钮，它和单选按钮应用方式类似，只不过是在一组选项中可以同
时选择多个，当 type 属性值为"checkbox"时，它定义一个复选框。它的 HTML 标识及其主要属
性的格式写法为：

> **显示值 1 < INPUT TYPE = "checkbox" NAME = "单选按钮命名" VALUE = "传递值 1" >**
> **显示值 2 < INPUT TYPE = "checkbox" NAME = "单选按钮命名" VALUE = "传递值 2" >**
> ⋮

同样在实际应用中,多个复选按钮的 name 及 value 属性应用方法及含义同单选按钮相似。

(6)下拉菜单(Select)

下拉菜单的功能类似于单选框,是在下拉的一组选项中选择其一,但它有别于单选按钮的是占地空间少,它不是采用 input 标识,而是 Select 标识,它的 HTML 标识及其主要属性的格式写法为:

< SELECT NAME = ″下拉菜单命名″ >

    < option value = ″传递值 1″ > 选项 1 < /option >

    < option value = ″传递值 2″ > 选项 2 < /option >

    ⋮

< /SELECT >

(7)提交按钮(Submit)

提交按钮即把填写的表单信息提交给 action 动作的接收者处理时的启动器,当 type 属性为″submit″时,它定义一个普通的按钮,可以设置单击该按钮所执行的脚本或程序,实现相应的功能。它的 HTML 标识及其主要属性的格式写法为:

< INPUT TYPE = ″submit″ VALUE = ″按钮显示的值″ >

(8)重置按钮(Reset)

重置按钮就是把表单填写的信息重新恢复到初始状态,重新填写。当 type 属性值为″reset″时,它定义一个 Reset(复位)按钮,在网页中单击该按钮时,网页中表单中的所有数据都会恢复为由 value 属性设置的默认值。它的 HTML 标识及其主要属性的格式写法为:

< INPUT TYPE = ″reset″ VALUE = ″按钮显示的值″ >

(9)隐藏域(Hidden)

隐藏域在浏览器的表单中不显示该状态,当 type 属性为″hidden″时,它创建一个隐藏的输入控件,以实现浏览器同服务器之间的隐藏信息发送,所以隐藏域都有 value 的初始值。浏览器不会显示它,可以利用这个隐藏的控件实现一些特殊的信息传递。它的 HTML 标识及其主要属性的格式写法为:

< INPUT TYPE = ″hidden″ NAME = ″隐藏域的命名″ VALUE = ″传递的值″ >

对于初学者来说,隐藏域不容易理解,我们在以后的章节例题中再进行讲解。

【例 2.3】 如图 2.7 所示为一个用户注册信息的一个表单,其中包含了几个常用的表单域的控件,写出它的 HTML 标识。

图 2.7 示例代码为:

```
1    < form method = "post" action = "userreg. asp" >
2        < p > 姓名: < input type = "text" name = "user" > < /p >
3        < p > 爱好:
4            乒乓球 < input type = "checkbox" name = "like" value = 乒乓球 >
5            篮球 < input type = "checkbox" name = "like" value = 篮球 >
6            足球 < input type = "checkbox" name = "like" value = 足球 > < /p >
7            < p > 学位:
8            学士 < input type = "radio" name = "degree" value = 学士 checked >
9            硕士 < input type = "radio" name = "degree" value = 硕士 >
10           博士 < input type = "radio" name = "degree" value = 博士 > < /p >
```

图 2.7　表单域常用控件演示效果图

11　　　　　< p > 职业 : < select name = ″work″ >

12　　　　　　　< option value = 1 selected > 公务员 < /option >

13　　　　　　　< option value = 2 > 个体 < /option >

14　　　　　　　< option value = 3 > 教师 < /option >

15　　　　　< /select > < /p >

16　　　　< p > 简历 : < textarea rows = ″2″ name = ″say″ cols = ″20″ > < /textarea > < /p >

17　　　　< p > < input type = ″submit″ value = ″提交″ > < input type = ″reset″ value = ″重写″ > < /p >

18　　< /form >

2.1.6　框　架

使用框架,可以在一个浏览器窗口中显示不止一个 HTML 文档。这样的 HTML 文档被称为框架页面,它们是相互独立的。框架的 HTML 标识格式为:

　　< FRAMESET [ROWS|COLS] = ″…″ >

　　　　⋮

　　< FRAME NAME = ″FILENAME″… >

　　　　⋮

　　< /FRAMESET >

对于框架的设计,应该了解掌握框架原理、框架的划分方法以及框架内链接的目标框架网页的基础知识。

1.框架划分

框架划分就是对网页窗口的规划,框架的 HTML 标识中 ROWS 和 COLS 分别指明如何横向、纵向分割屏幕,引号内所列出的参数值的个数为窗口的个数,它们用逗号分隔,可以用像素或百分比来表示,如果全是“ * ”则表示平均分割;混合使用,如“300, * ”则代表为两个框架,前一个为 300 像素,后一个取剩余部分。同时,所有的框架将按照 Rows 和 Cols 的值从左到右,然后从上到下排列。设置框架网页大小尺寸的例子如下所示:

　　　　< Frameset Cols = "400，＊，＊" >

　　该例共设置有 3 个按行排列的框架，第 1 个框架的行高为 400 像素，剩下的空间平均分配给另外两个框架。

　　　　< Frameset Rows = "40％，＊" Cols = "50％，＊，200" >

　　该例共设置有 6 个框架，先是在第 1 行中从左到右排列 3 个框架，然后在第 2 行中从左到右再排列 3 个框架，即两行三列，第 1 行占浏览器窗口的 40％行高，剩下的为第 2 行，即为 60％。而列的设置为第 1 列占 50％的窗口宽，第 3 列为固定的 200 像素宽，剩余的为第 2 列。

2.链接到目标框架网页

　　在框架网页内单击超链接之后，链接目标就会出现在目标框架内。在确定目标框架之前，应该为它命名，通过框架网页的名称来确定目标框架的位置，框架网页的名称应该注意区分大小写。内容相同、大小写不同的框架网页名称将被认为是不同的框架网页。确定目标框架网页的通用格式如下：

　　　　< frame name = "框架网页名称" target = "目标框架网页名称" src = "源网页名" >

　　对于一些特殊的框架网页，HTML 已经预先为其设置了名称，这些常用的特殊框架网页包括：

　　◆ black：空白框架网页。单击链接文本之后，将打开一个新的浏览器窗口，并显示链接目标。

　　◆ self：将链接指向当前框架网页。单击链接文本之后，链接目标将在链接文本所在的框架网页内出现，并且链接文本窗口将被刷新。

　　◆ parent：将链接指向父框架网页。如果没有父框架网页，那么它就指向自己。父框架、子框架网页是根据网页的结构关系设置的。

　　◆ top：指向整个浏览器窗口本身，它是打开网页时首先看到的浏览器窗口。

　　【例 2.4】 图 2.8 所示为一个框架网页，从这个网页中可以看出它是由 3 个框架组成，这 3 个框架划分为两行，第 1 行为一个框架，第 2 行按列分成两个框架，在第 2 行的左侧点击目录链接，在右侧即可出现相应的网页。

图 2.8　框架网页示例图

　　在图 2.8 所示的示例中，框架网页是由 3 个框架组成，即由 3 个网页组成一个框架网页，在地址栏中可以看出该示例的框架网页名为 2.4.htm，它的框架网页的 HTML 标识代码为：

```
1      < html >
2      < head > < title > 框架网页 < /title > < /head >
3      < body >
4      < frameset rows = "90, * " >
5          < frame name = "banner" scrolling = "no" noresize src = "title.htm" >
6          < frameset cols = "165, * " >
7              < frame name = "list" target = "main" src = "list.htm" >
8              < frame name = "main" src = "main.asp" >
9          < /frameset >
10     < /frameset >
11     < /body >
12     < /html >
```

上述代码中,第 4～10 行表示由两行框架组成,其中第 5 行为一个框架网页,网页名为 "title.htm",第 6～9 行的框架网页又分成两列框架,这两列框架是由 list.htm 和 main.asp 两个网页组成。图 2.8 所示的运行效果除了需要该框架网页外,还需要建立组成该框架网页的 3 个网页文件才能正常显示,这里就不进行详细介绍了。

2.2　常用网页编辑工具

网页编辑工具可以分成两类:一类是网页文本编辑工具,常用于网页编码程序设计以及后期程序调试,如 Editplus、UltraEdit 等;另一类是网页可视化编辑工具,常用于网页布局排版、界面修饰,如 Dreamweaver、Frontpage 等。对于动态网站程序设计,除了程序编码设计外,还要进行可视化网页界面设计,读者可以根据个人的习惯选择自己擅长的工具,也可以多种工具结合进行设计。下面介绍几个常用的网页制作工具。

2.2.1　网页文本编辑器 Editplus

EditPlus 是一款功能强大的文字处理软件,它可以充分地替换记事本,也提供"网页作家"及"程序设计师"等许多强悍的功能。支持 HTML、CSS、PHP、ASP、Perl、C/C++、Java、JavaScript、VBScript 等多种语法的着色显示。程序内嵌网页浏览器,其他功能还包含 FTP 功能、HTML 编辑、URL 突显、自动完成、剪贴文本、行列选择、多窗口切换、强大的搜索与替换、多重撤销/重做、拼写检查、自定义快捷键等等。

图 2.9 所示为 Editplus 编写网页的主界面示例,该界面左侧的"目录窗口"为打开的站点目录及网页文件列表,右侧"编辑窗口"为打开的站点文件的代码窗口,下面的"文档标签栏"为打开的文件窗口切换列表。

Editplus 最重要的功能之一就是与 IE、IIS 的结合绑定,图 2.10 所示为设置的 Web 服务器调试运行的绑定界面窗口。首先在 IIS 里设置成主目录(示例中为 F:\ASPstudy),再点击主界面的"文档"菜单中的"参数设置"选项,在出现的"参数"窗口中点击"工具"选项,然后添加 Web 服务器根目录,以及程序运行的 Web 服务器 IP 或主机名称(示例中为 localhost)。在图 2.9 中,我们利用 Editplus 在 F:\ASPstudy 程序的主目录下打开一个名称为 7-3.asp 的文件,在设置并绑定好 Web 服务器后,在图 2.9 的"HTML 工具栏"中,点击第一个按钮"在浏览器中查看",

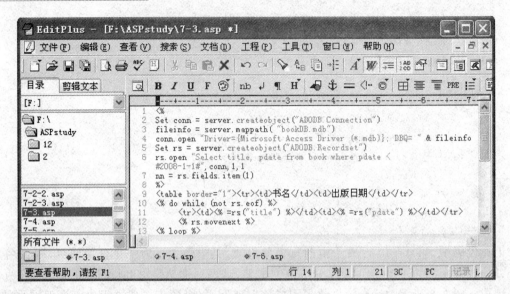

图 2.9　Editplus 主界面窗口

则出现示例程序 7－3.asp 所运行的窗口界面,如图 2.11 所示。使用 Editplus 的技巧还有很多,大家可以自己查看相关资料。

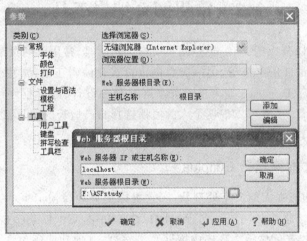

图 2.10　绑定 Web 服务器界面窗口

2.2.2　网页可视化编辑器 Dreamweaver

Dreamweaver 是 Macromedia 公司出品的一款"所见即所得"的网页编辑工具。与 Frontpage 不同,Deamweaver 采用的是浮动面板的设计风格,它的直观性与高效性是 Frontpage 所无法比拟的。

Dreamweaver 对于 DHTML(动态网页)的支持特别好,可以轻而易举地做出很多炫目的互动页面特效。插件式的程序设计使得其功能可以无限地扩展。Dreamweaver 与 Flash、Firework 并称为 Macromedia 的网页制作三剑客,由于是同一公司的产品,因而在功能上有着一个非常紧密的结合。因此说 Dreamweaver 是高级网页制作的首选并不为过。

Dreamweaver 提供了将全部元素置于一个窗口中的集成工作区。在集成工作区中,全部窗

图 2.11　在 Editplus 软件中运行 ASP 程序界面窗口

口和面板集成在一个应用程序窗口中。可以选择面向设计人员的布局或面向手工编码人员需求的布局。图 2.12 所示为在 F:\ ASPstudy 目录下编辑 7 - 3.asp 文件的界面窗口示例。

该示例中采用的是代码和设计拆分为上下两部分的方式,可以使编写程序代码以及可视化部分对照、切换进行设计。

首次启动 Dreamweaver 时,会出现这个工作区设置对话框,可以从中选择一种工作区布局,如果不熟悉编写代码,就选择"设计者";如果想更改工作区,可以使用编辑菜单"首选参数"对话框切换到一种不同的工作区。

Dreamweaver 的特点:

(1)Web 服务器的整合

与专用的集成编辑环境不同,Dreamweaver 支持各种主流服务器端动态技术的制作,也具备了完整的 ColdFusion MX IDE,因此,不管是制作 ASP、ASP.NET、JSP,还是 PHP 等的网页,同样都能轻松自如运行调试。

(2)最佳的制作效率

Dreamweaver 可以用最快速的方式将 Fireworks、FreeHand 或 Photoshop 等档案移至网页上。使用检色吸管工具选择荧幕上的颜色可设定最接近的网页安全色。对于选单、快捷键与格式控制,都只要一个简单步骤便可完成。Dreamweaver 能与您喜爱的设计工具,如 Playback Flash,Shockwave 和外挂模组等搭配,不需离开 Dreamweaver 便可完成,整体性流程自然顺畅。

(3)网站管理

使用网站地图可以快速制作网站雏形,以及设计、更新和重组网页。使用者可改变网页位置或档案名称,Dreamweaver 会自动更新所有链接。使用支援文字、HTML 码、HTML 属性标签和一般语法的搜寻及置换功能使得复杂的网站更新变得迅速而简单。

(4)面板自控配置

Dreamweaver 的超强浮动版面自控配置能力,拥有速度最快、最具弹性、延展性最强的网站设计套装软体。

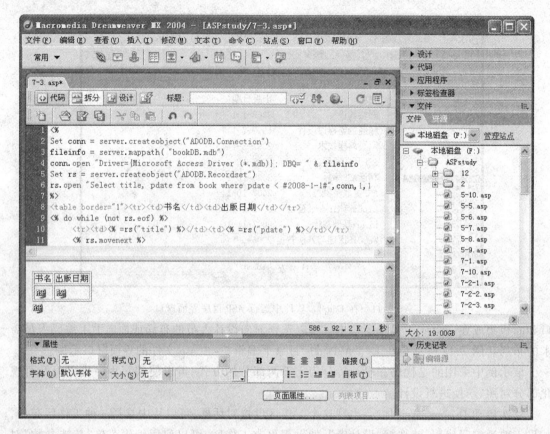

图 2.12 Dreamweaver 编辑网页示例面板窗口界面

(5)简化的客户端动态效果制作

通常,可以使用类似于 Javascript 之类的脚本语言来制作客户端的动态效果及可视化的 CSS 样式的制作。Dreamweaver 不仅支持这种方式,同时提供"行为""CSS"这一工具,简化常用的动态效果、修饰样式的制作。

(6)高质量的 HTML 代码处理工具

除了支持基本的可视化编辑功能之外,Dreamweaver 还提供针对各种布局定位工具(如表格、层等)的辅助编辑工具、表格与层之间的自动转换功能。Dreamweaver 不仅能生成高质量的、可读的 HTML 代码,而且能保留用户手工编写的 HTML 代码的内容与风格,使手工编写的 HTML 代码和可视化交互式添加的代码真正融为一体。

Dreamweaver 的详细使用方法参见有关的书籍,这里就不进行介绍了。

2.3 网站项目工程开发的步骤及其要求

2.3.1 网站项目工程设计开发的步骤

动态网站设计开发步骤根据网站的大小、开发对象的不同而有所不同,按照工程项目设计开发任务的步骤标准,可以把动态网站设计开发步骤分为:需求分析、概要设计、详细设计、编码、测试及发布等过程,下面针对这几个步骤进行简单的介绍。

1. 需求分析

需求分析活动其实就是一个和客户交流,正确引导客户能够将自己的实际需求用较为适当的技术语言进行表达(或者由相关技术人员帮助表达)以明确项目目的的过程,这个过程中也同时包含了对要建立的网站基本功能和模块的确立和策划活动。

在整个需求分析的过程中,将按照一定规范要求编写需求分析的相关文档,也为以后开发过程中做了现实文本形式的备忘,并且有助于为日后的开发项目提供有益的借鉴和模范,成为在项目开发中积累的符合自身特点的经验财富。

需求分析中需要编写的文档主要是《网站功能描述书》,它基本上是整个需求分析活动的结果性文档,也是可供开发工程中项目成员主要参考的文档。为了更加清楚地描述《网站功能描述书》,往往还需要编写《用户调查报告》和《市场调研报告》文档来辅助说明。各种文档最好有一定的规范和固定格式,以便增加其可阅读性和方便阅读者快速理解文档内容。

在需求分析的过程中,往往有很多不明确的用户需求,这个时候项目负责人需要调查用户的实际情况,明确用户需求。一个比较理想化的用户调查活动需要用户的充分配合,而且还有可能需要对调查对象进行必要的培训。

(1)编写《用户调查报告》

调查结束以后,需要编写《用户调查报告》,报告的要点是:

① 调查概要说明:网站项目的名称;用户单位;参与调查人员;调查开始终止的时间;调查的工作安排。

② 调查内容说明:用户的基本情况;系统开发的背景;用户的主要业务;信息化建设现状;网站当前和将来潜在的功能需求,性能需求,可靠性需求,实际运行环境;用户对新网站的期望等。

③ 调查资料汇编:将调查得到的资料分类汇总(如调查问卷、会议记录等等)。

在拥有前期和客户签订的合同或者是标书的约束之下,通过较为详细具体的用户调查和市场调研活动,借鉴其输出的《用户调查报告》和《市场调研报告》文档,项目负责人应该对整个需求分析活动进行认真的总结,将分析前期不明确的需求逐一明确清晰化,并输出一份详细清晰的总结性文档——《网站功能描述书(最终版)》,以供作为日后项目开发过程中的依据。

(2)《网站功能描述书》

《网站功能描述书》必须包含以下内容:

① 网站功能。

② 网站用户界面(初步)。

③ 网站运行的软硬件环境。

④ 网站系统性能定义。

⑤ 网站系统的软件和硬件接口。

⑥ 确定网站维护的要求。

⑦ 确定网站系统空间租赁或搭建要求。

⑧ 网站页面总体风格及美工效果。

⑨ 主页面及次页面的大概数量。

⑩ 管理及内容录入任务分配。

⑪ 各种页面特殊效果及其数量。

⑫ 项目完成时间及进度(根据合同)。

⑬ 明确项目完成后的维护责任。

综上所述,在网站项目的需求分析中主要是由项目负责人来确定对用户需求的理解程度,而用户调查和市场调研等需求分析活动的目的就是帮助项目负责人加深对用户需求的理解和对前期不明确的地方进行明确化,以便于日后在项目开发过程中作为开发成员的依据和借鉴。

2.概要设计

在概要设计过程中要先进行系统设计,复审系统计划与需求分析,确定系统具体的实施方案;然后进行结构设计,确定软件结构。

(1)概要设计的主要任务

① 系统分析员审查软件计划,软件需求分析提供的文档,提出候选的最佳推荐方案,用系统流程图,组成系统物理元素清单,成本效益分析,系统的进度计划,供专家审定,审定后进入设计。

② 确定模块结构,划分功能模块,将软件功能需求分配给所划分的最小单元模块。确定模块间的联系,确定数据结构、文件结构、数据库模式,确定测试方法与策略。

③ 编写概要设计说明书,测试计划,选用相关的软件工具来描述软件结构,结构图是经常使用的软件描述工具。选择分解功能与划分模块的设计原则。

(2)概要设计的具体内容

① 系统的设计方案确定:根据需求分析的结果,系统可以采用的几种方案,然后从中选择确定最佳方案,包括系统体系结构设计、系统的架构模型等。

② 软件体系结构设计、网站的开发工具、开发语言、网站运行环境平台(包括操作系统、Web 服务器、解释器等)、数据库平台等的确定。

③ UML 系统建模:分析业务处理流程图、用例分析图、系统域类分析、系统活动图等。

④ 系统功能模块设计:总体功能结构图、网站的栏目及板块划分图、链接结构设计等。

⑤ 数据库设计:数据库需求分析、实体间的关系 E - R 图、数据库概念结构设计、数据库逻辑结构设计。

3.详细设计

概要设计后转入详细设计,称过程设计,对称算法设计。其主要任务:根据概要设计提供的文档,确定每一个模块的算法、内部的数据组织,选定工具清晰正确表达算法。编写详细设计说明书、详细测试用例与计划、如何确定程序的复杂程度的程序图、算法流程图的表述等。详细设计的具体内容为:

① 根据功能模块的划分来确定网站的目录结构。

② 网站的主页布局及排版设计。

③ 公共模块的设计——数据库的连接,网站页面头、尾的文件设计,菜单栏目导航的设计,站点参数设计,站标 Logo 的制作与开发。

④ 数据库表的生成与配置。

⑤ 基本模块的设计与实现——各模块的算法流程、伪代码流程图、内部数据组织、模块用例分析图等。

⑥ 网站资料素材的加工整理。

4.界面设计及功能编码实现

界面设计及功能编码实现是指网站详细设计的具体实现,可以划分为利用可视化网页制作工具进行主页、各个栏目的设计以及具体每个动态生成的页面的具体版面设计,然后再利用文本编辑器等工具进行脚本编写的设计具体实现两个过程。

5.网站的测试

随着计算机网络的发展,基于 Web 方式的动态网站应用领域越来越广,随着功能的扩充,网站的功能结构越来越强大,链接越来越复杂。为了保证网站的质量和高度可靠性,在网站发布前进行网站测试工作是非常有必要的。

大型的网站项目开发后,必须经过资格认证的第三方进行测试,按照软件工程的方式进行相关的测试工作,并出示最终的测试报告。测试工作分以下几个方面。

(1)测试类型:包括功能测试、集成测试、系统测试、稳定性测试、兼容性测试、性能测试、安全性测试。如网站的功能链接测试、响应速度测试、并发用户测试、数据库读写测试等等。

(2)测试方法:即白盒和黑盒测试。白盒是已知产品的内部工作过程,可以通过测试证明每种内部操作是否符合设计规格要求,所有内部成分是否已经通过检查。白盒测试又称为结构测试。黑盒是已知产品的功能设计规格,可以进行测试证明每个实现了的功能是否符合要求,黑盒测试又称为功能测试,它不仅应用于开发阶段的测试,更重要的是在产品测试阶段及维护阶段必不可少。

(3)测试原则:软件测试从不同的角度出发会派生出两种不同的测试原则,从用户的角度出发,就是希望通过软件测试能充分暴露软件中存在的问题和缺陷,从而考虑是否可以接受该产品;从开发者的角度出发,就是希望测试能表明软件产品不存在错误,已经正确地实现了用户的需求,确立人们对软件质量的信心。测试时应遵守以下原则。

① 应当把"尽早和不断的测试"作为开发者的座右铭。

② 程序员应该避免检查自己的程序,测试工作应该由独立的专业的软件测试机构来完成。

③ 设计测试用例时应该考虑到合法的输入和不合法的输入及各种边界条件,特殊情况下要制造极端状态和意外状态,比如网络异常中断、电源断电等情况。

④ 一定要注意测试中的错误集中发生现象,这与程序员的编程水平和习惯有很大的关系。

⑤ 对测试错误结果一定要有一个确认的过程,一般由 A 测试出来的错误,一定要由一个 B 来确认,严重的错误可以召开评审会进行讨论和分析。

⑥ 制定严格的测试计划,并把测试时间安排得尽量宽松,不要希望在极短的时间内完成一个高水平的测试。

⑦ 回归测试的关联性一定要引起充分的注意,修改一个错误而引起更多错误出现的现象并不少见。

⑧ 妥善保存一切测试过程文档,意义是不言而喻的,测试的重现性往往要靠测试文档。

(4)测试服务:测试提供、测试计划、测试用例、测试脚本开发、测试自动化流程构建、测试报告等测试技术服务。

6.上传发布

网站的上传与发布首先要在确定的网站主机方案中,确定好 IP 及域名后,选择上传方式进行发布,详细介绍参见本章的 2.3.3 及 2.4 小节内容。

2.3.2　动态网站设计的要求

网站设计的要求及设计原则有很多,下面针对动态网站设计方面的要求做如下分析说明。

1.网站结构及文件命名要求

网站的结构是指网站目录结构与链接结构,也就是按照网站功能模块的划分以及网页文件的类型进行编写网站的子目录。网站的目录是指建立网站时创建的目录。例如,在建立网站时都默认建立了根目录和 Images 子目录。目录的结构是一个容易忽略的问题,大多数站长都是未经规划,随意创建子目录。目录结构的好坏,对浏览者来说并没有什么太大的感觉,但是对于站点本身的维护,以后内容的扩充和移植有着重要的影响。

所以建立目录结构时要仔细安排,不要将所有文件都存放在根目录下,这样就很容易造成文件管理混乱,影响工作效率;要按栏目内容建立子目录,在每个主目录下都建立独立的 Images 目录,用来存放网页中用到的所有图片;目录的层次不要太深,不要超过 3 层;不要使用中文目录名,使用中文目录可能对网址的正确显示造成困难;不要使用过长的目录,太长的目录名不便于记忆;尽量使用意义明确的目录,以便于记忆和管理。

网站的文件命名和目录命名相类似,以最少的字母达到最容易理解的意义。例如,索引文件即主页文件统一使用 index.html 或 index.htm 文件名(小写),如果为 asp 动态网页则为 index.asp。

按网站的菜单或栏目名的英语翻译取单词组合为名称。例如,关于我们(Aboutus)、信息反馈(Feedback)、产品(Product)等。所有英文单词文件名都必须为小写,所有文件名字母间连线都为下划线。图片命名原则以图片英语字母为名,大小写原则同上。例如,网站标志的图片为 logo.gif,鼠标感应效果图片命名规范为"图片名 + _ + on/off",又如,menu1 _ on.gif/menu1 _ off.gif 等。

2.网页的分辨率要求

对于一个标准的网站,分辨率一般采用 600 × 800 的分辨率,并且网站尽量用兼容性好的表格来排版布局,表格用固定的宽度,即任意改变浏览器窗口的大小,网页的版面布局都不会改变。表格应在 760 像素左右的宽度并居中显示,这样保证网站在任何分辨率的桌面系统及任何浏览器都能正常显示,提高了网站的浏览兼容性。

3.主题界面风格统一,栏目清晰

对于内容主题的选择,要做到小而精,主题定位要小,内容要精。不要去试图制作一个包罗万象的站点,这往往会失去网站的特色,也会带来高强度的劳动,给网站的及时更新带来困难。

网站的总体风格要统一,即在每个栏目及页面要求有统一相近的网站页头及页脚,页头中要有必要的菜单或导航栏等内容,使访问者浏览网站的任何页面都能方便准确地进入另一个栏目及返回主页;另外,不要使网站栏目风格杂乱无章,使网站失去了专业水准。

网站的栏目结构要规划合理、清晰明了。网站若不进行合理规划,会导致网站结构不清晰,目录庞杂混乱,板块编排混乱,不但使浏览者看得糊里糊涂,也会造成制作者扩充和维护网站困难。所以,在动手制作网页前,一定要考虑好栏目和板块的编排设计问题。

4.模块化设计

对动态网站进行模块化设计,不仅能降低程序复杂度,使程序设计、调试等操作简单化,开发效率提高,而且也为日后的维护带来方便。

网站的模块化不仅表现为网站的库和层、素材等网页制作部分内容,也体现在公共模块的设计方面。动态网站的公共模块主要包括:数据库的连接,以及网页的页头、页脚、导航栏、公共参数、CSS 样式、错误操作提示等设计内容。

5.多媒体图像文件要求

网站的多媒体文件是网站必不可少的元素,如图片、动画和视频等。为保证网站的浏览速度,网站的图片一般是经过优化处理后的 jpg 格式的图片文件;动画一般是 gif 或 swf 的 Flash 动画方式存储调用的。对于动态更新的多媒体元素的网站设计,可以设计成基于 Web 方式的媒体文件上传,以存储路径的字符串方式保存到数据库中,实现动态发布更新,方便用户操作。

2.3.3　网站的发布与维护

网站发布就是将制作好的网站文件及数据库信息等从个人计算机(本地计算机)传递到 Web 服务器(远程计算机)系统上,让 Internet 网络上的用户都能通过浏览器进行访问,这一过程称为上传。上传一词来自英文(Upload),拆开来"up"为"上","load"为"载",故上传也叫上载,与下载(Download)是逆过程。下面以"虚拟主机"方式说明网站的发布及维护的几个环节步骤。

1.申请网站空间

空间申请分为免费的及付费的,现在国内的免费空间都比较少,而且不稳定,建议你还是用付费的好了。在百度上搜索"虚拟主机",就能找到很多这类空间。申请空间要注意以下几点要求:

① 申请空间一定要注意所申请的网站空间运行平台及技术支持是否满足你的网站需求,如你的网站是基于 ASP 及 SQL Server 设计开发的,那就需查看是否支持 ASP 及 SQL Server。

② 申请空间时,要了解该空间供应商的信誉度、空间的大小、收费情况及网站的速度和并发用户数等情况。例如,一般小型的个人网站申请的空间为 100 M,技术支持为 ASP,数据库为 Access 文件,这样的付费空间年费用价格在 100 元左右。

③ 申请空间一定要记住空间的 FTP 网站上传的 IP 地址及其密码,以及浏览器访问的 IP 地址信息情况。

2.购买域名并绑定

一般情况下,在申请网站空间时可以同时申请域名,由供应商的网站管理员负责把域名同网站空间的 IP 进行绑定;若用户自己熟悉 DNS 域名解析,也可以在申请的域名服务 Web 方式的后台域名管理上自己绑定。

网站的域名如同个人的人名,而 IP 就如同个人的身份证,为了便于其他用户的访问,申请的域名应一目了然,容易记忆,此前,应结合您网站的主题,结合网友的阅读习惯,再综合其他因素起名字。如果是专业级的网站,建议你用英文名称,这样看起来更专业,并且通过域名就能了解你的网站主题。

3.上传网站文件

上传网站文件的方式有很多种,建议使用 FTP 软件上传主页文件,这是最常用、最方便也是功能最为强大的主页上传方法。现在网上这类软件很多，如 CuteFtp、WS – Ftp。这类软件除了可以完成文件传输的功能以外，还可以通过它们完成站点管理、远程编辑服务器文件等；一些常用的 FTP 软件还有断点续传、任务管理、状态监控等功能，可以让上传工作变得非常轻松。下面简单介绍一下利用 CuteFTP 上传网站文件的方法。

CuteFTP 是一个基于文件传输协议的软件。它具有友好的操作界面，即使我们并不完全了解协议本身，也能够使用文件传输协议进行文件的下载和上传。

首先打开 CuteFTP 软件，在主界面下的菜单中点击"文件"→"新建"→"FTP 站点"菜单，则出现图 2.13 所示的"站点属性"窗口，在该窗口中输入远程 FTP 站点的连接信息，然后单击"确定"，则新建立了远程站点的连接标签；也可以直接点击"连接"按钮，则出现了远程连接好的 FTP 站点管理的主界面，如图 2.14 所示的窗口。

利用 CuteFTP 上传文件操作非常简单，在连接远程 FTP 站点后(图 2.14)，左侧为本地文件窗口，右侧上部为远程文件窗口，右侧下部为显示操作状态提示窗口，下部为显示文件传输信息状态窗口，用户若上传，只需用鼠标点击要上传的文件拖动到远程文件窗口中即可。同样，下载也是采取此方法操作。

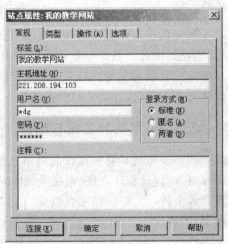

图 2.13　CuteFTP 的"站点属性"管理窗口

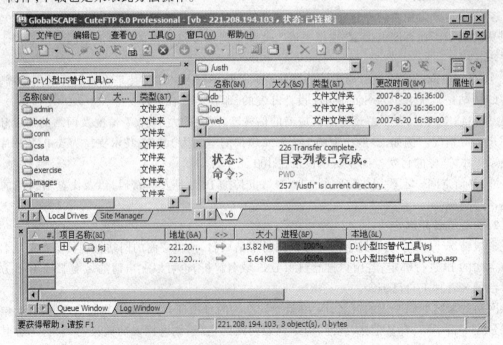

图 2.14　CuteFTP 连接到远程站点 FTP 示例窗口

数据库远程管理：Access 是文件形式的数据库，只要把它连同网站文件整体上传即可。若要远程管理维护 SQL Server 数据库，首先必须由远程管理员建立用户远程数据库，使用户可以访问自己的远程数据库的 IP 或域名、账号和密码，此时若用户自己在本地再安装 SQL Server 系统平台,通过企业管理器及远程数据库的 IP、账户及密码,建立远程数据库的连接即可远程维护 SQL Server 数据库了。

4.访问测试及维护

对于 Access 数据库的网站,上传之后即可通过浏览器进行访问;对于 SQL Server 数据库,还应该在网页编程的连接数据库字符串的代码中,更改访问数据库的数据源 IP、用户名及密码等信息,参见本教材的 7.2.2 章节内容。

对于动态网站在网站的信息更新维护中,应该直接由使用者根据用户权限进行 Web 方式的后台管理维护。而对于网站的升级等维护,还应该通过 FTP 的方式重新上传并覆盖变更的文件(Access 数据库要进行备份)。

2.4　网站的主机方案

用户设计开发了动态网站后,一般应用于 Internet 网上,这就需要有一台与 Internet 相连的主机存放网站文件。目前,根据网站的用途,可以采用以下几种网站的主机方案。

2.4.1　虚拟主机方式

虚拟主机是指通过相应的软件技术,把一台计算机主机分成多台"虚拟"的主机,每一台虚拟主机都具有独立的域名和 IP 地址(或共享的 IP 地址),具有完整的 Internet 服务器功能。在同一台硬件、同一个操作系统上,运行着为多个用户打开的不同的服务器程序,互不干扰;而各个用户拥有自己的一部分系统资源(IP 地址、文件存储空间、内存、CPU 时间等)。虚拟主机之间完全独立,在外界看来,每一台虚拟主机和一台独立的主机的表现完全一样。

虚拟主机租用者在向虚拟主机提供者提出申请,得到批准并交纳一定费用后,即可得到所租用服务器的账户信息,包括服务器根目录的 FTP 登录名和密码,以及管理员的部分功能等,使得租用者拥有管理其虚拟主机的完整权限。

用户在访问这样的服务器时,不会看出是在和其他人同时共享一台主机系统的资源,就好像各自都拥有独立的服务器一样,具有完备的 Internet 服务功能。虚拟主机之间完全独立,并可由租用者自行管理。租用者可以通过远程控制技术管理所租用的硬盘空间,完成信息的下载、上传及相关应用功能的配置等活动。而整个系统的维护则由虚拟主机的提供者(通常为 ISP)承担。

虚拟主机技术是对 Internet 技术的重大贡献,是广大 Internet 用户的福音。由于多台虚拟主机共享一台真实主机的资源,每个用户承受的硬件费用、网络维护费用、通信线路的费用均大幅度降低。一般情况下,虚拟主机提供者能够提供良好的软硬件资源、畅通的通信线路,以及对系统较好的维护与管理等。所以,虚拟主机方式的性价比远高于自建网站的方式,但虚拟主机方式不能支持较大的访问量,多适合于搭建中小企业的网站或个人网站。

2.4.2　主机托管方式

主机托管是指用户将自己的网站服务器放在专门的 ISP 运营商的机房里面,ISP 运营商负责将这些计算机与 Internet 全天候实时相连,然后通过远程控制将这些计算机配置成各种服务器,建立起企业自己的网站系统,从而省去用户自行申请专线连接 Internet。

在主机托管方式下,用户需向提供此项服务的 ISP 支付一定的费用。主机托管的技术基础和所依赖的主要手段是用户与服务器之间的远程控制机制,即只要用户能上网就可对远端所托管的服务器进行控制,从而实现对远端服务器的管理与维护。

经营主机托管业务的 ISP 负责为用户提供优越的机房环境,包括机架空间、恒温环境、网络安全保护、UPS 供电及消防安全等,并确保与 Internet 连接的畅通。而托管者自己则需要负责主机内部的系统维护与网站信息的更新等。由于主机一般是直接连接到 ISP 的主干网上,所以对于企业用户来讲,此种方式不仅可以节省大量的初期投资及日常的维护费用,而且网站被访问的速度很快。此外,与虚拟主机方式相比,主机托管方式将使用户具有更大的使用空间和更高的管理权限。

主机托管方式的年费用根据运营商提供的网速带宽不同而有所不同,费用要比虚拟主机方式贵得多,所以主机托管比较适合于一般的企业电子商务活动,或并发用户较多的大型虚拟社区及消耗资源较多的网络游戏、在线视频等网站,相对来讲,这些活动的网站访问率高,同时安全保密性要求又相对较低。对于一些涉及企业机密的活动,除非与主机托管经营者有严格的协议规定,否则在安全保密性方面将是一个突出的问题。

2.4.3　自建网站专线接入方式

自建网站专线接入 Internet 方式,即自己购置硬件设备,组建网络环境及网站的系统平台,通过 ISP 运营商宽带接入 Internet,以及通过申请分配给固定 IP 的方式来创建一个独立的网站,该方式适合规模较大的企业、高校等单位,要求资金充足、技术条件允许,并且有大量的信息需要和外界交流,这样,不仅使用方便,也可以将建站单位的内部网络与 Internet 相连接,使内部管理的数据和外界的信息高度整合化,从而大大提升建站单位的形象和效益。在自建的网站中可以配置各种类型的服务器,如 Web 服务器、DNS 服务器、E - mail 服务器、数据库服务器等,使本单位的综合管理水平上升到更高的层次。

自建网站的优势主要表现为:易于采用新技术,便于扩充和升级;网站内容可完全控制,易于经常更新内容;拥有自己的网站管理员,对网站的安全性有更多的控制能力;可作为企业内部的网络,提供到大型数据库的直接连接。

自建网站的不足之处主要表现为:投入较大,费用较高,机房环境和管理难以达到较高的标准;需要更多的创建网站时间;需要全天候的系统管理;需要专门的网站管理员及相关技术人员;需要向电信部门支付较昂贵的通信费用。

自建网站需重点考虑的问题包括:网站规模的确定,各种服务器和网络设备的选型、配置及管理,操作系统、Web 服务器软件和数据库管理软件的选择,接入 Internet 方式的选择以及网站的安全策略等。

本章小结

本章主要介绍了动态网站建设的基础,包括动态网站设计中常涉及的 HTML 标识,常用的动态网站开发工具,动态网站项目工程的设计步骤及要求,最后对网站的发布与维护方法及动态网站建设的主机方案进行了详细阐述。其中动态网站项目工程的设计步骤是对大型网站项目开发所做的阐述,同时也为开发的技术总结报告书写做了参照说明。

本章向你介绍了网站建设的基本知识,这些内容对学习 ASP 非常有帮助,如果你已经非常熟悉网页制作了,那么就可以跳过本章直接学习 ASP 的其他内容。

思考与实践

1.利用网页可视化制作工具设计一个简单的网站,并能链接到各个页面,通过对照 HTML 及浏览器中的浏览结果,对比网页效果及 HTML 标识。

2.设计一个表单样式,如图 2.15 所示,写出它的 HTML 标识。

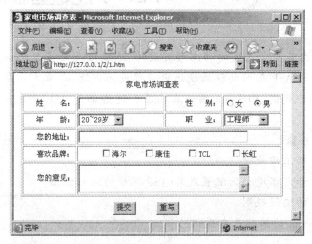

图 2.15 表格及表单的 HTML 样式示例

3.动态网站项目工程设计开发的步骤及其包含的具体内容有哪些?

4.上网搜索网站的主机方案,查看技术支持及参数说明,并说明若采用 ASP 开发及 Access 数据库的网站系统所需要的主机要求。

5.网站是如何进行发布的?在网上申请一个免费的 FTP 站点,进行上传网站并在本地进行浏览测试。

第3章

ASP 开发基础

网站的开发离不开交互式的动态网页设计,这就涉及许多 Web 应用程序设计技术;Microsoft 公司的 ASP 在网站程序设计中应用最为广泛,本章主要介绍 ASP 开发环境的配置、ASP 编程规则、VBScript 编程基础等。这些都是 ASP 开发网站所必须掌握的基础知识。

本章的学习目标

◆ 掌握 ASP 的工作原理
◆ 掌握 ASP 开发环境如何配置及其 ASP 程序的运行方法
◆ 掌握 ASP 的编程规则
◆ 掌握 VBScript 的编程基本知识

3.1　ASP 概述

ASP 是由微软公司推出的动态服务器网页技术。由于 ASP 简单易学,又有微软公司的强大支持,因此,目前 ASP 的应用非常广泛,很多的大型网站都是用 ASP 开发的。

3.1.1　什么是 ASP

1. ASP 含义

ASP 是 Active Server Pages 的缩写,是 Microsoft 公司开发的 Web 服务器端脚本开发环境,利用它可以生成动态、高效的 Web 应用程序。从字面上可以对 ASP 做如下理解:

◆ Active 表示 ASP 使用微软公司的 ActiveX 技术,其中封装了一些常用的组件。ActiveX 技术可以使网页的内容活动起来,这是 ASP 页面与传统的 HTML 网页的最大区别。

◆ Server 表示 ASP 脚本在服务器端运行,因此在客户端不需要考虑是否支持 ASP 脚本。

◆ Pages 表示 ASP 返回标准的 HTML 页面,可以在常用的浏览器中正常显示。当客户查看页面源文件时,看到的是用 ASP 生成的 HTML 代码,而不是 ASP 程序源代码,所以不必担心客户端用户直接查看 ASP 文件的代码。

2. ASP 脚本

虽然人们习惯于将 ASP 称为 ASP 语言,但从严格意义上讲,ASP 只是为 VBScript 脚本语言提供了一个运行的环境,使开发人员可以在 HTML 代码中使用脚本语言编写程序。

要学好 ASP 程序的设计必须掌握脚本的编写,那么究竟什么是脚本呢? 简单地说,脚本就是嵌入 HTML 文档的程序,是由一系列的脚本命令所组成的,如同一般的程序,脚本可以将一个值赋给一个变量,可以命令 Web 服务器发送一个值到客户浏览器,还可以将一系列命令定义成一个过程。

要编写脚本必须要熟悉至少一门脚本语言,如 VBScript。脚本语言是一种介乎于 HTML 和诸如 Java、Visual Basic、C＋＋等编程语言之间的一种特殊的语言,尽管它更接近后者,但它却不是编译后运行的程序,而是由专门的解释器边解释边运行的程序。确切地说,脚本程序即是嵌入到 HTML 标识中的源编码程序。

与一般的程序不同,ASP 程序无需编译,其控制部分是使用 VBScript 脚本语言来编写的,当执行 ASP 程序时,脚本程序将一整套命令发送给脚本解释器,由脚本解释器进行翻译并将其转换成服务器所能执行的命令。

ASP 程序的编写也遵循一定的规则,即 ASP 使用的是 VBScript 脚本语言。VBScript 是 Microsoft 公司 Visual Basic 大家庭中的一员,是 Visual Basic 的一个子集,会 Visual Basic 的人都可以很快地上手应用;ASP 本身还提供了强大的内置对象、内置组件及利用 ADO 访问数据库的技术。

3.1.2　ASP 的特点

1. ASP 的优点

ASP 简单易学,具有以下几个优点:

(1)简单易懂的脚本语言。ASP 使用 VBScript 简单易懂的脚本语言,结合 HTML 代码,即可快速地完成网站应用程序的编写。

(2)不需要编译。ASP 是纯文本格式,容易编写,不需要编译即可在服务器上运行。

(3)编写方便。使用普通的文本编辑器,如 Windows 的记事本、Editplus,即可进行编辑设计。

(4)与浏览器无关。ASP 可以将运行结果以 HTML 的格式传送到客户端浏览器,因而 ASP 应用程序是独立于浏览器的,可以在各种浏览器上使用。

(5)内置强大的组件技术,也可以方便连接使用第三方 COM 组件,可以实现无限扩充。

(6)ASP 提供了内置对象,利用 ADO 访问数据库技术,可以实现动态网页的内容随着相关数据库内容的更新而自动更新。

(7)安全性好。ASP 的脚本代码需要在 Web 服务器端运行,传送给客户端的是解析后的脚本信息,因此源代码不会传送到客户的浏览器上,可保护源程序的安全。

(8)瘦客户端。由于 ASP 应用程序需要在服务器端进行解析,客户端只提交请求和显示结果,因此客户端只需要有浏览器而不需要其他软件,达到了瘦客户端的目的。

(9)运行环境平台搭建简单。因为 ASP 为 Microsoft 公司的产品,所以和 Microsoft 同一公司下的操作系统、Web 服务器以及数据库组件搭建平台环境,相对容易简单,兼容性好。

2. ASP 的缺点

(1)运行速度比起单纯的 HTML 页面来较慢,这是因为每当客户端打开一个 ASP 网页时,服务器都要将该 ASP 程序从头到尾重读一遍,并加以解释执行,最后送出标准的 HTML 格式文件给客户端,从而影响了运行速度。所以,不使用 ASP 语句的网页文件后缀最好不要用 ASP 扩展名,应保持原来的网页格式扩展名。

(2)ASP 脚本的移植性不好,ASP 脚本程序一般只运行在 Microsoft 公司的操作系统下,而其他的操作系统如 Unix、Linux 不支持 ASP 文件,这一点不同于 PHP、JSP 等脚本程序。

3.1.3 ASP 的工作原理

ASP 的工作原理已经在 1.1.3 小节中介绍(图 1.2)。可以看出,ASP 程序安装在服务器端,与客户端无关,ASP 程序是由 Web 服务器 IIS 进行解释运行的。

1. ASP 工作流程

当用户在客户端浏览器中输入 URL 地址向 Web 服务器端的某个 ASP 文件发出请求时,服务器就会立即响应此请求,并启动脚本引擎 IIS 执行这个 ASP 文件中的脚本命令,然后将执行后生成的 HTML 网页传送给客户端浏览器。在整个数据传送的过程中,传送的内容都是 HTML 文本,没有 ASP 源程序。

2. ASP 与 HTML 执行方式的区别

ASP 文档与 HTML 文档虽然都是放在 Web 服务器端,但是它们的执行方式是截然不同的,对于 Web 服务器来说,HTML 文档是不需要经过任何处理就直接传送给客户端浏览器的,而 ASP 文档在服务器端需要由 IIS 对其中的每一个脚本命令进行处理,并生成一个对应的 HTML 文档后才将其传送给客户端浏览器。正因为这样,ASP 可以生成动态的交互式网页。另一方面,对于浏览器来说 ASP 文档和 HTML 文档几乎没有什么区别,仅仅是文件扩展名的不同。无论客户端的浏览器向 Web 服务器提出的是 ASP 文档请求还是 HTML 文档请求,接收到的同样是 HTML 格式的文档,然后再通过浏览器对 HTML 格式的文档进行解释执行,生成网页供用户浏览。

【例 3.1】 下面例子给出了一个简单的 ASP 程序文档(3.1.asp)的源代码。区别并比较 ASP 源码与经过解释后的 HTML 标识。

3.1.asp 文件的源代码如下:

```
1    < HTML >
2    < HEAD > < TITLE > 我的网页 < /TITLE > < /HEAD >
3    < BODY >
4    < % for i = 1 to 5 % >
5        < font size = < % = i% > color = red > 我的第一个 ASP 网页 < /font > < br >
6    < % next % >
7    < /BODY >
8    < /HTML >
```

该文件的运行结果如图 3.1 所示。

图 3.1　第一个 ASP 文件运行效果图

该文件经过解释后，在客户端的页面上接收的代码如下：

```
1       < HTML >
2       < HEAD > < TITLE > 我的网页 < /TITLE > < /HEAD >
3       < BODY >
4           < font size = 1 color = red > 我的第一个 ASP 网页 < /font > < br >
5           < font size = 2 color = red > 我的第一个 ASP 网页 < /font > < br >
6           < font size = 3 color = red > 我的第一个 ASP 网页 < /font > < br >
7           < font size = 4 color = red > 我的第一个 ASP 网页 < /font > < br >
8           < font size = 5 color = red > 我的第一个 ASP 网页 < /font > < br >
9       < /BODY >
10      < /HTML >
```

从图 3.1 的 ASP 文档运行效果、ASP 文档源码及解释后到客户端的 HTML 标识进行对比可以看出，ASP 源程序是在服务器端被解释执行的，执行后生成 HTML 标识下载到客户端的浏览器上，再由浏览器对 HTML 标识进行解释，最后生成供用户浏览的网页。

3.2　ASP 运行环境配置

ASP 程序的运行需要 Web 服务器的支持，而 Web 服务器 IIS 是 ASP 程序运行的最佳选择。本节将对 ASP 运行环境 IIS 的配置过程进行介绍。

3.2.1　IIS 简介

IIS 是 Internet Information Server 的缩写，它是微软公司主推的服务器，最新的版本是 Windows 2003 中包含的 IIS 6.0。IIS 与 Windows NT Server 完全集成在一起，因而用户能够利用 Windows NT Server 和 NTFS（NT File System，NT 的文件系统）内置的安全特性，建立强大、灵活而安全的 Internet 和 Intranet 站点。IIS 支持 HTTP（Hypertext Transfer Protocol，超文本传输协议）、FTP（File Transfer Protocol，文件传输协议）及 SMTP 协议，通过使用 CGI 和 ISAPI，IIS 可以得到高度的扩展。

IIS 是一种服务组件，其中包括 Web 服务器、FTP 服务器、NNTP 服务器和 SMTP 服务器，分别用于网页浏览、文件传输、新闻服务和邮件发送等方面，它使得在网络（包括互联网和局域网）上发布信息成了一件很容易的事。

IIS 支持与语言无关的脚本和组件，通过进一步开发就可以实现新一代动态的、富有魅力的 Web 站点。IIS 不需要开发人员学习新的脚本语言或者编译应用程序；IIS 完全支持 VBScript 和 JScript 开发软件。IIS 占用的系统资源少，IIS 的安装、管理和配置都相当简单，这是因为 IIS 与 Windows NT Server 网络操作系统紧密地集成在一起。

IIS 的一个重要特性是支持 ASP。IIS 3.0 版本以后引入了 ASP，可以很容易地支持动态内容和开发基于 Web 的应用程序。

3.2.2　IIS 的安装

在安装 Windows 2000/2003 Server 时，系统已经默认安装了 IIS，对于网站开发用户也可以使用 Windows XP 下的 IIS。Windows XP Professional 版默认没有安装 IIS，而 Windows XP Home 版

则不支持 IIS。下面以 Windows XP Professional 版为例,介绍 IIS 的安装步骤如下。

首先在 Windows XP Professional 操作系统的"控制面板"中,双击启动"添加或删除程序",在弹出的对话框中选择"添加/删除 Windows 组件"选项,在出现的图 3.2 所示"Windows 组件向导"对话框中,选中"Internet 信息服务(IIS)";然后单击"下一步"按钮,按向导指示,需要 Windows XP系统的安装光盘来安装 Windows 组件,安装进程如图 3.3 所示,最后完成对 IIS 的安装。

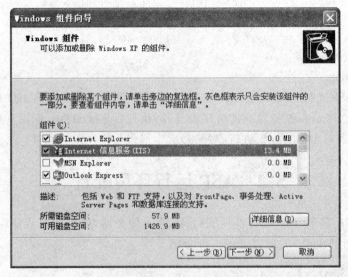

图 3.2　添加 Windows 组件对话框

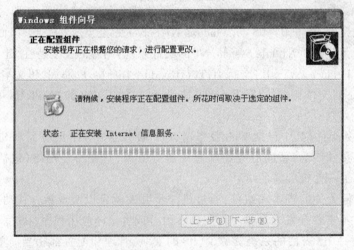

图 3.3　IIS 安装界面

3.2.3　IIS 的配置及管理

1.启动和关闭 Web 服务

在安装完 IIS 后,我们按照操作步骤"控制面板"→"管理工具"→"Internet 信息服务"则进入 IIS 管理器,在 IIS 管理器的窗口左侧打开树形菜单,然后在"默认网站"中单击用鼠标右键,如图 3.4 所示,可以选择"停止"和"启动"菜单。

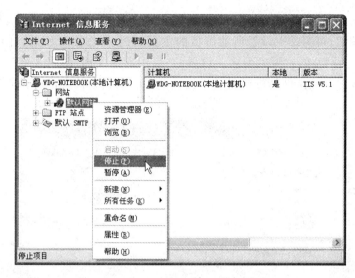

图 3.4　启动和关闭 Web 服务器

2.设置站点主目录

在图 3.4 所示的界面中单击鼠标右键,在出现的菜单中选择"属性",此时将弹出"默认网站属性"设置对话框。在"主目录"选项卡中,如图 3.5 所示,设置了网站的主目录在本地的路径位置,默认的网站主目录在"C：\ Inetpub \ wwwroot"下。用户也可以设置其他路径为站点的主目录,点击"浏览"按钮设置其他路径,在该对话框下部的选项中按默认设置即可。

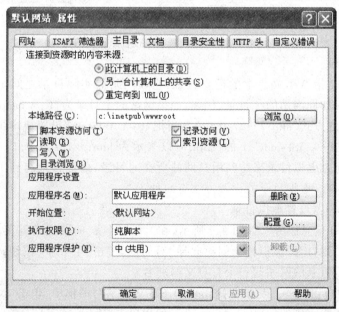

图 3.5　网站属性"主目录"选项卡对话框

3.设置主页文档

设置主页文档,即设置网站的默认起始页。单击"文档"标签,可切换到对主页文档的设置页面。主页文档是在浏览器中键入网站域名而未制定所要访问的网页文件时,系统默认访问的页面文件。常见的主页文件名有 index．htm、index．asp、index．php、index．jsp、index．html、 default.htm、default.asp 等。IIS 默认的主页文档只有 default.htm 和 default.asp,根据需要,利用"添加"和"删除"按钮,可为站点设置所能解析的主页文档,如图 3.6 所示,针对 ASP 网站,我们添加"index.asp"为网站的主页索引名。设置的"启用默认文档"的列表窗口中,由上至下为网站的主页索引顺序。当从网站的根目录中找到设置的主页文档文件时,则启动该主页的文档进行显示。

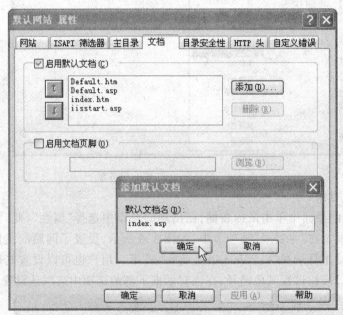

图 3.6 网站属性"文档"选项卡设置默认文档窗口

4.建立虚拟目录

所谓虚拟目录是指 Web 站点上的逻辑目录,它和网站的实际目录之间是一种映射关系。简单地说,虚拟目录如同网站的子目录,例如,如果网站的主目录为"C:\inetpub\wwwroot",则访问网站可以用本地方式"http://127.0.0.1";当把"F:\ASPstudy"设置成虚拟目录时,别名命名为"asp",则访问"F:\ASPstudy"下的网站,可以表示为 http://127.0.0.1/asp。当用户登录 Web 页面时,只能通过虚拟目录来访问用户网站所在的目录,虚拟目录起到了一个屏蔽作用,增强了网站的安全性。虚拟目录的设置方法有两种。

(1)通过 IIS 管理器设置虚拟目录

① 打开"Internet 信息服务",如图 3.7 所示,在"默认网站"的鼠标右键菜单中选择"新建"→"虚拟目录"命令,则打开"虚拟目录创建向导"对话框,单击"下一步"按钮,弹出如图 3.8 所示的对话框,给虚拟目录的网站起一个有意义的别名。

② 在图 3.8 中单击"下一步"按钮则出现如图 3.9 所示对话框中,单击"浏览"选取网站文件夹的物理路径,图中示例选取"F:\ASPstudy",然后单击"确定"按钮。

③ 在图 3.10 所示对话框中,需要设置虚拟目录的访问权限,对于 ASP 动态网站一定要选中"脚本运行",其他按默认选项设置即可。单击"下一步"按钮,则出现创建虚拟目录向导设置完成对话框,单击"完成"按钮则完成创建虚拟目录设置的过程。

(2)通过"文件夹的属性"设置虚拟目录

当系统安装完 IIS 后,对于任何文件夹都可以利用设置该文件夹的属性,进行"Web 共享"

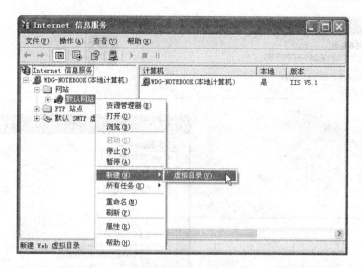

图 3.7　从 IIS 服务管理器中建立"虚拟目录"界面

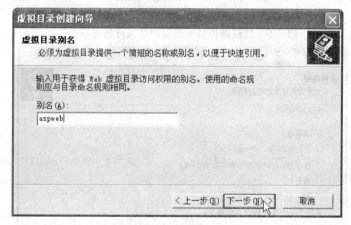

图 3.8　创建虚拟目录设置别名对话框

方式设置虚拟目录。例如,我们在系统的桌面上新建一个文件夹,单击鼠标右键,在出现的菜单及对话框中依次选择"属性"→"Web 共享",则出现如图 3.11 所示的窗口,用鼠标单击"共享文件夹"单选按钮,弹出设置该网站"编辑别名"对话框,示例中我们把该网站文件夹的别名设置为"asptest",单击"确定"按钮,则把该文件夹设置成网站的虚拟目录,而访问该文件夹网站的地址为"http://127.0.0.1/asptest"。

5.网站的权限

在 IIS 中设置网站的存取权限有 5 种,图 3.10 及 3.11 中所示的权限含义说明如下。

(1)读取

所有用户可访问的网页所在的文件夹都必须有读取权限,否则无法访问。

(2)运行脚本(应用程序权限的"脚本")

ASP 动态网站必须设置此权限。

(3)执行(包括脚本)

放置有 ISAPI 和 CGI 程序的文件夹必须设置此权限。

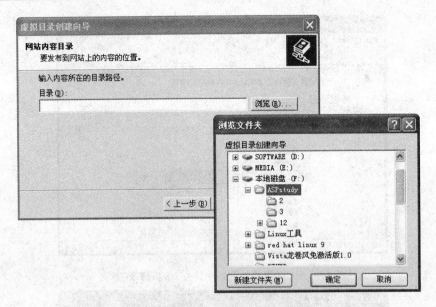

图 3.9　创建虚拟目录设置网站文件夹对话框

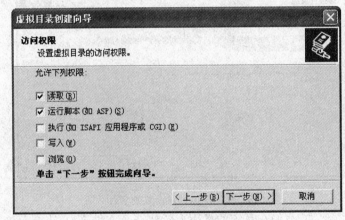

图 3.10　设置虚拟目录访问权限对话框

(4)写入

如果允许远程客户更改网站文件夹中的内容(比如网站开发阶段需要远程调试 ASP 脚本程序),则设置此权限。如果 ASP 站点文件夹设置该选项,则用户在客户端浏览器中就可以在服务器端写入并执行某些文件,这样容易对服务器造成安全隐患。

(5)浏览

设置了此权限的网站文件夹允许用户查看文件夹中的文件清单,例如,设置网站虚拟目录名为 aspweb 的网站文件夹"F:\ASPstudy"有浏览权限后,如果没有在该文件夹中搜索到设置的默认起始页,则在浏览器中可以查看文件清单列表,如图 3.12 所示。设置了目录浏览权限后,在客户端的浏览器下就可以看清网站的整个目录结构及文件命名,此种设置将对网站的安全带来巨大隐患。

综上所述,网站的权限设置对于初学者来说,网站文件没有什么特殊要求,应按照原来的默认设置即可。

图 3.11　"Web 共享"设置虚拟目录窗口对话框

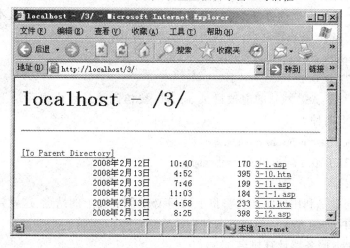

图 3.12　设置目录浏览权限的网站访问窗口

3.2.4　测试 ASP 站点

完成虚拟目录的设置后,就可以访问 ASP 站点了。访问的方法有两种:一种是在 IIS 中访问站点,另外一种是在浏览器中直接访问。

1.在 IIS 中访问

打开 IIS 信息服务管理器,选择设定好的虚拟目录,如图 3.13 所示,示例中的虚拟目录名为"aspweb",然后在右侧的文件列表中选择要浏览的文件,单击鼠标右键,在弹出的快捷菜单中选择"浏览"命令即可浏览网站页面。

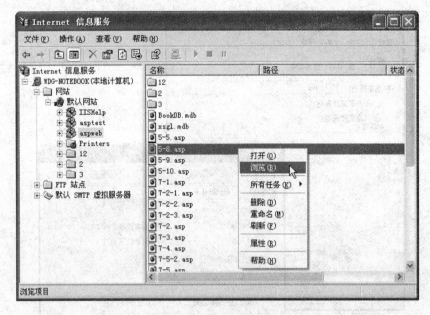

图 3.13　在 IIS 中浏览网站文件界面

2.在浏览器中直接访问

（1）本地方式访问

本地方式访问就是在当前计算机用 IIS 建立 Web 服务器,并用该计算机本身的浏览器来访问该计算机上的 Web 服务器站点,本地访问有两种方式:

> **http://localhost**
>
> **http://127.0.0.1**

例如,假定建立了 ASP 网站的虚拟目录 aspweb,要访问该站点内根目录下的myweb.asp文件,则可以通过如下两种方式:

> **http://localhost/aspweb/myweb.asp**
>
> **http://127.0.0.1/aspweb/myweb.asp**

（2）异地方式访问

异地方式访问就是利用网络在客户机上访问 Web 服务器上的站点,这就要求在 Web 服务器上设置好固定 IP,异地方式访问也有两种方式:

> **http://Web 服务器计算机名**
>
> **http://Web 服务器 IP**

例如,当前的 Web 服务器计算机名为"wdg",IP 地址为"192.168.1.1",则可以用"http://wdg"进行异地访问,但该方式只适合局域网;如果远程访问,还应该使用 IP 方式,则访问以上IP 及虚拟目录 aspweb 的站点文件可以表示为:

> http://192.168.1.1/aspweb/myweb.asp

如果用户的 ASP 网站利用 IIS 设置成站点主目录,并且站点主页 index.asp 设置成默认的起始页,则可以直接利用以下 IP 方式访问 ASP 站点:

> http://192.168.1.1

3.3   ASP 的编程规则

3.3.1   ASP 程序的语法规则

1. ASP 文件的基本结构

ASP 文件中通常包含文本、HTML 标记和脚本命令 3 部分,这 3 部分内容以各种组合形式混合在 ASP 文件中,需要使用不同的符号进行区分。HTML 使用标准的 HTML 标记界定;而 ASP 语句和 ASP 脚本命令必须使用"< %"和"% >"表示脚本的开始和结束进行界定。

> < %
>
> ∶(程序代码部分)
>
> % >

ASP 文档中每一行 ASP 语句可以界定一次,也可以多行语句界定一次。例如,用"例 3.1"中的"3.1.asp"ASP 程序来说明其基本结构。

2. ASP 文件的命名

网页文件的扩展名为".htm"或".html",如果在其中嵌入了 ASP 脚本,则必须以 ASP 文件进行命名,即以扩展名".asp"进行命名,ASP 文件命名规则可以和普通文件命名一样,但它和网页文件一样最好不要用中文。

3. ASP 文档中 ASP 脚本与 HTML 标识的关系

在 ASP 文档中可以在 HTML 标识中嵌套 ASP 脚本,也可以在 ASP 脚本中嵌套 HTML 标识。在"例 3.1"中是 HTML 中嵌套了 ASP 脚本,该程序也可以以另一种方式写,即在 ASP 脚本中嵌套 HTML 标识,它们运行的结果相同,代码比较如下:

HTML 标识中嵌套了 ASP 脚本(示例第 4 行):

```
1    < HTML > < HEAD > < TITLE > 我的网页 < /TITLE > < /HEAD >
2    < BODY >
3    < % for i = 1 to 5 % >
4        < font size = < % = i% >  color = red > 我的第一个 ASP 网页 < /font > < br >
5    < % next % >
6    < /BODY > < /HTML >
```

ASP 脚本中嵌套了 HTML 标识(示例第 5 行):

```
1    < HTML > < HEAD > < TITLE > 我的网页 < /TITLE > < /HEAD >
2    < BODY >
3    < %
4    for i = 1 to 5
5        response.write " < font size = " & i & " color = red > 我的第一个 ASP 网页 < /font > < br > "
6    next
7    % >
8    < /BODY > < /HTML >
```

4. ASP 对 VBscript 自带函数的引用

ASP 脚本中可以直接调用 VBscript 所提供的内建函数,通过引用内建函数,可以完成强大的功能,VBScript 提供了比较丰富的内建函数,可以满足程序设计人员编程时的各种需要。VBScript 函数可以分为:数学函数、字符串函数、日期函数、转换函数、布尔函数、格式化函数和其他函数,各函数的具体描述参见附录。下面是 ASP 引用的时间函数的示例:

```
< % = now( ) % >
```

也可以简写为: < % = now % >

5. ASP 脚本中常用的符号

(1)注释符号

在程序撰写区块中,建议您养成加入注释的习惯,以辅助他人或者自己阅读程序。在程序中加入注释文字时,必须在注释文字前以英文的单引号标示。则当 Web 服务器解译时,读取到此符号,则会略过该行该符号后的所有字符。例如:

```
< %
'下面输出系统时间
response.wirte now( )                    '输出系统时间
% >
```

(2)时间日期引用符号

ASP 在引用时间日期时必须采用标准的英文时间日期格式,如 2008 − 2 − 6 或 12∶03∶15 等样式,引用时,在时间、日期前后都加上" # "符号。

【例 3.2】 利用 ASP 编写程序 3.2.asp,根据对系统时间的判定,来显示不同的问候。其代码如下:

```
1     < %
2     if time( ) < = # 12∶00∶00 # then
3         response.write"上午好"
4     elseif time( ) < = # 14∶00∶00 # then
5         response.write"中午好"
6     elseif time( ) < = # 17∶00∶00 # then
7         response.write"下午好"
8     else
9         response.write"晚上好"
10    end if
11    % >
```

(3)连接符号

连接符号表示为"&",一般用于字符串间的连接,ASP 语句输出的 HTML 和 ASP 脚本的连接,如下列语句所示:

```
< %
response.write " < font size = 2 color = red > " & time( ) & " < /font > < br > "
% >
```

在以后的示例中,大家还可以看到连接符号应用于 SQL 语句和表单数据的结合中、数据库连接的字符串中、字符串换行连接等等。

(4)换行符号

在编写 ASP 脚本程序中,有的用一行表示的脚本串很长,编写者可以换行接续上一行继续写代码。换行符号为"_"下划线,引用时必须和连接符号一起使用,如下示例中两个 ASP 语句表示的结果相同。

```
< % a = "abcdefg" % >
< %
a = "abc" & _
& "defg"
% >
```

6.包含页的引用

在 ASP 动态网页程序设计中,有很多经常引用的公共模块,如数据库的连接、网页页头、页尾等,对于这些公共模块的脚本,我们经常把它们单独写成 ASP 文档,然后在调用时直接使用包含页的方式进行引用即可,这样不但简化了程序设计,而且在修改公共模块时也对所引用公共模块的文件自动更新,提高了程序开发维护效率。引用包含页的语法格式为:

< ! – – # include file = "所引用的 ASP 文件的相对路径" – – >

例如,在"例 3.1"中,插入"例 3.2"的问候语,假设 3.1.asp 和 3.2.asp 在同一个网站路径下,其代码如下:

```
1    < HTML >
2    < HEAD > < TITLE > 我的网页 </TITLE > </HEAD >
3    < BODY >
4    < % for i = 1 to 5 % >
5        < font size = < % = i% >  color = red > 我的第一个 ASP 网页 </font > < br >
6    < % next % >
7    < ! – – # include file = "3.2.asp" – – >
8    </BODY >
9    </HTML >
```

包含页可以引用 ASP 文件或网页文件,但包含页所在的文件必须为 ASP 文件。

3.3.2 ASP 程序的编辑与运行要求

1.ASP 的编辑开发工具

ASP 没有固定的编辑开发工具,任何一种文本编辑器(如 Windows 下的"记事本"等)都能当作 ASP 脚本的编辑工具,但不同的编辑开发工具编写调试程序效率是不一样的。

ASP 动态网页除了程序部分以外,还有网页的布局排版部分,所以建议使用 Editplus 等专用的文本编辑器与可视化编辑器 Dreamweaver 结合的方式编辑开发 ASP 脚本程序。

可视化编辑器 Dreamweaver 比较适合 ASP 网页的布局、排版及修饰,也可以进行 ASP 程序编写。Editplus 文本编辑器更适合 ASP 网页程序的运行调试。

2.ASP 的运行环境

ASP 是 Microsoft 公司产品,因此配合 Microsoft 公司的操作系统及 Web 服务器,配置运行ASP 脚本的环境平台比较简单。

(1)服务器端的运行环境配置

① Windows 2000/2003 ＋ IIS(Internet Information Server,Internet 信息服务器)5.0/6.0;

② Windows XP ＋ IIS 5.0;

③ Windows 98/ME ＋ PWS4.0(Personal Web Server 4.0,个人 Web 服务器);

④ Windows NT 4.0 + Windows NT Option Pack 4(IIS 4.0)。

(2)客户端的运行环境

客户端的运行环境相对简单,只要装有可读取 HTML 标记语言的浏览器的任何操作系统即可。

本书所有 ASP 程序的运行环境都是 Windows XP Professional + IIS 5.0,该环境只适合开发调试 ASP 程序用,因为 Windows XP Professional 的 IIS 只支持 10 个用户同时访问,所以专业的 Web 服务器必须用没有用户数量限制的 Windows 2000/2003 Server 版的 IIS 搭建。

3.ASP 文件的运行方式

在 Windows 系统中,要运行一个程序通过双击该程序的文件名即可,普通的 HTML 标识的网页文件也是如此,但 ASP 文件却不能通过这种方式来执行。原因很简单,因为 ASP 程序是在服务器端被 IIS 解释执行的,如果只是简单地双击 ASP 程序的文件名,那么它并没有被 IIS 解释执行,因此 ASP 程序部分就没有执行,浏览器中只显示 HTML 标识语言的执行结果。

所以要执行 ASP 程序,可以把 ASP 程序复制到 Web 的主目录下或建立虚拟目录,然后通过浏览器以 HTTP 方式进行访问。详见 3.2.4 小节"测试 ASP 站点"中的介绍。

3.4 VBScript 编程基础

3.4.1 VBScript 概述

1.VBScript 与 ASP

VBScript 与 Basic 语言有密切关系。VBScript 是 Microsoft Visual Basic 的简化版本的一个子集,VBScript 是一种脚本语言,编制简单的程序时,脚本语言是容易使用的。脚本语言的语法比较简单。但是,简单的语法也使开发大的应用程序变得相对困难。对于 ASP 来说,它应用了 VBScript 语言,但扩充了内置对象以及 ADO 访问数据库的技术。

VBScript 是 ASP 的缺省语言,在 ASP 网页中也可以使用其他脚本语言,如 Jscript,Perl 等。我们讲述的 ASP 例子程序都使用 VBScript。VBScript 既可以作为客户端编程语言,也可以作为服务器端编程语言。客户端编程语言是由浏览器解释执行的语言,当一个以这些语言中的任意一种所编制的程序被下载到一个兼容的浏览器中时,浏览器将自动执行该程序。运行在客户端的 VBScript 不需要 IIS 的解释,可以直接运行,所以单独运行在客户端的 VBScript 脚本必须以网页文件命名,即扩展名为"htm"或"html"。

客户端编程语言的优点是客户端浏览器完成了所有的工作,这可以减轻服务器的负担。而且客户端程序运行起来比服务器端程序快得多。当一个浏览器的用户执行了一个操作时,不必通过网络服务器对其作出响应,而在客户端浏览器中就可以作出响应。一般来说,可以解释 VBScript 脚本的浏览器只有 Microsoft Internet Explorer。

VBScript 也可以作为服务器端编程语言。服务器端编程语言是在服务器上执行的语言。服务器为一个站点提供文件,而浏览器接收这些文件。服务器端编程语言执行站点主机上的所有操作,所有的功能均需要编程来实现。

用 VBScript 作为服务器端编程语言的好处是 VBScript 相对简单且不受浏览器的限制;VBScript 脚本在网页通过网络传送给浏览器之前被执行,Web 浏览器收到的只是标准的 HTML 文件。

2. 在 HTML 页面中添加 VBScript 代码

在实际的程序编写过程中,我们要把 VBScript 代码和 HTML 脚本结合起来使用。SCRIPT 元素用于将 VBScript 代码添加到 HTML 页面中。VBScript 代码写在成对的 < SCRIPT > 标记之间。例如,以下为运行在服务器端的 VBScript 代码:

```
< SCRIPT LANGUAGE = "VBScript" RUNAT = "Server" >
    Response.wirte ("Hello ASP World!")
< /SCRIPT >
```

代码的开始和结束部分都有 < SCRIPT > 标记。LANGUAGE 属性用于指定所使用的 Script 语言,RUNAT 属性指出了该脚本运行在服务器端还是客户浏览器端。如果运行在客户端,则把 RUNAT = "Server"删去即可。如下为运行在客户端的 VBScript 代码:

```
< SCRIPT LANGUAGE = "VBScript" >
    Msgbox "Hello ASP World!"
< /SCRIPT >
```

Msgbox 用于显示一个信息对话框,它是浏览器解释并在当前位置执行的语句,所以它不能在服务器端运行。

SCRIPT 块可以出现在 HTML 页面的任何地方(BODY 或 HEAD 部分之中),但最好将所有的一般目标 Script 代码放在 HEAD 部分中,以便所有 Script 代码集中放置。这样可以确保在 BODY 部分调用代码之前,所有 Script 代码都被读取并解码。但是在窗体中提供内部代码以响应窗体中对象的事件时写在 BODY 的窗体对应位置中。

【例 3.3】　在窗体中嵌入 Script 代码以响应窗体中按钮的单击事件,程序 3.3.htm 源代码如下:

```
1       < HTML >
2       < HEAD > < TITLE > 测试按钮事件 < /TITLE > < /HEAD >
3       < BODY >
4       < FORM NAME = "Form1" >
5           < INPUT TYPE = "Button" NAME = "Button1" VALUE = "单击" >
6           < SCRIPT FOR = "Button1" EVENT = "onClick" LANGUAGE = "VBScript" >
7               MsgBox "按钮被单击!"
8           < /SCRIPT >
9       < /FORM >
10      < /BODY >
11      < /HTML >
```

3.4.2　VBScript 变量

变量用于引用计算机内存地址,可以存储程序运行时可更改的程序信息。在程序中,常用变量来临时存储数据。

1. 声明变量

声明变量的一种方式是使用 Dim 语句、Public 语句和 Private 语句,在 Script 中显式声明变量,如

```
< % Dim Username % >
```

声明多个变量时,使用逗号分隔变量,如

```
< % Dim Top, Bottom, Left, Right % >
```

另一种方式是直接在脚本中使用变量名这一简单方式来隐式声明变量,例如:

```
< %
Regtime = time( )
Response . write Regtme
% >
```

上例第 2 行的 ASP 代码中将第 1 行的"Regtime"写错成"Regtme"了,因此程序无法显示出第一行"Regtime"变量所赋的当前时间值。这是因为当 VBScript 遇到新的名字时,无法确定到底是隐式声明了一个新变量,还是仅仅把现有变量名写错了,于是只好用新名字再创建一个新变量。

为了避免隐式声明时写错变量名引起的问题,VBScript 提供了 Option Explicit 语句来强制显式声明。如果在程序中使用该语句,则所有变量必须先声明,然后才能使用,否则会出错。Option Explicit 语句必须位于 ASP 处理命令之前,例如:

```
< % Option Explicit % >
< % Dim Top, Bottom, Left, Right % >
```

2.变量命名规则

变量命名必须遵循 VBScript 的标准命名规则。

◆ 第一个字符必须是字母。

◆ 不能包含嵌入的句点。

◆ 长度不能超过 255 个字符。

◆ 在被声明的作用域内必须唯一。

◆ 名字不能与关键字同名。

VBScript 不区分变量名称的大小写。例如,将一个变量命令为 UserName 和将其命名为 USERNAME 效果是一样的。另外,给变量命名时,要含义清楚,便于记忆。

3.变量的作用域与存活期

变量的作用域是指变量从定义到释放的有效作用范围,由声明它的位置所决定。如果在过程中声明变量,则只有该过程中的代码可以访问变量或更改变量值,此时变量具有局部作用域,并被称为过程级变量。如果在过程之外声明变量,则该变量可以被 Script 中所有过程所识别,称为 Script 级变量,具有 Script 级作用域。

变量存在的时间称为存活期。Script 级变量的存活期从被声明的一刻起,直到 Script 运行结束。对于过程级变量,其存活期仅是该过程运行的时间,该过程结束后,变量随之消失。在执行过程时,局部变量是理想的临时存储空间,可以在不同过程中使用同名的局部变量,这是因为每个局部变量只被声明它的过程识别。

4.给变量赋值

创建表达式给变量赋值时,变量在表达式左边,要赋的值在表达式右边,如:

```
< %
Dim b
b = 200
% >
```

3.4.3　VBScript 子程序和函数

在程序语言里,函数与子程序可以说是简化程序设计的最佳利器,它们可将程序中重复的动作或运算,另外独立成一个子程序(也称为过程)。当需要执行这些动作时,以调用的方式执行它们。例如:在程序常常需要计算一个物体的体积与表面积时,您就可以把它们都写成函数,然后在需要的时候调用它。

而函数与子程序的不同在于,函数将计算出的结果回传给调用它的程序,而子程序则只是执行一些语句动作,并没有回传值。

1.子程序

(1)子程序的声明

子程序的声明语法如下:

> **Sub 子程序名称(参数 1,参数 2,……,参数 N)**
>
> ⋮
>
> **End Sub**

子程序是包含在 Sub 和 End Sub 语句之间的一组 VBScript 语句,执行操作但不返回值。Sub 过程可以使用参数(由调用过程传递的常数、变量或表达式)。如果 Sub 过程无任何参数,则 Sub 语句必须包含空括号"()"。

若在子程序的执行过程中,欲在某些情况下强制离开子程序,可以运用"Exit Sub"语句达到目的。

(2)调用子程序

调用子程序的语法如下:

> **Call 子程序名称(参数 1,参数 2,……,参数 N)**

或者,省略 Call,直接以子程序的名称调用。但这种方式容易和函数调用混淆。下面是子程序的应用示例。

【例 3.4】　利用 VBScript 脚本编写 ASP 程序,完成自定义一个子程序的调用例子。

程序代码如下:

```
1     <HTML>
2     <HEAD><TITLE>子程序</TITLE></HEAD>
3     <BODY>
4     <%
5     N = 5
6     Call TodayIsGood(N)            '调用子程序
7     Sub TodayIsGood(x)            '定义子程序
8         For i = 1 To x
9             Response.Write        "今天天气真好!<BR>"
10        Next
11    End Sub
12    %>
13    </BODY>
14    </HTML>
```

示例程序运行效果如图 3.14 所示。

图 3.14　子程序运行效果图

(3)子程序的声明位置

对于网页中所使用的子程序,并不限定声明在主程序的何处(子程序与函数以外的部分为主程序),即便将子程序声明在调用语句之后也是可以的。如"例 3.4"中便是在调用语句后声明 TodayIsGood 子程序,而我们也可以将 TodayIsGood 子程序的声明位置更改在调用语句之前。

2.函数

在 VBScript 中,对于函数的使用可分为两个部分来说明,一是自定义函数,二是 VBScript 内建函数。自定义函数是由使用者自行定义的函数,而 VBScript 内建函数则是由 VBScript 所定义的一些函数可供使用者调用,VBScript 内建函数的功能说明参见附录。下面的内容将告诉您如何自定义函数与调用函数。

(1)函数的声明

函数的声明语法如下:

  Function 函数名称(参数 1,参数 2,……,参数 N)

   ⋮

   函数名称　=　表达式

   ⋮

  End Function

自定义函数中执行的运算程序是利用 Function 与 End Function 两个语句所包围的程序区块所定义的。

第 1 行:我们将函数的名称、传入的变量、传出的数据型态做了完整的声明。传入函数的变量,我们又称为形式参数,这是因为目前这些参数只用文字代表,实际的数值要等到其他过程调用该函数时才能传入。

第 3 行:我们利用"函数名称＝表达式"这一行,将函数计算出的结果传出。

若在函数的执行过程中,在某些情况下欲强制离开函数时,可以运用"Exit Function"语句达到目的。

(2)函数的调用

无论是自定义函数还是 VBScript 内建函数,函数的调用方法是一样的,只要在程序中用以下语法即可调用函数:

函数名称(参数 1,参数 2,……,参数 N)

自定义函数 Function 过程与 Sub 过程类似,但是 Function 过程可以返回值。Function 过程可以使用参数(由调用过程传递的常数、变量或表达式)。如果 Function 过程无任何参数,则 Function 语句必须包含空括号"()"。Function 过程通过函数名返回一个值,这个值是在过程的语句中赋给函数名的。

【例 3.5】 利用 VBScript 脚本编写 ASP 程序,完成自定义函数的调用例子,程序将声明一个用于计算圆面积的函数。代码如下:

```
1     < HTML >
2     < HEAD > < TITLE > 函数 < /TITLE > < /HEAD >
3     < BODY >
4     < % For i = 1 to 5 % >
5         半径为 < FONT COLOR = BLUE > < % = i % > < /FONT >
6         公分的圆面积为 < FONT COLOR = RED >
7         < % Response.Write CircleArea(i)      '调用自定义函数% >
8         < /FONT > 平方公分 < BR >
9     < % Next % >
10    < %
11    Function CircleArea(r)
12        Const PI = 3.1415926          '声明 PI 为常量
13        CircleArea = PI * r ^ 2       '圆面积计算
14    End Function
15    % >
16    < /BODY >
17    < /HTML >
```

示例中第 11~14 行声明了一个计算圆面积的函数,然后在第 4~9 行中利用一个 FOR 循环重复调用该函数,计算半径由 1~5 cm 之间的圆面积。

程序的运行效果如图 3.15 所示。

图 3.15 自定义函数运行效果图

3.4.4 VBScript 流程控制

在 VBScript 语句中,允许使用循环语句和条件语句来控制脚本代码的执行流程。

1.循环语句

循环用于重复执行的一组语句。循环可分为三类:一类在条件变为 False 之前重复执行语句,一类在条件变为 True 之前重复执行语句,另一类按照指定的次数重复执行语句。

在 VBScript 中可使用下列循环语句:

Do...Loop:当(或直到)条件为 True 时循环。

While...Wend:当条件为 True 时循环。

For...Next:指定循环次数,使用计数器重复运行语句。

For Each...Next:对于集合中的每项或数组中的每个元素,重复执行一组语句。

(1)使用 Do...Loop 循环

可以使用 Do...Loop 语句多次(次数不定)运行语句块。当条件为 True 时或条件变为 True 之前,重复执行语句块。

① 当条件为 True 时重复执行语句。

While 关键字用于检查 Do...Loop 语句中的条件。有两种方式检查条件:在进入循环之前检查条件,其语法格式为:(如下面的 3.6 示例)

> **Do While(条件式)**
>
> ⋮   (程序语句)
>
> **Loop**

或者在循环至少运行完一次之后检查条件, 其语法格式为:(如下面的 3.7 示例)

> **Do**
>
> ⋮   (程序语句)
>
> **Loop While (条件式)**

在 3.6 示例中,如果 myNum 的初始值被设置为 9 而不是 20,则永远不会执行循环体中的语句。在 3.7 示例中,循环体中的语句只会执行一次,因为条件在检查时已经为 False。

【例 3.6】 Do While...Loop 例子,代码如下:

```
1    < HTML >
2    < HEAD > < TITLE > New Document < /TITLE > < /HEAD >
3    < BODY >
4    < SCRIPT LANGUAGE = "VBScript" >
5    Dim counter, myNum
6    counter = 0
7    myNum = 20
8    Do While myNum > 10
9        myNum = myNum − 1
10        counter = counter + 1
11   Loop
12   MsgBox "循环重复了 " & counter & " 次。"
13   < /SCRIPT >
14   < /BODY >
15   < /HTML >
```

【例 3.7】 Do...Loop While 例子,代码如下:

```
1    < HTML >
2    < HEAD > < TITLE > New Document < /TITLE > < /HEAD >
3    < BODY >
4    < SCRIPT LANGUAGE = "VBScript" >
5    Dim counter, myNum
6    counter  =  0
7    myNum  =  9
8    Do
9        myNum  =  myNum  -  1
10       counter  =  counter  +  1
11   Loop While myNum  >  10
12   MsgBox "循环重复了 " & counter & " 次。"
13   < /SCRIPT >
14   < /BODY >
15   < /HTML >
```

② 重复执行语句直到条件变为 True。

Until 关键字用于检查 Do...Loop 语句中的条件。有两种方式检查条件:在进入循环之前检查条件;或者在循环至少运行完一次之后检查条件。其语法格式为:

Do

　　┇　　(程序语句)

Loop Until 条件式

Until 关键字用于检查 Do...Loop 语句中的条件,只要条件为 False,就会进行循环。

【例 3.8】　Do...Loop Until 例子,代码如下:

```
1    < HTML >
2    < HEAD >
3    < TITLE > New Document < /TITLE >
4    < /HEAD >
5    < BODY >
6    < SCRIPT LANGUAGE = "VBScript" >
7    Dim counter, myNum
8    counter  =  0
9    myNum  =  1
10   Do
11       myNum  =  myNum  +  1
12       counter  =  counter  +  1
13   Loop Until myNum  =  10
14   MsgBox "循环重复了 " & counter & " 次。"
15   < /SCRIPT >
16   < /BODY >
17   < /HTML >
```

③ 退出循环。

Exit Do 语句用于退出 Do...Loop 循环。因为通常只是在某些特殊情况下要退出循环(例如要避免死循环),所以可在 If...Then...Else 语句的 True 语句块中使用 Exit Do 语句。如果条件为 False,循环将照常运行。

在下面的示例中,myNum 的初始值将导致死循环。If...Then...Else 语句检查此条件,防止出现死循环。

【例 3.9】 Exit Do 语句用于退出 Do...Loop 循环例子,代码如下:

```
1      < HTML >
2      < HEAD > < TITLE > New Document < /TITLE > < /HEAD >
3      < BODY >
4      < SCRIPT LANGUAGE = "VBScript" >
5      Dim counter, myNum
6      counter = 0
7      myNum = 9
8      Do Until myNum = 10
9          myNum = myNum − 1
10         counter = counter + 1
11         If myNum < 10 Then Exit Do
12     Loop
13     MsgBox "循环重复了 " & counter & " 次。"
14     < /SCRIPT >
15     < /BODY >
16     < /HTML >
```

(2)使用 While...Wend

While...Wend 语句是为那些熟悉其用法的用户提供的。但是由于 While...Wend 缺少灵活性,所以建议最好使用 Do...Loop 语句。

(3)使用 For...Next

For...Next 语句用于将语句块运行指定的次数。在循环中使用计数器变量,该变量的值随每一次循环增加或减少。其语法格式为:

For 计次变量 = 起始值 to 停止值 step 步长

:   (程序区段)

Next

如果"步长"为 1 时,则可以省略"step 步长"部分。

【例 3.10】 把"例 3.6"的循环设计成一个子程序,然后利用 For 循环调用该子程序 5 次。For 语句指定计数器变量 x 及其起始值与终止值。Next 语句使计数器变量每次加 1。其代码如下:

```
1      < HTML >
2      < HEAD > < TITLE > New Document < /TITLE > < /HEAD >
3      < BODY >
4      < SCRIPT LANGUAGE = "VBScript" >
5      Sub ChkFirstWhile( )
6          Dim counter, myNum
7          counter = 0
```

```
8           myNum = 20
9           Do While myNum > 10
10              myNum = myNum − 1
11              counter = counter + 1
12          Loop
13          MsgBox "循环重复了 " & counter & " 次。"
14      End Sub
15      Dim x
16      For x = 1 To 5
17          Call ChkFirstWhile( )
18      Next
19      </SCRIPT>
20      </BODY> </HTML>
```

For 循环语句也可以嵌套使用,但不能交叉。

【例 3.11】 编写 ASP 程序,利用字符"＊"输出一个直角三角形图案。其代码如下:

```
1       <HTML>
2       <HEAD> <TITLE> 循环嵌套示例 </TITLE> </HEAD>
3       <BODY>
4       < %
5       Dim i, j
6       For i = 5 To 1 Step − 1
7           For j = 1 To 2 * i − 1
8               response. write " * "
9           Next
10          response. write " < br > "
11      Next
12      % >
13      </BODY>
14      </HTML>
```

其运行效果如图 3.16 所示。

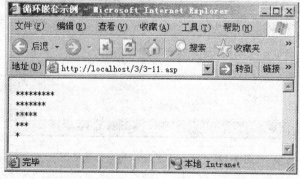

图 3.16　嵌套循环示例运行效果图

（4）使用 For Each...Next

For Each...Next 循环与 For...Next 循环类似。For Each...Next 不是将语句运行指定的次数，而是对于数组中的每个元素或对象集合中的每一项重复一组语句。这在不知道集合中元素的数目时非常有用。其语法格式为：

For Each 循环次数变量 In 数组
：（程序语句）

Next

【例 3.12】　定义一个 1~10 递增数的数组，利用循环输出所有奇数。其示例代码为：

```
1      < HTML >
2      < HEAD > < TITLE > 演示 For Each...Next 语句的使用 < /TITLE > < /HEAD >
3      < BODY >
4      < %
5          Dim Sum
6          Dim Arr
7          '生成一个数组 Arr
8          Arr = Array(1, 2, 3, 4, 5, 6, 7, 8, 9, 10)
9          Response.Write("使用 For Each 语句显示数组中的所有奇数 < BR >")
10         Sum = 0
11         For Each i In Arr
12             If i Mod 2 = 1 Then
13                 Response.Write(CStr(i) & " < BR >")
14             End If
15         Next
16     % >
17     < /BODY >
18     < /HTML >
```

其示例运行效果如图 3.17 所示。

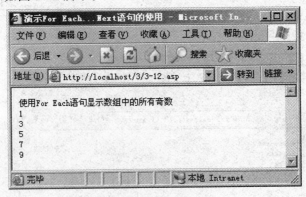

图 3.17　For Each 循环语句运行效果图

2.条件语句

使用条件语句和循环语句可以控制 Script 的流程。使用条件语句可以编写进行判断和重复操作的 VBScript 代码。在 VBScript 中可使用以下条件语句：

If...Then...Else 语句

Select Case 语句

(1)使用 If...Then...Else 进行判断

If...Then...Else 语句用于计算条件是否为 True 或 False,并且根据计算结果指定要运行的语句。通常,条件是使用比较运算符对值或变量进行比较的表达式。

① 条件为 True 时运行语句。要在条件为 True 时运行单行语句,可使用 If...Then...Else 语句的单行语法。其语法格式为:

If 条件式 then

 ⋮ **(程序语句)**

End If

【例 3.13】 产生三个随机数,并由小到大输出,其代码如下:

```
1     < HTML >
2     < HEAD > < TITLE > 条件语句示例 < /TITLE > < /HEAD >
3     < BODY >
4     < %
5     Dim a,b,c,s
6     a = Rnd( ):b = Rnd( ):c = Rnd( )
7     If a > b Then
8         s = a:a = b:b = s
9     End If
10    If a > c Then
11        s = a:a = c:c = s
12    End If
13    If b > c Then
14        s = b:b = c:c = s
15    End If
16    response.write "产生三个随机数,由小到大输出: < br > < br >"
17    response.write a &" - - >"& b &" - - >"& c
18    % >
19    < /BODY >
20    < /HTML >
```

其运行效果如图 3.18 所示。

② 条件为 True 和 False 时分别运行某些语句。可以使用 If...Then...Else 语句定义两个可执行语句块:条件为 True 时运行某一语句块,条件为 False 时运行另一语句块。其语法格式为:

If 条件式 Then

 ⋮ **(程序语句 1)**

Else

 ⋮ **(程序语句 2)**

End If

【例 3.14】 编写 ASP 程序,输出两个随机数 a 和 b,判断它们之间的大小。其示例代码如下:

图 3.18　单一条件判断语句运行效果图

```
1      < HTML >
2      < HEAD > < TITLE > 条件语句示例 </TITLE > </HEAD >
3      < BODY >
4      < %
5      Dim a,b
6      a = Rnd( ):b = Rnd( )
7      response.write "a = "&a&" < br >"
8      response.write "b = "&b&" < br >"
9      If a > b Then
10         response.write "a > b"
11     Else
12         response.write "a < b"
13     End If
14     % >
15     </BODY >
16     </HTML >
```

其运行效果如图 3.19 所示。

图 3.19　两个执行块的条件判断语句运行效果图

③ 对多个条件进行判断。If...Then...Else 语句的一种变形允许您从多个条件中选择，即添加 ElseIf 子句以扩充 If...Then...Else 语句的功能,使您可以控制基于多种可能的程序流程。其语法格式为:

　　If 条件 1 Then
　　⋮　　(程序语句 1)

ElseIf 条件 2 Then

　　⋮　　（程序语句 2）

ElseIf...

　　　　⋮

Else

　　⋮　　（程序语句 n）

End If

【例 3.15】 编写 ASP 程序,判断当前日期是星期几？并用中文输出。其代码如下：

```
1    < HTML >
2    < HEAD > < TITLE > 演示 If 语句的使用 </TITLE > </HEAD >
3    < BODY >
4    < %
5    Dim MyDate
6    MyDate = Date
7    Response.Write("今天是：" & FormatDateTime(MyDate,1) & " ")
8    Week = Weekday(MyDate)
9    If Week = 1 Then
10       Response.Write("星期日")
11   ElseIf Week = 2 Then
12       Response.Write("星期一")
13   ElseIf Week = 3 Then
14       Response.Write("星期二")
15   ElseIf Week = 4 Then
16       Response.Write("星期三")
17   ElseIf Week = 5 Then
18       Response.Write("星期四")
19   ElseIf Week = 6 Then
20       Response.Write("星期五")
21   Else
22       Response.Write("星期六")
23   End If
24   % >
25   </BODY >
26   </HTML >
```

该示例运行效果如图 3.20 所示。

可以添加任意多个 ElseIf 子句以提供多种选择。使用多个 ElseIf 子句经常会变得很繁琐。在多个条件中进行选择的更好方法是使用 Select Case 语句。

(2)用 Select Case 结构进行判断

Select Case 结构提供了 If...Then...ElseIf 结构的一个变通形式,可以从多个语句块中选择执行其中的一个。Select Case 语句提供的功能与 If...Then...Else 语句类似,并且可以使代码更加简练易读。

图 3.20 多个条件判断语句运行效果图

Select Case 结构在其开始处使用一个只计算一次的简单测试表达式。表达式的结果将与结构中每个 Case 的值比较。如果匹配,则执行与该 Case 关联的语句块,其语法格式为:

Select Case 表达式(或变量)

　　Case 条件式 1
　　⋮ （程序语句 1)
　　Case 条件式 2
　　⋮ （程序语句 2)
　　Case Else
　　⋮ （程序语句 n)
　　End Select

　　注意 Select Case 结构只计算开始处的一个表达式(只计算一次),而 If...Then...ElseIf 结构计算每个 ElseIf 语句的表达式,这些表达式可以各不相同。仅当每个 ElseIf 语句计算的表达式都相同时,才可以使用 Select Case 结构代替 If...Then...ElseIf 结构。

　　【例 3.16】 编写 ASP 程序,利用 Select Case 语句完成"例 3.15"中判断当前日期是星期几并用中文输出的功能。其代码如下:

```
1     < HTML >
2     < HEAD >
3     < TITLE >演示 select case 语句的使用 < /TITLE >
4     < /HEAD >
5     < BODY >
6     今天是:< % = year(date())% > 年 < % = month(date())% > 月 < % = day(date())% > 日
7     < %
8     select case weekday(date())
9     case 1
10        my _ week ="星期日"
11    case 2
12        my _ week ="星期一"
13    case 3
14        my _ week ="星期二"
15    case 4
16        my _ week ="星期三"
17    case 5
```

18	my ＿ week ＝″星期四″
19	case 6
20	my ＿ week ＝″星期五″
21	case 7
22	my ＿ week ＝″星期六″
23	end select
24	％ ＞
25	；＜ ％ ＝ my ＿ week ％ ＞
26	＜／BODY ＞
27	＜／HTML ＞

“例 3.15”和“例 3.16”完成的是相同的功能，但所使用的函数及判断语句不同。从中可以看出在多条件判断中，使用 Select Case 语句程序条理更清晰。

3.4.5　VBScript 事件处理

利用 VBScript 脚本编程，可以响应 HTML 标识网页中的事件进行处理。下面针对按钮事件及 Window 视窗事件进行介绍说明。

1.按钮事件处理

按钮触发事件可以分为：独立的按钮触发事件和表单按钮触发事件。

（1）独立按钮触发事件

在网页中可以建立一个单独按钮事件，它没有数据输入部分，只是完成该按钮动作响应功能，当按钮按下时触发响应该动作的事件程序，响应的事件程序可以利用 VBScript 脚本程序进行处理。其建立按钮的 HTML 标识语法为：

　　　＜ Input Type ＝″button″ Name ＝″控件名称″ Value ＝″显示的值″ OnClick ＝子程序 ＞

以上为按钮的 HTML 标识，OnClick 事件是按钮按下时调用 VBScript 子程序。

【例 3.17】　编写 VBScript 脚本程序，建立一个按钮，当按钮按下时响应弹出一个对话框显示当前时间。其代码如下：

1	＜ HTML ＞
2	＜ HEAD ＞
3	＜ TITLE ＞独立按钮触发事件示例 ＜／TITLE ＞
4	＜／HEAD ＞
5	＜ BODY ＞
6	＜ SCRIPT LANGUAGE ＝″VBScript″ ＞
7	Sub ShowTime
8	MsgBox ″现在的时间是：″ &Time
9	End Sub
10	＜／SCRIPT ＞
11	＜ INPUT TYPE ＝″button″ NAME ＝″button1″ value ＝″显示时间″ onclick ＝ ShowTime ＞
12	＜／BODY ＞
13	＜／HTML ＞

该示例运行效果如图 3.21 所示。

图 3.21　独立按钮触发事件运行效果图

(2)表单的按钮触发事件

表单输入信息后,进行提交时触发按钮事件。表单按钮事件将接收文本框输入的信息,并针对接收的信息进行处理。以下为表单窗体事件的属性。

① 取得表单控件的值的格式为:

窗体名称.控件名称.Value

② 设定光标位置的格式为:其中索引值为定义在窗体中控件的编号,其编号方式为该控件在窗体中的顺序号,起始值为 0.

窗体名称.elements(索引值).focus

③ 送出数据给 Action 接收的动作格式为:

窗体名称.Submit

【例 3.18】　利用 VBScript 脚本编写一个能在客户端验证表单信息输入的情况,来保证提交到服务器端的信息的正确性。

```
1     < HTML >
2     < HEAD > < TITLE > 在客户端进行数据验证 < /TITLE > < /HEAD >
3     < BODY >
4     < SCRIPT Language = vbscript >
5     Sub CheckData
6         if form1.tbxName.value = Empty then
7             MsgBox "请输入姓名"
8             form1.elements(0).focus
9         elseif form1.pwd1.value = Empty then
10            MsgBox "请输入密码"
11            form1.elements(1).focus
12        elseif form1.pwd2.value = Empty then
13            MsgBox "请输入验证密码"
14            form1.elements(2).focus
15        elseif form1.pwd2.value < > form1.pwd1.value then
16            MsgBox "验证密码错误"
17            form1.elements(2).focus
```

```
18          elseif form1.tbxE_Mail.value = Empty then
19              MsgBox "请输入 E_Mail 地址"
20              form1.elements(3).focus
21          elseif InStr(1,form1.tbxE_Mail.value,"@") = false then
22              MsgBox "请输入正确的 E_Mail 地址"
23              form1.elements(3).focus
24          else
25              form1.submit
26          end if
27      End Sub
28      </SCRIPT>
29      <FORM action = "DataCheck.asp" method = POST name = form1>
30          姓名:<INPUT type = "text" name = tbxName> <br>
31          密码:<INPUT TYPE = "PASSWORD" NAME = "pwd1"> <br>
32          验证密码:<INPUT TYPE = "PASSWORD" NAME = "pwd2"> <br>
33          E-Mail:<INPUT type = "text" name = tbxE_Mail> <br>
34          <INPUT type = "button" value = "提交" name = button1 OnClick = CheckData>
35      </FORM>
36      </BODY> </HTML>
```

该示例程序运行效果如图 3.22 所示。

图 3.22   客户端表单验证示例运行效果图

2. Window 视窗事件处理

Window 常用视窗事件有引导视窗、打开视窗、设定视窗等,这些事件主要在网页制作的特效中应用,可以利用网页可视化工具制作生成,因为事件属于交互,所以事件一般都是由脚本程序完成,下面简单介绍 ASP 编程中常应用的几个 Window 视窗事件。

(1)打开/关闭视窗

① 打开视窗。当用户欲从一个网页中再打开另一个浏览器时,可以运用 Window 对象的 Open 方法,其语法如下:

Window.Open 欲浏览网页,视窗名称,视窗样式

下面是语法各部分的说明。

欲浏览网页:指定打开之新视窗所浏览的网页地址。

视窗名称:指定打开之视窗的名称。

视窗样式:指定打开新视窗的样式。其指定方式是以一串设定字符串。其格式如下:

　　"属性 1 = 值,属性 2 = 值,……"

可使用的属性名称与设定值见表 3.1。

表 3.1　Window 事件属性表

属性名称	说　　　明
toolbar	设定是否显示工具栏。若设定值为 no 时,代表不显示。若设定字符串中未设定此属性,则预设为显示工具栏。
menubar	设定是否显示菜单。若设定值为 no 时,代表不显示。若设定字符串中未设定此属性,则预设为显示菜单。
top	设定欲打开的浏览器左上角的 Y 坐光标。此坐光标的参考原点为屏幕的左上角,且坐标值向下为正,单位为像素(pixel)。
left	设定欲打开的浏览器左上角的 X 坐标。此坐标的参考原点为屏幕的左上角,且坐标值向右为正,单位为像素(pixel)。

② 关闭窗口。调用 Window 对象的 Close 方法可以关闭当前的浏览器。其语法格式为:

　　Window.close

【例 3.19】　建立两个按钮,分别完成打开窗口和关闭窗口功能。

```
1    < HTML >
2    < HEAD > < TITLE > Window 事件示例 < /TITLE > < /HEAD >
3    < BODY >
4    < SCRIPT Language = vbscript >
5    Sub OpenBut
6        Window.open "3.19.htm","OpenClose","toolbar = no,menu = no,left = 100,top = 100"
7    End Sub
8    Sub CloseBut
9        Window.Close
10   End Sub
11   < /SCRIPT >
12   < INPUT type = "button" value = "打开" OnClick = OpenBut > < p >
13   < INPUT type = "button" value = "关闭" OnClick = CloseBut >
14   < /BODY >
15   < /HTML >
```

该示例运行效果如图 3.23 所示,图中单击"打开"按钮,则弹出窗口,单击"关闭"按钮,则关闭当前浏览器窗口。

(2)设定浏览网页

欲控制目前视窗所浏览的网页,我们可以运用设定 Window 的 Location 属性的方式达成,其语法格式为:

　　Window.Location = "欲浏览的网页名"

该方式同 Window 的 Open 方法打开的网页功能类似,只不过是它不能控制打开的浏览器窗口的属性。

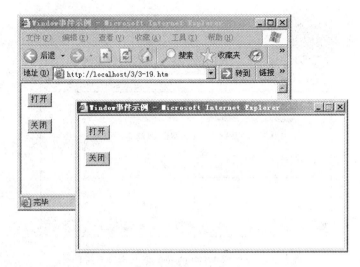

图 3.23　Window 打开/关闭事件处理示例图

本章小结

　　本章主要介绍了 ASP 开发的基础,包括 ASP 的工作原理、ASP 编程的平台环境、开发工具、Web 服务器 IIS 的配置、虚拟目录的建立、ASP 程序的访问方法、ASP 程序的语法规则等内容,其中 ASP 程序的语法规则对 ASP 编程的要求、结构、常用符号以及 ASP 脚本同 HTML 关系都进行了详细阐述。最后较详细地介绍了 ASP 所使用的 VBScript 脚本的编程基础,并例举了大量的编程示例。

　　本章向你简要地介绍了 VBScript 脚本编程的基础知识,学好这些内容非常重要,可以为后续的 ASP 程序设计打下坚实的基础。如果读者没有学过其他编程语言基础,对示例及课后习题编程有困难,建议再参照有关 Visual Basic 或 C 语言编程基础教材资料进行学习。

　　在 VBScript 的事件处理中,主要应用在客户端执行,而这些事件处理常用的脚本是 JavaScript,所以熟悉网页制作及编程的用户,可以在浏览 Internet 网页时在多注意观察,在客户端查看事件处理的源代码进行收集及分析,备以后开发程序设计之用。

思考与实践

　　1.如何在 Windows XP 下开发 ASP 程序?简述环境配置方法及运行 ASP 的整个过程。

　　2.访问 ASP 程序有几种方法?简述如何通过 IIS 管理器配置并实现这几种方法对 ASP 程序的访问。

　　3.简述 ASP、HTML 及 VBScript 三者的区别与联系。

　　4.用 IE 直接打开 ASP 文件和 HTML 文件有什么不同?

　　5.编写 VBScript 程序来计算 1~100 之间所有奇数的平方和。用客户端脚本和服务器端脚本两种方式实现。

　　6.参见"例 3.2"、"例 3.6"、"例 3.15"程序例子,编写一个运行在客户端的 VBScript 脚本程序,实现在一个弹出的信息框中显示当前的日期、星期以及根据不同时间段的问候语,运行效果如图 3.24 所示。

　　7.在 Internet 网上浏览用户注册的网页,在客户端观察它的表单验证方法,一般是用

图 3.24　客户端 VBScript 脚本示例运行效果图

JavaScript 脚本实现的,并且在客户端可以看到其源代码,利用 JavaScript 脚本替换"例 3.18"VB-Script 完成的表单验证功能。并分析 JavaScript 和 VBScript 脚本的异同。

第4章

ASP 内置对象

ASP 内置对象是 ASP 脚本编程的基础,灵活应用这些对象的属性、方法和事件,可以开发功能强大的动态网站。本章将介绍 ASP 的常用内置对象,包括:Request 和 Response 对象、Session 和 Application 对象、Server 对象以及 Cookies 和 Global.asa 文件的使用。

本章的学习目标
◆ 掌握表单各控件数据接收方法
◆ 掌握使用 Request 和 Response 对象来获取和输出信息
◆ 掌握使用 Session 和 Application 对象方法应用
◆ 掌握利用 Cookies 方式写入及读取数据
◆ 掌握 Server 对象的属性和方法
◆ 了解 Global.asa 文件的作用和功能

4.1　ASP 内置对象概述

所谓对象,你可以这样理解,就是把一些功能都给你封装起来,至于其内部具体是怎么工作的,你不要管,只要会使用它就行了。

对象的内容一般包括方法、属性和事件。举一个简单的例子:一辆汽车就是一个对象,那么汽车的颜色就是它的一个属性;汽车可以运送客户或货物,这就是它的一个方法;如果汽车不幸发生碰撞,就会损坏,这是事件。

ASP 之所以简单实用,主要是因为它提供了功能强大的内置对象和组件,ASP 内置对象是 ASP 脚本编程的基础,灵活应用这些对象的属性、方法和事件,可以开发功能强大的动态网站。

ASP 提供的常用内置对象分别是:Request、Response、Server、Session 和 Application 对象,通过这些对象,服务器端可以方便地搜集浏览器端发送的信息、响应浏览器请求以及存储特定用户信息。每个对象都有各自的集合(Collection)、属性(Property)、方法(Method)和事件(Event)。

1. Request 对象

Request 对象用来获取浏览器发送的数据,包括通过 POST 方法、GET 方法、Cookies 以及通过表单发送的参数。通过 Request 对象也可以接收发送到服务器的二进制数据,如文件上传。

2. Response 对象

Response 对象用来向浏览器端发送信息,包括直接发送信息到浏览器、重定向浏览器到其他 URL 或设置浏览器端的 Cookies。

3. Server 对象

Server 对象可以通过客户浏览器对服务器端进行操作。最常用的方法是用来创建 ActiveX

组件的实例,如 Server.CreateObject,以及对 URL 或 HTML 进行编码、将虚拟路径映射到物理路径、设置脚本运行超时期限等。

4．Session 对象

Session 对象用来管理服务器端与浏览器端进行会话所需的信息。当用户在不同的 ASP 程序间跳转时,存储在 Session 对象中的变量不会丢失,通过 Session 的方法可以设置恰当的会话超时期限,灵活地管理与浏览器端的会话。

5．Application 对象

Application 对象在一个 ASP 应用中让不同客户端共享信息。Application 对象可以控制服务器端应用程序的启动和终止状态,并保存整个应用程序过程中的信息。它可以将虚拟目录及其下子目录也看成一个应用程序,用来在给定的应用程序的所有用户之间共享信息。

以下将就 ASP 内置的各个对象中的主要集合、属性、方法和事件分别进行介绍。

4.2　Request 对象

使用 ASP 的 Request 对象,可以收集并处理由 HTML 表单或随 URL 请求发送的信息,以及获取存储在客户端的 Cookies。Request 对象包含了集合、属性和方法,但不包含事件。

4.2.1　Request 对象简介

Request 对象用来获得客户端信息,共有 5 种获取方法,分别是 QueryString、Form、Cookies、ServerVariables 和 ClientCertificate。这里将其称为"获取方法",主要是强调从客户端获得信息,而事实上更为准确的应该是"数据集合",因为获取到的信息其实是在一个集合中。其语法格式为:

Request[.数据集合|属性|方法]("变量名")

说明:

① 变量名一般为传入信息的对象名,如表单控件的 Name 值。如果你不想写获取方法,也可以简写为"Request("变量名")"方式,ASP 同样可以帮你取得客户端信息,只是因为没有指定获取方法,所以 ASP 将会依次在 QueryString、Form、Cookies、ServerVariables 和 Clientcertificate 这 5 种获取方法中检查是否有信息传入,如果有则会返回获得的变量信息。

② "["和"]"之间的参数可以省略,"|"字符表示"或"的意思。

下面先将 Request 的数据集合(获取方法)、属性、方法的功能分别列于表 4.1～4.3 中,然后将对常用的功能进行逐一介绍。

表 4.1　Request 对象的数据集合(获取方法)

获取方法	功　　能
QueryString	从查询字符串中读取用户提交的数据
Form	取得客户端在 FORM 表单中所输入的信息
Cookies	取得客户端浏览器的 Cookies 信息
ServerVariables	取得服务器端环境变量信息
Clientcertificate	取得客户端浏览器的身份验证信息

表 4.2　Request 对象的属性

属　　　　　性	功　　　　　能
TotalBytes	取得客户端响应数据的字节大小

表 4.3　Request 对象的方法

方　　　　　法	功　　　　　能
BinaryRead	以二进制码方式读取客户端 POST 数据

4.2.2　Request 对象的表单操作

上网时经常会碰到填写注册信息一类的界面,这就是 HTML 提供的 FORM 表单实现的,通常包括文本框、按钮、单选框、复选框、下拉框等基本元素,填写完毕后,单击"确定"或"提交"按钮就可以将输入的信息传送到服务器上了,然后服务器端就可以调用相应的程序来处理该信息,比如将信息存放到数据库中。

用户实现交互功能几乎都需要表单来完成,如搜索查询、留言论坛、注册登录、调查投票以及信息反馈、信息录入等等,所以,接收表单数据是动态网站程序设计的基础。下面介绍表单数据的传送方式以及各个表单控件的接收方法。

1. 表单数据的接收过程

在 2.1.5 小节中介绍我们已经介绍了表单的 HTML 标识,现在再来看"例 2.2"的例子的操作过程。图 4.1 所示为表单的信息处理过程示意图,分为两个步骤,这两个步骤也是由两个文件组成。

首先是一个表单文件(示例中为 login. htm),用户在表单内填写信息然后按"提交"按钮,这是激活按钮事件,执行表单的 Action 动作,即把输入表单的信息发送给 Action 动作的接收者文件(action = ″login. asp″)处理。该部分的表单文件 login. htm 源代码为:

```
1    < form action = ″login. asp″ method = post >
2        姓名: < input type = ″text″ name = ″user″ > < br >
3        密码: < INPUT TYPE = ″password″ name = ″pwd″ > < br >
4        < input type = ″submit″ value = ″送出″ >
5    < /form >
```

接收数据的文件示例为 login. asp,利用 request 对象,接收分别对应 name 值的各表单控件所输入的数据信息,该部分的代码如下:

```
1    姓名为: < % = request(″user″) % > < br >
2    密码为: < % = request(″pwd″) % >
```

该示例操作过程示意图如图 4.1 所示,其中下划线部分为页面显示对应的关键代码。

2. 表单各控件的数据接收方法

表单中常用的表单控件有文本域、密码域、文本区、单选按钮、复选按钮、下拉菜单、提交及重写按钮等。该部分的各个表单控件的 HTML 标识在 2.1.5 小节中已经详细介绍了,不管什么类型的表单控件都可以用如下格式接收:

request(″表单控件 name 的变量名″)

下面针对表单各控件的接收方法进行分类介绍。按照数据输入方式我们可以把表单各控

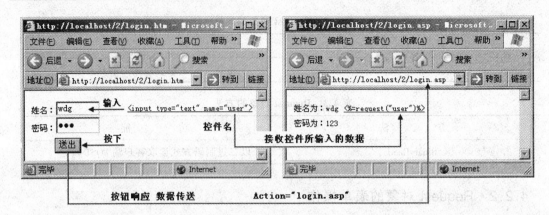

图 4.1 接收表单数据传输过程示意图

件分成以下几类。

(1)用户直接输入数据

需要用户输入数据常用的表单控件有:文本域、文本区、密码域等,该部分每个控件代表不同输入的数据,即便是在同一个表单内相同的控件类型,它们控件的名称也应该各不相同,以区分不同的数据信息接收。

该方式接收表单数据方式比较简单,可直接用 request("变量名")所对应的各表单控件 name 的变量名即可。

【例 4.1】 设计如图 4.2 所示的一个表单,要求用户输入相关信息,提交后接收相关信息并计算所输入的 a 和 b 相加的值。

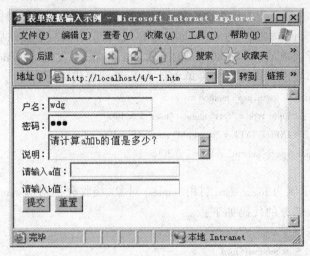

图 4.2 输入类型的表单控件示例

表单部分的文件命名为 4.1.htm,从图中可以看出前三个表单控件已经有初始值,其代码如下:

```
1    < html >
2    < head > < title > 表单数据输入示例 </title > </head >
3    < body >
4    < form method = "POST" action = "4.1.asp" >
```

5　　户 名：< input type = "text" name = "user" value = "wdg" > < /br >

6　　密 码：< input type = "password" name = "pwd" value = "123" > < /br >

7　　说 明：< textarea rows = "2" name = "sm" cols = "30" > 请计算 a 加 b 的值是多少？< /textarea > < /br >

8　　请输入 a 值：< input type = "text" name = "name _ a" > < /br >

9　　请输入 b 值：< input type = "text" name = "name _ b" > < /br >

10　　< input type = "submit" value = "提交" >　< input type = "reset" value = "重置" > < /br >

11　　< /form >

12　　< /body > < /html >

示例代码第 5、6 行中，"户名"和"密码"的初始值用 value 赋值表示，而第 7 行的文本区的初始值是直接写入 textarea 标识之间的。表单的 Action 动作提交给 4.1.asp 处理，4.1.asp 的代码如下：

1　　姓名为：< font color = "FF0000" > < % = request("user")% > < /font > < br >

2　　密码为：< font color = "FF0000" > < % = request("pwd")% > < /font > < br >

3　　说明是：< font color = "FF0000" > < % = request("sm")% > < /font > < br >

4　　< %

5　　a = cint(request("name _ a"))

6　　b = cint(request("name _ b"))

7　　c = a + b

8　　% >

9　　输入 a 的值为：< font color = "FF0000" > < % = a% > < /font > < br >

10　　输入 b 的值为：< font color = "FF0000" > < % = b% > < /font > < br >

11　　则 < font color = "FF0000" > a + b = < % = c% > < /font >

示例代码中第 5、6 行中的"cint()"函数是把接收的数据转换成数字类型。图 4.2 示例中，前三项的初始值可以重新输入数据，在输入 a 和 b 的值后提交给 login.asp 文件处理，其结果如图 4.3 所示。

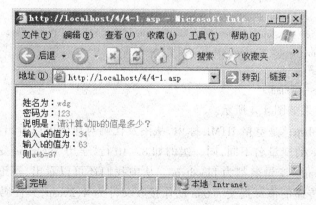

图 4.3　输入类型的表单控件接收结果示例

(2)用户选择数据

用户选择数据进行提交，传送的数据是已经写好的，并且写在表单控件中，而不需用户直接输入。这类的常用表单控件类型有：单选按钮、下拉菜单、复选按钮等。

选择方式的表单控件按数据选择的多少可以划分为：单选和多选。单选的控件有单选按钮和下拉菜单,多选的控件有复选按钮。

经过以上分析,我们针对选择方式的按钮接收方法通过示例来分别进行介绍说明。

【例 4.2】　设计一个如图 4.4 所示的选择方式的"调查表"表单示例,填写后提交并接收表单数据。

表单部分的示例文件命名为 4.2.htm,其示例代码如下:

```
1      < html >
2      < head > < title > 选择方式的表单示例 </title > </head >
3      < body >
4      请您填入如下调查信息 < br >
5      < form method = "POST" action = "4.2.asp" >
6          性别:男 < input type = "radio" name = "sex" value = "男" checked >  
7            女 < input type = "radio" name = "sex" value = "女" > </br> </br>
8      学历:专科 < input type = "radio" name = "xueli" value = "专科" >  
9          本科 < input type = "radio" name = "xueli" value = "本科" >  
10         硕士 < input type = "radio" name = "xueli" value = "硕士" > </br> </br>
11     职务: < select name = "duty" >
12         < option value = "自由职业" > 自由职业 </option >
13         < option value = "公司打工" > 公司打工 </option >
14         < option value = "个体老板" > 个体老板 </option >
15         < option value = "政府公务员" > 政府公务员 </option >
16     </select > </br> </br>
17     血型:O 型 < input type = "radio" name = "bloodtype" value = "o" >  
18         A 型 < input type = "radio" name = "bloodtype" value = "a" >  
19         B 型 < input type = "radio" name = "bloodtype" value = "b" >  
20         AB 型 < input type = "radio" name = "bloodtype" value = "ab" > </br> </br>
21     爱好:篮球 < input type = "checkbox" name = "like" value = "1" >  
22         足球 < input type = "checkbox" name = "like" value = "2" >  
23         排球 < input! type = "checkbox" name = "like" value = "3" > </br> </br>
24     < input type = "submit" value = "提交" > </br>
25     </form >
26     </body > </html >
```

上述代码运行效果如图 4.4 所示。

示例代码中," "是空格 HTML 标识,从图及代码对比中可以看出,对于单选按钮,不同组的区别在于 name 的变量名不同,同一组的如 8～10 行"学历"的 name 变量名都为 xueli,而 17～20 行"血型"的 name 变量名都为 bloodtype。从中我们还可以看出,不论是单选、多选还是下拉菜单,它们都有传递的值。提交 action 动作接收文件为 4.2.asp,其代码如下:

```
1      您的调查信息 < br >
2      性别: < font color = "FF0000" > < % = request("sex")% > </font > < br >
3      学历: < font color = "FF0000" > < % = request("xueli")% > </font > < br >
4      职务: < font color = "FF0000" > < % = request("duty")% > </font > < br >
5      血型: < font color = "FF0000" > < % = request("bloodtype")% > </font > < br >
6      爱好: < font color = "FF0000" > < % = request("like")% > </font > < br >
```

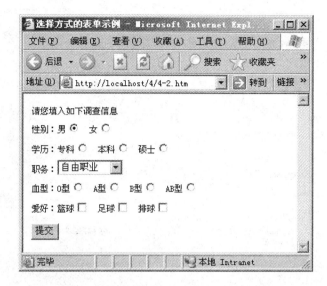

图 4.4 选择类型的表单控件输入界面示例

示例表单选择数据提交后运行效果如图 4.5 所示。

图 4.5 选择类型的表单控件接收结果示例一

从运行效果图中可以看出,在表单部分中传递的值书写详细明了,则接收的信息也清楚,而传递的值为"符号"代替,则显示相应的"符号"。以上编程的接收表单信息方式虽然简单,但不够灵活,我们可以把 4.2.asp 进行如下更改设计,使接收数据信息更加完善明了。4.2.asp 修改后的代码如下:

```
1    您的调查信息 < br >
2    性别:< font color = "FF0000" > < % = request("sex")% > < /font > < br >
3    学历:< font color = "FF0000" > < % = request("xueli")% > < /font > < br >
4    职务:< font color = "FF0000" > < % = request("duty")% > < /font > < br >
5    你是:< font color = "FF0000" >
6    < %
7    select case request("bloodtype")
8         case "o"
9              response.write"O 型 – 现实浪漫主义者"
10        case "a"
11             response.write"A 型 – 崇尚完美主义者"
```

```
12          case "b"
13              response.write"B 型 – 充满感情的行动家"
14          case "ab"
15              response.write"AB 型 – 充满矛盾的自信家"
16      end select
17      % > < /font > < br >
18      爱好: < font color = "FF0000" >
19      < %
20      for each x in request("like")
21          select case x
22              case 1
23                  response.write"篮球 – – 适合中青年人运动项目;"
24              case 2
25                  response.write"足球 – – 适合青少年人运动项目;"
26              case 3
27                  response.write"排球 – – 男女老少的娱乐性运动;"
28          end Select
29      next
30      % > < /font >
```

该示例代码运行效果如图 4.6 所示。

图中的"爱好"选项是多选,而每次可多选的数目不能确定,所以在示例代码中的第 20 ~ 29 行中,运用了"For Each...Next"循环,来针对不确定的循环次数的每一次选择都以循环方式可以进行逐个输出。

图 4.6 选择类型的表单控件接收结果示例二

(3)不传输数据

在表单操作的过程中,有的控件一般不用作数据传送,而只是触发动作事件之用,这类的表单控件有:提交按钮和重写按钮。

(4)隐藏数据输入

在表单操作的过程中,有的控件是用户看不见的,这类的控件有隐藏域。隐藏数据传送可以作为设计程序的技巧方法之一,在实际编程中会经常用到。

【例 4.3】 通过隐藏域的使用,设计一个表单,提交给本身文件来接收表单信息,计算从显示表单界面到用户输入信息提交后的间隔时间,并把结果在页面中输出。

```
1   < HTML >
2   < HEAD > < TITLE > 隐藏域的使用 < /TITLE > < /HEAD >
3   < BODY >
4   < % if Request("nowtime") = "" Then % >
5       < form action = "4.3.asp" method = post >
6           < input type = hidden name = "nowtime" value = " < % = Now % > ">
```

```
7               姓名：< input type = ″text″ name = ″user″ > < br >
8               密码：< input type = ″password″ name = ″pwd″ > < br >
9                   < input type = ″submit″ value = ″送出″ >
10          </ form >
11      < % Else % >
12          < font color = ″# ff0000″ > < % = request("user") % > </ font > 你好！
13      你的密码为：< font color = ″# ff0000″ > < % = request("pwd") % > </ font >，
14          这次提交用时是 < font color = ″# ff0000″ >
15          < % = DateDiff(″s″, Request("nowtime"), Now) % > </ font > 秒
16      < % end If % >
17      </ BODY >
18      </ HTML >
```

其运行效果如图 4.7、4.8 所示。

图 4.7 隐藏类型的表单提交前示例

图 4.8 隐藏类型的表单提交后示例

示例代码中，第 6 行用了隐藏域，该传递的值为初次显示表单界面时的系统当前时间，第 5 行表示该表单提交对象 4.3.asp 也为该文件本身名，在第 4 行中判断隐藏域传递的值是否为空，当第一次访问时为空时显示表单，提交后不为空则显示 else 之后的接收信息。

第 15 行的"DateDiff(″s″, Request(″nowtime″), Now)"函数表示时间差函数，示例中是按"s"秒计算，"Request(″nowtime″)"是第 6 行为接收显示表单界面时的时间，"Now"函数的此时当前系统时间，来计算两次界面显示的时间间隔。

4.2.3 Request 对象的集合

Request 对象的功能是负责从客户端浏览器获取用户信息，这些信息有用 Get 或 Post 方式传过来的表单数据、Cookie 数据、Server Variable 环境变量及 Clientcertificate 数据等。如果把这些数据都看成是一个个集合，那么 Request 对象的数据集合就包括了表单数据集合、Cookie 数据集合、ServerVariable 环境变量数据集合及 Clientcertificate 数据集合。

1. Request.QueryString 集合读取表单 GET 方法数据

表单的结构标识由 < FORM > 和 </FORM > 来实现的，在 HTML 中 FORM 语句的语法结构如下：

< FORM METHOD = Get | Post ACTION = ″数据接收者″ >
      ⋮   （表单域的各个对象）
</ FORM >

其中,Action 属性用于指定表单处理程序的 URL;Method 属性则指定提供数据的方法,可取值为 GET 与 POST 方式的其中一个,其中 GET 为默认值。针对 GET 与 POST 方式提交 Request 读取表单控件的方法格式为:

GET 方式:

　　Request.QueryString("表单控件 name 的变量名")

POST 方式:

　　Request.Form("表单控件 name 的变量名")

以上两种方式或直接写出为通用的格式:

　　Request("表单控件 name 的变量名")

在读取数据时,可以指定数据集合,也可以不指定数据集合。如果未指定数据集合,那么 Web 服务器 IIS 将依次按照 Querystring、Form、Cookies、Clientcertificate、Servervariables 顺序搜索集合,直到找到指定的变量为止。

针对 GET 方法的应用说明如下:

(1)Get 方法的示例说明

当表单用 GET 方法向 ASP 文件传递数据时,表单提交的数据不是被当作一个单独的包发送,而是被附在 URL 的查询字符串中一起被提交到服务器端指定的文件中。QueryString 集合的功能就是从查询字符串中读取用户提交的数据。例如,在"例 2.2"中把"login.htm"文件代码的"method = post"改为"method = get",其他不变,其更改后的代码如下:

```
1       < form action = "login.asp" method = get >
2           姓名: < input type = "text" name = "user" > < br >
3           密码: < INPUT TYPE = "password" name = "pwd" > < br >
4           < input type = "submit" value = "送出" >
5       </ form >
```

接收数据文件 login.asp 代码如下:

```
1       < font color = "# ff0000" > < % = request.querystring("user") % > </ font > 你好!
2       你的密码为: < font color = "# ff0000" > < % = request.querystring("pwd") % > </ font >
```

示例中用 Get 方法提交表单,则从接收文件的 URL 地址栏信息中,Request.QueryString 可得到 user 和 pwd 两个变量的值,如图 4.9 所示。

图 4.9　Get 方式提交表单地址栏中传递值示例

从示例图中我们可以看出,URL 地址栏中表单 Action 动作接收文件携带着字符串信息,其示例字符串信息为:

　　http://192.168.4.3/iis/2/login.asp? user = wdg&pwd = 123

其中,从"?"问号后面开始传送的是数据,数据的格式是变量名 = 值,如果有多个数据要传送,中间用"&"分隔。

(2)Get 方法的应用启发

从示例 URL 地址栏中可以看出,变量名是表单控件的 name 变量名,所赋的值为在表单中输入的值。从中我们得到 Get 方式提交表单的启发,即把参数带入超级链接,如:

　　< a href = "login. asp? user = wdg&pwd = 123 "> 接收处理 < /a >

接收该链接所携带的字符串信息,就可以直接用示例中 login. asp 文件的 ASP 程序源代码,如 request("user")就可以得到链接字符串中变量 user 携带的值为 wdg。该示例的链接中携带变量值的方法在实际应用中非常重要,我们在以后的章节应用中再进行介绍。

2 . Request . Form 集合读取表单 POST 方法数据

GET 方法的优点是可以通过 URL 地址中携带字符串为服务器端传递信息,缺点是不能传递长而复杂的数据到服务器端,否则会造成数据的丢失,这是因为某些服务器会限制 URL 查询字符串的长度。因此,如果没有特殊用途或要将表单中的大量数据发送到服务器(如表单的文本区的应用),应使用 POST 方法。

POST 方法在 HTTP 请求体内发送数据,几乎不限制发送到 Web 服务器的数据长度。检索使用 POST 方法发送的数据通常采用 Request 对象的 Form 集合来进行。在 4.2.2 小节中所有的示例表单都采用的是 POST 方式传送数据的,所以不再举例对 POST 方式的应用。

3 . Request . ServerVariables 集合读取服务器端环境变量

在浏览器浏览网页的时候,有时非常希望知道服务器端或客户端的一些信息,如客户端的 IP 地址、端口号及浏览器版本等等。利用 Request 对象的 ServerVariables 方法可以方便地取得服务器端的环境变量信息。其语法格式为:

Request . ServerVariables("环境变量名称")

常用的环境变量名称见表 4.4。

表 4.4　常用的环境变量

环境变量名称	说　　　　明
ALL＿HTTP	返回客户端浏览器所发出的所有 HTTP 标头
AUTH＿TYPE	当访问被保护的脚本时,用以判断该用户是否合法
CONTENT＿LENGTH	返回发送到客户端的文件长度
CONTENT＿TYPE	返回发送到客户端的文件类型
LOCAL＿ADDR	返回服务器端 IP 地址
LOGIN＿USER	当使用"集成 Windows 验证"进行访问验证时,返回用于登录的 Windows 账号
PATH＿INFO	返回当前打开的网页的虚拟路径
QUERY＿STRING	返回 HTTP 请求中? 后的字符串内容
REMOTE＿ADDR	返回客户端 IP 地址
REMOTE＿HOST	返回客户端主机名
REQUEST＿METHOD	返回客户端进行 HTTP 请求的方法,如 GET、POST 等方法
SCRIPT＿NAME	返回当前 ASP 文件的路径和文件名
SERVER＿NAME	返回服务器端的 IP 地址、主机名或 DNS 名
SERVER＿PORT	返回用 HTTP 作数据请求时,所用到的服务器端的端口号
URL	返回当前网页的 URL

下面的例子是将取得的客户端 IP 地址输出。

【例 4.4】 显示来访者 IP 地址。

```
1      < %
2      Response.Write "来访者 IP 地址是:" & Request.ServerVariables("REMOTE _ ADDR")
3      % >
```

程序运行结果如图 4.10 所示。

图 4.10　显示客户端 IP 地址

4．Request.ClientCertificate 集合取回浏览器的身份验证信息

如果客户端浏览器支持 SSL3.0 或 PCT1 协议,即它是以"HTTPS://"开头的 URL,而不是以"HTTP://"开头的 URL。可以利用 ClientCertificate 获取方法取回浏览器的身份验证信息。如果客户端浏览器未送出身份验证信息,或服务器端也未设置向客户端浏览器要求身份验证的命令,那么将返回空值。如果有,将返回相应的身份验证信息。

使用该方法需要在 Web 服务器 IIS 站点属性中配置服务器的安全证书,方能使用。

4.2.4　Request 对象的属性

Request 对象的 Totalbytes 属性是只读属性,利用该属性可以得到客户端响应数据的字节大小。其语法格式为:

　　Request.TotalBytes

例如,输出客户端响应数据的字节大小。

　　< % Response.Write Request.TotalBytes % >

4.2.5　Request 对象的方法

Request 对象的 BinaryRead 方法能够以二进制方式获取客户端用 Post 方法提交的数据,其语法格式为:

　　Request.BinaryRead(字节大小)

其中字节大小是用 TotalBytes 属性获得的响应数据的字节大小。下面的例子将输出用二进制方式获取的数据。

　　< % Response.Write Request.BinaryRead(Request.TotalBytes) % >

需要注意的是,如果表单中传送的是纯文本,则应该优先选择 Form 和 QueryString 集合之一,但是,如果传递的是非纯文本信息,如图像等,则应该采用此方法。

4.3　Response 对象

ASP 需要根据客户端的不同请求输出相应的信息，这就要靠 Response 对象来实现了。其实前面的例子里已经多次用到 Response.Write 方法，下面详细介绍 Response 对象。

4.3.1　Response 对象简介

ASP 的内置对象 Response 用来控制送出给客户端的信息，Response 对象常用的方法见表4.5，属性见表4.6。

表 4.5　Response 对象的方法

方　　法	功　能　说　明
Write	Response 对象中最常用的方法，用来送出信息给客户端
Redirect	引导客户端浏览器至新的 Web 页面
BinaryWrite	输出二进制信息
Clear	清除缓冲区的所有 HTML 页面，此时 Response 对象的 Buffer 属性必须被设置为 True，否则会报错
End	终止处理 ASP 程序
Flush	立刻送出缓冲区的 HTML 数据，此时 Response 对象的 Buffer 属性必须被设置为 True，否则会报错
AddHeader	用指定的值添加 HTML 头部信息
AppendToLog	将指定的字符串添加到 Web 服务器日志条目的末尾

表 4.6　Request 对象的属性

属　　性	功　能　说　明
Buffer	设置是否对输出的数据进行缓存处理，取值为 True 或 False，默认为 False
ContentType	控制送出的文件类型，默认为 text/html
CharSet	设置网页的字符集
Expires	设置浏览器中缓冲页的有效期
ExpiresAbsolute	设置浏览器中缓冲页的到期日期、时间
IsClientConnected	判断客户端是否和服务器相连

4.3.2　Response 对象的方法

1. 使用 Response.Write 方法将输出信息至浏览器

在 Response 对象中，Write 方法可以说是最普遍、最常用的方法，它可以把信息从服务器端直接发送给客户端浏览器上。Write 方法功能很强大，几乎可以输出所有的对象和数据。其语法格式为：

Response.Write 变量名或字符串

例如：

```
< %
    Response.Write usename&"您好"          'username 是一个变量,表示用户名
    Response.Write "现在是:"&now()          'now 是时间函数
    Response.Write "业精于勤而荒于嬉"       '输出字符串
% >
```

Write 方法还有一种省略用法,其语法格式如下：

< % = 变量名或字符串 % >

例如：

```
< % = date % >
< % = "现在是:"&now() % >
```

在使用这种省略方式时,必须在输出的每一个变量数据或字符串两端加"< %"和"% >"。
请注意 Write 方法的以上两种用法的区别。请看下面的例子。

【例 4.5】 用两种方法输出信息的例子。文件名为 4.5.asp,其代码如下：

```
1     < html >
2     < head > < title > Response.Write 用法示例 </title > </head >
3     < body >
4     < %
5     Dim username,userage
6     username = "小诸葛"
7     userage = 15
8     Response.Write username & "您好,欢迎您"
9     Response.Write ",您的年龄是" & CStr(userage) & "岁"
10    % > < br >
11    < % = username & "您好,欢迎您" % >
12    < % = ",您的年龄是" & CStr(userage) & "岁" % >
13    </body >
14    </html >
```

程序运行结果如图 4.11 所示。

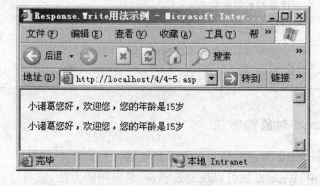

图 4.11　Write 方法输出示例

2．使用 Response．Redirect 方法从当前页面跳转到其他页面

在网页中，可以利用超链接引导客户到另一个页面，但是必须要在客户端单击超链接才行。可是有时希望自动引导(也称重定向)客户至另一个页面，如进行网上考试时，当考试时间结束时，应自动引导客户端提交试卷表单并到结束界面。

在 ASP 中使用 Response．Redirect 方法将自动引导客户从当前页面跳转至另一个页面。其语法格式为：

Response．Redirect 网址或文件名

例如：

```
< %
    Response．Redirect "http://www.sina.com.cn"        '引导至新浪网
    Response．Redirect "manage/login.asp"              '引导至站内其他网页
    theURL = "http://www.pku.edu.cn"
    Response．Redircct theURL                          '引导至变量表示的网址
% >
```

【例 4.6】　利用 Response．Redirect 重定向方法，将根据不同的用户类型引导到相应的页面。示例文件命名为 4.6.asp，其代码如下：

```
1      < % Response．Buffer = True        '注意，必须有这句话 % >
2      < html >
3      < head > < title >  Response．Redirect 用法示例 </title > </head >
4      < body >
5      < form method = "post" action = "" >
6          请选择用户类型：
7          教师 < input type = "radio" name = "user _ type" value = "teacher" >
8          学生 < input type = "radio" name = "user _ type" value = "student" > < br >
9          < input type = "submit" value = "确定" >
10     </ form >
11     < %
12     If Request．Form("user _ type") = "teacher" then
13          Response．Redirect "teacher.asp"            '将教师用户引导到教师网页
14     ElseIf Request．Form("user _ type") = "student" then
15          Response．Redirect "student.asp"            '将学生用户引导到学生网页
16     End If
17     % >
18     </ body > </ html >
```

程序运行结果图略，该程序第 1 行 Response．Buffer = True，必须有这一句，否则 Redirect 语句只能放到所有 HTML 元素的最前面，一般来说，只能用在 ASP 文件的开头。如果希望在文件中间使用 Redirect 语句，则必须在文件头添加该句，具体原因见 4.3.3 中关于 Buffer 属性的介绍。第 5 行的"action = """表示表单提交给文件本身。

需要注意的是，在调用 Redirect 方法之前不能向浏览器输出信息，否则信息不能显示在浏览器上，或者就会报错。例如：

```
< %
    Response.write "是否能输出?"
    Response.Redirect "test.asp"
% >
```

从上述代码中,从字面上可以理解为,页面第一行输出显示后执行第二行又跳转到另一个页面,这样页面就会出现问题。一般情况下,使用 Redirect 方法时,需要在页面第一行设置缓冲区"Response.Buffer = true",如"例 4.6"第 1 行,这样页面在服务器端的缓冲区全部执行完后把结果传给客户端。所以在设置缓冲区为 True 后执行上述代码,会直接跳转到指定页面,页面的输出部分将不会显示。

3．使用 Response.End 方法终止当前执行的 ASP 程序

使用 Response 对象的 End 方法可以终止当前执行的 ASP 程序,其语法格式为:

　　Response.End( )

调用方法时,可以省略方法后面的"( )"符号,即可以简写为"Response.End"。当 ASP 程序执行中遇到 Response.End 语句后,立即终止,不再执行后面的语句。下面来看一个简单的示例。

【例 4.7】 使用 Response.End 方法终止程序。示例文件命名为 4.9.asp,其代码如下:

```
1     < html >
2     < head > < title > Response.End 用法示例 </title > </head >
3     < body >
4     < %
5         Response.Write "这是第一句"
6         Response.End
7         Response.Write "这是第二句"
8     % >
9     < br >这是第三句
10    </body > </html >
```

程序运行结果如图 4.12 所示。

图 4.12　End 方法终止程序运行的示例

从该例子中可以看出,一旦碰到 Response.End 语句,立即停止执行后面的任何语句。该方法经常用在调试程序的时候,可以暂时用该语句屏蔽后面的语句,类似于逐条注释掉后面的语句,用户也可以把第 6 行进行注释,查看运行结果。

4．使用 Response.BinaryWrite 方法输出二进制信息

使用 Response.BinaryWrite 方法用于输出二进制信息，它不进行任何字符转换，直接输出。其语法格式为：

Response.BinaryWrite 变量或字符串

该方法经常和 Request.BinaryRead 方法配合使用，更适合用于非纯文本信息的输出。有时候可能在数据库里保存了二进制信息，就可以用该方法输出。如从数据库中显示图片的信息就要用到该方法。

5．使用 Response.Flush 方法强制输出缓冲区并清空

使用 Response 对象的 Flush 方法将 IIS 缓冲区中所有缓存页面的内容强制发送到客户端，当缓存页面输出后，将删除缓冲区内的所有内容。其语法格式为：

Response.Flush()

使用该方法时必须使"Response.Buffer = True"，否则将产生错误。该方法可用来将一个较长的页面成分分别发送到客户端，并经常与 Response 的 Clear、End 方法配合使用，具体示例见"例 4.8"。

6．使用 Response.Clear 方法删除缓冲区

当将 Response.Buffer 的属性设置为"True"时，使用 Response 对象的 Clear 方法能够将 IIS 相应缓冲区中已经缓存的页面删除。其语法格式为：

Response.Clear()

该方法不能删除 HTTP 相应的标题，可以用来终止部分已经完成的页面。具体示例见"例 4.8"。

7．使用 Response.AddHeader 方法为客户端浏览器增加一个标题

使用 Response 对象的 AddHeader 方法可以为客户端浏览器增加一个标题，一旦增加则不能删除，它并不替代现有的同名标题。其语法格式为：

Response.AddHeader("name","content")

其中，"name"和"content"为新的浏览器名称和标题内容。

由于 HTTP 协议要求所有的标题都必须在内容之前发送，所以必须在任何输出（例如由 HTML 或 Write 方法生成的输出）发送到客户端之前在脚本中调用 AddHeader。但当 Buffer 属性被设置为 True 时例外。若输出被缓冲，则可以在脚本中的任何地方调用 AddHeader 方法，只要它在 Flush 之前执行即可。该方法仅提供给高级用户使用。

8．使用 Response.AppendToLog 方法为服务器日志添加信息

使用 Response 对象的 AppendToLog 方法可将字符串添加到 Web 服务器日志条目的末尾，而且可以在脚本的同一部分中多次调用该方法。每次调用该方法时，都会在当前条目中添加指定的字符串。其语法格式为：

Response.AppendToLog string

其中，参数"string"是要添加到日志文件中的文本。由于 IIS 日志中的字段由逗号分隔，所以该字符串中不能包含逗号（","），字符串最大长度为 80 个字符。此外需要注意的是，为使指定的字符串被记录到日志文件中，必须在 IIS 管理器的站点"属性"页中设置"启用日志记录"，并指定"W3C 扩展日志格式"选项。例如：

```
< %
    StrToAppend = "Page executed on" &Now
    Response. AppendToLog StrToAppend
% >
```

该例的作用就是把当前页面执行的日期和时间的简单字符串,一并写入到日志文件中。

4.3.3 Response 对象的属性

Response 对象的属性多数是和 HTTP 控制流相关的,用来控制浏览器的活动。

1. 使用 buffer 属性设置缓冲区

在 ASP 程序中,可以为页面在服务器端设置一个缓存区,缓存区是一个存储区,它可以在其释放数据之前容纳该数据一段时间。

缓冲区的优点在于它的行为可以进行控制。设置缓存后,服务器端可减少与客户端连接的次数而提高整体的响应速度,并可在满足某些条件(如脚本处理不正确)时撤销已经处理的结果,而不会出现响应完成一部分就停止的状况。

缓存功能的打开和关闭是通过 Response 对象的 Buffer 属性来完成的。若将 Buffer 属性设为 False,则关闭缓存功能,Web 服务器在处理页面时会随时返回 HTML 和脚本结果;若将 Buffer 属性设为 True,则打开缓存功能,Web 服务器在处理页面时会将结果暂时存放到缓存中,当全部脚本处理完后,或者遇到 End 或 Flush 方法时,才将缓存中的内容发送到浏览器。其语法格式为:

Response. Buffer = True | False

默认情况下,IIS 5.0 以上版本是启用缓存处理的,这样你就不必在每个 ASP 程序中设置 Buffer 的属性为 True;相反如果关闭缓存处理,则需要把 Buffer 的属性设为 False。设置 Buffer 属性必须放在 HTML 或脚本输出之前,一般放在页面的第一行。这是因为在任何内容发送到浏览器后,Buffer 属性值就不能再更改,否则会引起错误。

下面是针对缓冲区操作的示例。

【例 4.8】 利用 Response 对象的 Buffer 属性及 Flush、Clear 和 End 方法,完成缓冲区操作的综合示例。示例文件命名为 4.8.asp,其代码如下:

```
1    < % response. Buffer = True % >
2    < html >
3    < head > < title > 缓冲区操作示例 < /title > < /head >
4    < body >
5    以下内容将输出到浏览器 < br >
6    < % response. Flush( ) % >
7    以下内容不会在浏览器上输出 < br >
8    < %
9    response. clear( )
10   response. write "用 write 方法的输出" &"< br >"
11   response. Flush( )
12   % >
13   测试完成 < br >
```

```
14      < % response.End() % >
15      以下内容不能输出到浏览器 < br >
16      </body >
17      </html >
```

示例运行效果如图 4.13 所示。

图 4.13　缓冲区综合示例运行效果

2. 使用 ContentType 属性设置输出信息的内容类型

ContentType 的属性定义服务器发送给客户端数据内容的 MIME(Multipurpose Internet Mail Extensions,即多功能 Internet 邮件扩展)类型。凡是浏览器能处理的所有资源,都有对应的 MIME 资源类型。其语法格式为:

　　　Response.ContenTtype = "文件的 MIME 类型/文件的 MIME 子类型"

例如,Word 文件的 MIME 类型是 Application/msword;Excel 文件的 MIME 资源类型是 Application/msexcel;JPG 文件的 MIME 类型是 Image/JPG,系统默认的文件类型为 Text/html。

在与服务器的交互中,浏览器就是根据所接受数据的 MIME 类型来判断要进行什么样的处理,对 HTML、JPG 等文件浏览器直接将其打开,对 Word、Excel 等浏览器自身不能打开的文件,则调用相应的方法打开。对没有标记 MIME 类型的文件,浏览器则根据其扩展名和文件内容猜测其类型。

使用该方法可以将在数据库中存储的二进制流(如 Word、Excel 文件)写入到浏览器。例如:

```
< %
    'conn 为已创建的数据库连接
    'rs 为查询的结果集
    response.contenttype = "Application/msword"        '指定 MIME 类型为 Word 文件
    response.writebinary(rs("worddata"))               '查询结果中包含二进制流字段 worddata
% >
```

上述代码将 MIME 类型设置为 Word 文档类型,并采用 Response 对象的 writebinary 方法将数据以二进制流的方式写入数据库"rs"的"worddata"字段中。

3. 使用 Charset 属性设置页面的字符集

Charset 属性将字符集名称附加到 Response 对象中的 content – type 标题的后面。对于不包含该属性的 ASP 页,content – type 标题默认为"content – type = text/html"。可以在 ASP 文件中指定 content – type 标题,其语法格式为:

Response.Charset =″浏览器输出的编码类型″

如下列语句使网页以简体中文编码格式输出：

< % Response.Charset =″gb2312″ % >

该语句要求在 HTML 中的 < head > 和 < /head > 标识结束前进行设定并产生以下结果：

< meta http – equiv =″Content – Type″ content =″text/html；charset = gb2312″ >

需要注意的是，无论字符串表示的字符集是否有效，该功能都会将其插入 content – type 标题中。如果某个页面包含多个含有 Response.Charset 的标记，则每个 Response.Charset 都将替代前一个 CharsetName。这样，字符集将被设置为该页面中 Response.Charset 的最后一个实例所指定的值。

4．使用 Expires 属性设置页面的过期时间

Expires 属性指定了在浏览器上缓冲存储的页面距过期还有多少时间。如果用户在某个页面过期之前又返回到此页，则会显示缓冲区中的页面，这样可以提高运行速度。如果设置"response.expires = 0"，则可使缓存的页面立即过期。该属性的语法格式为：

Response.Expires = number

其中，number 为数值，单位为 min，系统默认为 20 min。如果该属性在同一页面内设置了多次，则使用最短时间。例如，下面的语句指定网页 1 min 后过期：

< % response.Expires = 1 % >

这是一个较实用的属性，在实际系统中，用户登录进入 Web 站点后，应该利用该属性使登录页面立即过期，以确保网站的安全。

5．使用 ExpiresAbsolute 属性设置页面确切的过期时间

与 Expires 属性不同，ExpiresAbsolute 属性指定缓存于浏览器中的页面确切的到期日期和时间。在未到期之前，若用户返回到该页，显示该缓存中的页面。其语法格式如下：

Response.ExpiresAbsolute = DateTime

其中，DateTime 的值为日期型数据。例如：

< % Response.ExpiresAbsolute = # 2008 – 1 – 1 12：00：00 # % >

该语句表示浏览器的缓存页在 2008 年 1 月 1 日 12 点整自动清除。

6．使用 IsClientConnected 属性查看客户和服务器的连接状态

使用 IsClientConnected 属性说明客户端与服务器的连接状态，其语法格式为：

Response.IsClientConnected

该属性返回值是个布尔属性。若返回值为"True"，则说明客户端还与服务器处于连接状态；否则表示已经与服务器断开连接，默认值为"True"，该属性实例代码如下：

```
1      < %
2      if Response.IsClientConnected then
3          response.write ″该用户还在线上。″
4      else
5          response.write ″该用户不在线上。″
6      end if
7      % >
```

上述代码如果 IsClientConnected 属性为"True"，则输出提示该用户还在线上，否则，提示该用户不在线上。

4.4　Cookies 的操作

很多网站能够记住客户端的来访时间、IP 地址以及所使用的用户名等信息,要记住客户端的一些有关信息可以采取多种方法,其中利用 Cookies 是一种可以在客户端保存信息的方法。

4.4.1　什么是 Cookies

Cookies 是服务器端发送到客户端浏览器的文本串句柄。Cookies 以纯文本文件的形式保存在客户的硬盘上,每个网站都可以有自己的 Cookies,可以随时读取,不过每个网站只能读取自己的 Cookies。当你第一次访问一个网站时,它会将有关信息保存在你的计算机硬盘上的 Cookies 里,下一次再访问该网站时,它就会读取你计算机上的 Cookies 并将新的信息保存在你的计算机上。

根据操作系统及浏览器版本不同,保存在客户端 Cookies 的设置是不同的,在 Windows XP 操作系统的 IE 6.0 版本的浏览器中,通过“Internet 选项”中的“Internet 临时文件”,可以看到如图 4.14 所示的 Cookies 设置。

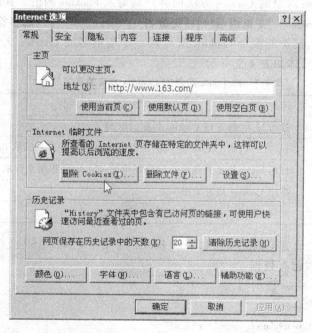

图 4.14　浏览器中“Internet 选项”中的 Cookies

在 IE 6.0 的操作系统中客户端 Cookies 文件的默认保存位置在“Documents and Settings”文件夹的用户目录中,如图 4.15 所示。保存在硬盘上的 Cookies 是文本文件,用户可以用 Editplus 等编辑器打开它了解它存储的信息。

Cookies 有两种形式:会话 Cookies 和永久 Cookies。前者是临时性的,只在浏览器打开时存在,后者则永久地存在于用户的硬盘上并在指定日期过期之前一直可用。

ASP 利用 Response 对象的 Cookies 方法可以向客户端写入 Cookies 值,利用 Request 对象的 Cookies 获取方法来获取写入客户端的 Cookies 值。

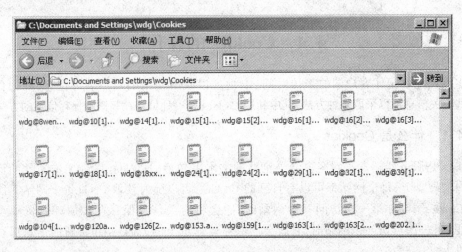

图 4.15 保存在客户端的 Cookies 文件

4.4.2 使用 Response 对象向客户端写入 Cookies

可以使用 Response 对象的 Cookies 方法向客户端写入 Cookies 的值。其语法格式为：

Response.Cookies[("变量组名")]("变量名")[.属性] = 写入的字符串

其中：变量组名为同类的多个 Cookies 值写入一个变量名的 Cookies 文件中。属性是设置的 Cookies 自身信息，具体如表 4.7 所示。

表 4.7 Response 对象的 Cookies 方法的属性列表

名　　称	功　能　说　明
Expires	仅可写入，指定该 Cookies 到期的时间
Domain	仅可写入，指出 Cookies 仅能从指定域上的服务器来读取 Cookies
Path	仅可写入，指出只能由指定路径中的 Web 应用程序来读取 Cookies
Secure	指出 Cookies 是否加密
HasKeys	只读，指明 Cookies 中是否包含子 Cookies

使用 Cookies 方法设置 Cookies 时，如果该 Cookies 不存在，那么 ASP 会自动建立一个，如果存在，那么该值会覆盖已有数据。

下面举例说明 Cookies 值的写入。

(1)单值写入 Cookies

< % Response.Cookies("user _ name") = "关羽" % >

(2)成组写入 Cookies

< %
　　Response.Cookies("personal")("user _ name") = "张飞"
　　Response.Cookies("personal")("E _ mail") = "zhangfei@163.com"
% >

(3)设置 Cookies 的有效期

必须使用 Expires 属性设置有效期，否则关闭浏览器后，该 Cookies 就失效了。设置有效期常用有两种方式：

① 具体的日期时间，例如对一组变量设置具体时间有效期。

```
< %
    Response.Cookies("personal")("user _ name") = "张飞"
    Response.Cookies("personal")("E _ mail") = "zhangfei@163.com"
    Response.Cookies("personal").Expires = # 2008 - 10 - 1 #
% >
```

② 从当前日期开始的有效期,例如从访问该网页时间起 30 天有效。

```
< %
    Response.Cookies("user _ name") = "关羽"
    Response.Cookies("user _ name").Expires = date + 30
% >
```

4.4.3　使用 Request 对象从客户端读取 Cookies

可以利用 Request 对象的 Cookies 方法来从客户端读取写入 Cookies 的值。其语法格式为:

Request.Cookies[("变量组名")]("变量名")

其中以上的“变量组名”、“变量名”和写入 Cookies 时的“变量组名”、“变量名”是对应相同的。如果请求一个未定义变量名的 Cookies 或客户端的 Cookies 值已经失效了的,Request 对象就会返回空值。

下面举例说明 Cookies 值的读取应用。

(1)Cookies 值的读取

```
1    < %
2    Response.Cookies("user _ name") = "关羽"
3    Response.Cookies("personal")("user _ name") = "张飞"
4    Response.Cookies("personal")("E _ mail") = "zhangfei@163.com"
5    Response.Cookies("personal").Expires = # 2008 - 10 - 1 #
6    Response.Write Request.Cookies("personal")("user _ name")&" < br >"
7    Response.Write Request.Cookies("user _ name")&" < br >"
8    Response.Write Request.Cookies("E _ mail")&" < br >"
9    % >
```

从以上代码中我们可以看出,第 5 行我们可以为一组 Cookies 值设定过期时间,第 6、7 行可以读取信息,第 8 行没有读到信息,因为第 8 行中的变量在前面没有被定义。

(2)判断是否初始化

利用 Cookies 可以判断是否初始化,如是否来访过、是否投过票等操作。

【例 4.9】　判断用户是否是第一次访问本站,如果不是,告知用户第一次来访的时间,来访间隔一年内有效。

```
1    < %
2    If Request.Cookies("usertime") = "" Then
3    Response.Cookies("usertime") = Now
4    Response.Cookies("usertime").Expires = Date + 365
5    Response.Write "你第一次来"
6    Else
7    Response.Write "你第一次曾于"&Request.Cookies("usertime")&"来访过本站"
8    End if
9    % >
```

4.5 Session 对象

在浏览购物网站时,用户注册登录后,就可以通过超链接,由一个页面到另一个页面进行浏览商品或购物操作,而且每个网页都能够记载着用户的信息,用户好像身边跟随着购物车,可以随时查看放入购物车中选购的商品清单及价格情况。那么这个虚拟购物车是如何实现用户在浏览选购商品时的页面间信息传递的呢?

前面介绍过利用 Request 对象的 QueryString 方法,通过 URL 地址携带信息实现页面间传递数据,这种方法非常繁琐,这里再来学习一种更简洁的方法,就是利用 ASP 内置对象中最有特色的一个 Session 对象。

4.5.1 Session 对象简介

Session 对象用来记载特定客户的信息,即使该客户从一个页面跳转到另一个页面,该 Session 信息仍然存在,客户在该网站的任何一个页面都可以存取 Session 信息。

Session 信息是以 Session 变量为载体存在 Web 服务器内存中的,Web 服务器为每个访问者建立一个单独的 Session。不同客户的信息用同一个 Session 变量实现不同的 Session 对象载体,而且它们之间互不相干。打个比方:一个人去游泳时,管理员会给他分配一个相同样式的柜子存放他自己的衣物,当他离开后,管理员就会把柜子收回,重新分给其他人。这里 Session 就好比游泳池的柜子,每个人登录网站后就会给他分配一块空间用以存放与他有关的信息,当他离开后或长时间不刷新界面,系统就收回空间再分发给其他人。

Session 的工作原理是比较复杂的:在一个应用程序网站中,当客户通过户名密码登录后就会启动一个 Session 变量,ASP 会自动产生一个长整数 SessionID,并把这个 SessionID 送给客户端浏览器,浏览器会把这个 SessionID 存储起来。当客户端再次向服务器端送出 HTTP 请求时,ASP 会去检查申请表头的 SessionID,并返回该 SessionID 对应的 Session 信息,所以当用户关闭浏览器后就失去了 SessionID,同时也就失去了和站点的联系,所以重新访问站点时就要重新登录。

Session 对象提供了多种成员,包括集合、属性、方法和事件。它们的功能描述见表 4.8。

表 4.8 Session 对象成员功能描述表

对象成员		功能描述
集合	Contents	储存 Session 对象中所有变量及值的集合
	StaticObjects	储存 Session 对象 < Object > 标识中的变量
方法	Contents.Remove(valname)	移走 Session 集合中的特定变量
	Contents.RemoveAll	移走 Session 集合中的所有变量
	Abandon	删除当前的所有 Session 变量
属性	CodePage	设定网页所使用的字符编号
	LCID	存取网页设定的区域识别
	SessionID	代表一个特定用户的唯一 Session 识别 ID,它存在客户端
	TimeOut	设定 Session 对象的有效时间
事件	onStart	一个新的用户联机进来时被触发
	onEnd	一个用户结束联机时被触发

本章节只对常用的 Session 对象成员进行介绍。

4.5.2　Session 对象的集合

Session 对象包括 Contents 和 StaticObject 两个集合。其中 StaticObject 集合在实际中不常用，所以本小节对该集合不进行介绍。

Contents 集合包含为 Session 对象建立的所有变量，可以用来确定每个变量的值，或者检索变量项目的列表。其语法格式如下：

　　　Session.Contents("变量名")

或者简写为：

　　　Session("变量名")

例如：

　　　< % Session("user") = "诸葛" % >

　　　< % = Session("user") % >

示例中创建了 Session("user")变量，并赋值为"诸葛"，然后将该 Session 变量取回输出到浏览器上。

【例 4.10】　设计一个存储人名的临时数组 username，将其值赋给 Session("user")，通过链接把所有赋值给 Session("user")的信息输出。示例文件命名分别为 4.10 - 1.asp、4.10 - 2.asp。

4.10 - 1.asp 代码如下：

```
1    < %
2    dim username(2)
3    username(0) = "刘备"
4    username(1) = "关羽"
5    username(2) = "张飞"
6    session("user") = username
7    % >
8    Session 变量信息已经定义完, < a href = "4.10 - 2.asp" > 请查看 </a>
```

在 4.10 - 2.asp 文件中通过 4.10 - 1.asp 文件利用同一个 Session 变量把数组信息传递到第二个页面，显示 Session 对象中的所有变量名和值的列表，并能够对 Session 变量中存储的数组以普通变量分别处理，其代码如下：

```
1    < %
2    For Each x in Session.Contents
3        If isObject(session(x)) Then
4            response.write x &"为对象变量"& " < br > "
5        else
6            if IsArray(session(x)) Then
7                response.write "三国人物: < br > "
8                for i = 0 to Ubound(Session(x))
9                    response.write session(x)(i) &" < br > "
10               Next
11           else
12               response.write x &session(x)&" < br > "
```

```
13              End if
14          End if
15      next
16     % >
```

示例中的第 3、6、8 行中分别使用了 VBScript 函数,其功能参阅附录 A 中的说明,第 2 行的 Session.Contents 代表的是所有 Session 变量的集合,本例中只有一个变量 session("user"),所以省略了变量名。程序运行效果如图 4.16、4.17 所示。

图 4.16　Session 变量被赋值界面　　　图 4.17　Session 变量信息被传递显示界面

从本示例中我们可以看出 Session 完成的两个基本功能:

一是利用 Session 变量实现页面间传递信息,本例中从第一个页面中赋值,在第二个页面中调出,其实在 Session 变量赋值后,只要 SessionID 没有失效,并且当前的浏览器窗口不关闭,就可以在本站内的网页间传递 Session 变量的值而且可以随时调出。

另一个是同一个 Session 变量名实际是一个集合,它可以包含不同的变量值。

4.5.3　Session 对象的属性

Session 对象的属性有 4 个,本小节只对 SessionID、TimeOut 这两个常用的属性进行介绍说明。

1. SessionID 属性

SessionID 属性是只读属性,它返回的是由服务器为每个会话创建的唯一标识符。SessionID 是通过一个算法而产生的长整型数值,新会话开始时它将自动为下一个 Session 分配递加的编号。这个编号的 SessionID 会话标识实际上是存储在客户端的 Cookie 中,当会话过期时终止。如果客户端关闭了 Cookie,那么该属性将不起作用。其语法格式为:

　　Session.SessionID

例如,在客户端输出当前会话的 ID,则代码如下:

　　< % = Session.SessionID % >

需要注意的是,在同一个浏览器的服务周期中,用户请求其他 ASP 文件时,ASP 会一直调用该 Cookies 来跟踪会话,所有的 SessionID 是同一个值。当用户关闭浏览器或超时后,服务器失去了和客户的 SessionID 联系,就会在服务器端内存中清除 SessionID 的设置。用户再重新启动该会话时将产生新的 SessionID。所以,可以用该属性跟踪用户的活动情况。

【例 4.11】　利用 SessionID 验证同一用户状态下的所产生的值。

```
1       < %
2       if session("count") = "" then
```

```
3          session("count") = 1
4      else
5          session("count") = session("count") + 1
6      end if
7      response.write "SessionID = " & Session.SessionID &" < br >"
8      response.write "你已经刷新本网页" & session("count") &"次"
9      % >
```

上述代码表示当在同一个页面进行刷新时,SessionID 的值不发生变化;当在不同的窗口打开文件时,SessionID 的值才发生变化。图 4.18 所示是该示例的运行结果,其中前两张图是在同一窗口不断刷新的结果,SessionID 的值未发生变化;最后一张图是在新窗口中浏览该例的结果,SessionID 的值发生变化,并且原来 Session 变量的值也跟随消失了。

图 4.18　SessionID 示例运行效果图

2.TimeOut 属性

存在服务器内存中的 Session 对象有它的时效性,如果超过有效期,它就可以被当作无用的垃圾 Session 对象清除,这一特性也是为了客户信息的安全。Session 对象的有效期默认为 20 min,如果客户端超出 20 min 不向服务器端提出请求或刷新 Web 页面,服务器端就会从内存中清除该 Session 对象,客户端和服务器间的会话就会自动结束。

设置有效期的时长有两种方法,一种方法是在 Web 服务器 IIS 中修改系统默认值;另一种方法是用 Session 对象的 Timeout 属性来指定。

下面介绍利用 Timeout 属性可以修改 Session 对象的有效期时长。其语法格式为:

　　　Session.Timeout ＝ num

其中:num 为一个正整数,单位为 min。

例如,将 Session 的有效期设置为 30 min,其代码为:

　　　< % Session.Timeout ＝ 30 % >

需要注意的是,由于 Session 变量都被存放在服务器内存中,如果超时时间设置太长,则会一直占用服务器的资源,会降低服务器的运行速度。因此,需要根据不同的应用设置超时时间,一般来讲,20 min 对大多数应用比较适用的。但有些特殊页面要注意修改有效期,比如在线考试系统的页面。

4.5.4　Session 对象的方法

1.Abandon 方法

Abandon 方法可以删除存储在 Session 对象中的所有对象,并释放服务器资源。如果没有在应用程序中调用该方法,则在会话超时时,由服务器自动删除 Session 对象。其语法格式为:

　　　　　Session . Abandon( )

其中"( )"可以省略。例如：

```
< %
        Session("user") = "曹操"
        session . Abandon( )
        response . write Session("user")
% >
```

　　本例中输出的 Session 的值为"曹操"，这是因为无论 Abandon 方法语句放在页面的任何位置，该方法被调用时，是在当前页中所有脚本命令全部处理完后，Abandon 方法才会被真正地执行，当前的 Session 对象才会被真正的删除。也就是说，在调用 Abandon 方法时，在当前页中还可以访问到在当前页中存储在 Session 对象中的变量，但在以后的 Web 页面上该 Session 变量则为空。

2．Contents . Remove 方法

Contents . Remove 方法可以删除集合中指定的 Session 变量。其语法格式如下：

　　　　　Session . Contents . Remove("变量名")

例如：

```
< %
        session("user _ a") = "孙权"
        session("user _ b") = "周瑜"
        session . Contents . remove("user _ a")
        response . write sesSion("user _ a")
        response . write sesSion("user _ b")
% >
```

　　上例中，首先创建了两个 Session 变量"user _ a"和"user _ b"，并赋予了值，之后采用 Contents . remove 方法删除了"user _ a"变量，在输出两个 Session 变量时只输出了"周瑜"，即调用 Contents . Remove 方法立即生效。

2．Contents . RemoveAll 方法

Contents . Removeall 方法可以删除集合中所有的 Session 变量。其语法格式如下：

　　　　　Session . Contents . Removeall

Contents . Removeall 方法和 Contents . Remove 方法类似，即在当前页面中即刻生效。

　　Session 对象的 3 个方法都是执行删除 Session 对象功能的，该 3 个方法只对当前执行删除方法的用户有效，不影响其他在线用户的 Session 变量值。

4.5.5　Session 对象的事件

　　Session 对象包含 Session _ OnStart 和 Session _ OnEnd 两个事件，而这两个事件常用在 Global . asa 文件中。

　　(1)Session _ OnStart 事件

　　当网站一个新的用户上线，并通过浏览器请求一份网页的时候，这个用户的专属 Session 对象就会被创建。Session 对象所定义的 OnStart 事件被同时触发。

（2）Session_OnEnd 事件

当一个用户离线或是停止任何浏览网页操作时，一旦过了 Session 对象的有效期限，代表此用户的 Session 对象就会被结束。此时 OnEnd 事件即会被触发，处理用户离线时所需的程序代码可以放在这个事件里面作处理。

OnStart 和 OnEnd 事件的相关程序示例我们将在 4.7 小节中的 Global.asa 文件里面作详细介绍。

4.5.6　Session 对象的优缺点

Session 对象的使用可以为我们设计 ASP 程序的时候，带给我们很多便利，但是，过度使用 Session 将会增加服务器的开销，下面概括了使用 Session 对象的优点和缺点。

1．使用 Session 对象的优点

① 如果有一个变量需要传递给多个网页，使用 Session 比使用 QueryString 来传递变量要方便很多。

② 同一个 Session 变量，不同用户同时访问时，可以赋给不同的变量值，而且它们相互独立的，这使设计开发多用户的操作变得更加容易。

③ 使用 Session 变量可以不用声明，也不必去特意释放它，当 Session 的时间期限到了，服务器自动释放该 Session 变量。

2．使用 Session 的缺点

① Session 同 Cookie 是相关的，如果用户的浏览器不支持 Cookie，则 Session 就不能使用。

② 过度使用 Session 时，会使更多的 Session 占用了服务器的内存，而且随着访问人数的增加，将大量增加服务器的开销，性能也随之下降，甚至可能导致服务器崩溃，所以在一些大量用户在线的系统如聊天室程序中就要限定人数。

③ 由于 Session 变量在任何地方都可以被创建，也不需要特别地去释放它，这将使程序代码的可读性和可维护性变差。

我们建议你在开发程序时，尽量少使用 Session，可利用 Cookies 代替 Session；但有时候 Session 的使用也是必需的，因为它的安全性要明显好于 Cookies。

如果一个 Web 站点创建了 Session，当用户退出 Session 的使用时，如登录注销时，设计者就要及时清除当前用户所有的 Session 变量，这样就可以避免利用浏览器的"返回"所造成的网站系统的安全问题。

4.6　Application 对象

Application 对象中包含的数据可以在整个 Web 站点中被所有用户使用，并且可以在网站运行期间持久保存。Application 对象是网站建设中经常使用的一项技术，利用 Application 对象可以完成统计在线人数、创建多用户游戏及多用户的聊天室等功能。

4.6.1　Application 对象简介

在 Web 服务器中同一虚拟目录及其子目录下的所有文件都可以认为是 Web 应用程序，而 Application 对象可以看成是一个应用程序级的对象，它为 Web 的应用程序提供了全局变量。

当一个 Web 站点在收到第一个 HTTP 页面请求时,就会产生一个 Application 对象,所有的用户都可以共享这个 Application 对象的一些重要信息,也可以用它在不同的应用程序之间进行数据的传递,并在服务器运行期间长久的保存数据。同时,Application 对象还可以访问应用层的数据,并在应用程序启动和停止时触发该对象的事件。

Application 对象是让所有客户一起使用的对象,通过该对象,所有客户都可以存取同一个 Application 对象。

Application 对象不像 Session 对象有有效期的限制,它是一直存在的,从该应用程序启动直到该应用程序停止。如果服务器重新启动,那么 Application 中的信息就丢掉了。

Application 对象本身提供了一些方法、集合及事件,用以处理 ASP 应用程序的各种状态与特性,但它没有提供属性。它们的说明描述见表 4.9。

表 4.9　Application 对象成员功能描述表

对象成员		功能描述
集合	Contents	储存 Application 对象的变量值
	StaticObjects	储存 Application 对象 < Object > 标识中的变量
方法	Contents.Remove(valname)	移走 Contents 集合中的指定变量
	Contents.RemoveAll	移走 Contents 集合中的所有变量
	Lock( )	锁定 Application 对象存取
	Unlock( )	释放被锁定的 Application 对象
事件	onStart	ASP 应用程序第一次启动时被触发
	onEnd	ASP 应用程序结束时被触发

本节只对常用的 Application 对象成员进行介绍。

4.6.2　Application 对象的集合

Application 对象的集合和 Session 对象一样,也具有 Contents 和 StaticObject 集合,这里只对 Contents 集合进行介绍。

Contents 集合包含为 Application 对象建立的所有变量,可以用来确定每个变量的值,或者检索变量项目的列表。其语法格式如下:

　　Application.Contents("变量名")

或者

　　Application("变量名")

例如:

　　< % Application("user") = "my _ name" % >

　　< % = Application("user") % >

Contents 集合支持 For Each...Next 循环语句,这在不知道 Application 变量的数量和名称时是非常有用的方法。

【例 4.12】 已知系统中有多个 Application 变量在使用,利用 For Each...Next 循环语句来列出所有的 Application 变量的变量名及其值。

```
1      < %
2      Application("name") = "wdg"
3      Application("address") = "hrb"
4      Application("E _ mail") = "wdg@163.com"
5      For Each i in Application.Contents
6            response.write i &" = " & Application.Contents(i)& " < br > "
7      Next
8      % >
```

其运行效果如图 4.19 所示。

图 4.19　Contents 集合示例

从示例的运行结果中可以看出,采用 For Each…Next 语句所遍历的 Contents 集合是 Application 对象的变量名。

4.6.3　Application 对象的方法

Application 对象的方法包括 Remove、Removeall、Lock 和 Unlock 四个方法,下面分别进行介绍。

1．Remove 方法

使用 Application 对象的 Remove 方法可以删除 Contents 集合中指定的变量。其语法格式为:

　　　Application.Contents.Remove("变量名")

或

　　　Application.Contents.Remove(序号)

【**例 4.13**】　设计在一个站点中的 3 个 ASP 文件,命名分别为 4.13 - 1.asp、4.13 - 2.asp、4.13 - 3.asp,它们的功能为建立多个 Application 变量并赋值、遍历所有 Application 变量并输出、删除索引号为"1"的变量。

4.13 - 1.asp 文件功能是为建立多个 Application 变量并赋值,其代码为:

```
1      < %
2      Application("name") = "wdg"
3      Application("address") = "hrb"
4      Application("E _ mail") = "wdg@163.com"
5      Response.write "已创建了 3 个 Application 变量,它们为: < br > "
6      For Each i in Application.Contents
```

```
7        response.write i &" = " & Application.Contents(i)& " < br > "
8    Next
9    % >
```

4.13 - 2.asp 文件功能是为遍历所有 Application 变量并输出,其代码为:

```
1    < %
2    Response.write "当前共有"& Application.Contents.count&"个 Application 变量,"
3    Response.write "它们为: < br > "
4    For Each i in Application.Contents
5        response.write i &" = " & Application.Contents(i)& " < br > "
6    Next
7    % >
```

4.13 - 3.asp 文件功能是为删除索引号为"1"的变量,其代码为:

```
1    < %
2    Application.Contents.Remove(1)
3    Response.write "已经删除了一个 Application 变量。 < br > "
4    Response.write "当前共有"& Application.Contents.count&"个 Application 变量,"
5    Response.write "它们为: < br > "
6    For Each i in Application.Contents
7        response.write i &" = " & Application.Contents(i)& " < br > "
8    Next
9    % >
```

程序操作步骤:先运行 4.13 - 1.asp 文件,完成初始化并创建了 3 个 Application 变量,如图 4.20 所示。然后再新打开一个浏览器窗口,运行 4.13 - 2.asp 文件,通过代码可以看出该程序只是显示系统当前的 Application 变量情况,运行效果如图 4.21 所示。最后再新打开一个浏览器窗口,运行 4.13 - 3.asp 文件,执行删除索引号为"1"的 Application 变量,此时删除了一个 Application 变量,再次刷新后将会又删除了一个索引号为"1"的 Application 变量,此时的运行效果如图 4.22 所示。

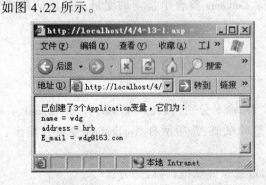

图 4.20　创建 Application 变量示例

图 4.21　显示 Application 变量示例

在图 4.22 中,为两次删除索引号为"1"的 Application 变量后的运行结果。读者这时可以再重新刷新图 4.21 中的 4.13 - 2.asp 文件浏览器窗口,Application 变量数也会随着 4.13 - 3.asp文件的运行而改变。

从该示例中我们可以看出,Application 对象变量是把 Web 网站整合在一起,把它们看成一

图 4.22　两次运行删除 Application 变量后效果示例图

个应用程序,只要 Application 对象变量文件在站内,就可以看成是一个公共变量,任何用户都可以操作它。在使用删除 Application 对象变量的方法时要注意,这样操作会影响其他用户对该变量的存储。

2. Removeall 方法

相对于 Remove 方法而言,Removeall 方法能够一次性将所有已经建立的 Application 对象变量删除。其语法格式如下:

　　　Application . Contents . Removeall( )

使用该方法时要慎重,因为它清除了网站内的所有 Application 对象变量,所有访问本站在线的用户都将失去了 Application 的联系,该操作的效果等同网站的重新启动,只有重新操作运行建立 Application 对象变量的 ASP 网页文件,才能实现 Application 的再次应用。

3. Lock 和 Unlock 方法

多用户共享 Application 对象会产生数据共享同步的问题。对于同一个数据,多个用户可能同时修改该数据,从而发生矛盾冲突。所以使用 Application 对象的 Lock 方法来禁止其他用户修改 Application 对象的属性,以确保在同一时刻只有一个用户可以修改和存取 Application 对象集合中的变量值,此方法称为“加锁”。其语法格式如下:

　　　Application . Lock

使用 Application 对象的 Lock 方法对共享数据加锁后,如果长时间不释放共享资源,可能会产生很严重的后果。用户可以使用 Application 对象的 Unlock 方法来解除锁定,这样可以保证在没有程序访问的情况下允许有一个用户使用 Application 对象的共享资源,此方法称为“开锁”。其语法格式如下:

　　　Application . UnLock

所以针对多用户状态下,修改 Application 变量的前后都应该进行“加锁”和“解锁”的操作,这样就保证多个用户同时操作 Application 变量的可能。

【例 4.14】　利用 Application 对象变量实现网站的访问计数器功能。

```
1    < html >
2    < head > < title > 访问人数统计 < /title > < /head >
3    < body >
4    < %
5    application . lock
6        application("num") = application("num") + 1
7    application . unlock
```

8   % >

9   欢迎光临！你是第 < font color = ″ # FF0000″ > < % = application("num")% > < /font > 位访问者。

10   < /body >

11   < /html >

该示例的运行效果如图 4.23 所示。

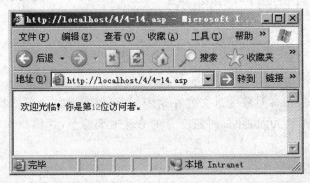

图 4.23　Application 对象实现计数器示例

用户在运行该程序时可以打开多个窗口，交替刷新运行，查看计数情况。当然，这么简单的计数器是会出问题的，因为计数没有进行保存，一旦服务器重新启动，Application 就会丢失数据，访客人数就为零了，以后学了数据库和文件操作就可以解决这个问题了。

4.6.4　Application 对象的事件

Application 对象包含 Application＿OnStart 和 Application＿OnEnd 两个事件。这两个事件分别是在 ASP 网站的应用程序的启动和结束时被调用的。

1．Application＿OnStart 事件

Application＿OnStart 事件在 ASP 应用程序中的 ASP 页面第一次被访问时引发，应用 Application 对象的 Application＿OnStart 事件可以实现数据初始化。其语法如下：

```
< script language = ″vbscript″ runat = ″server″ >
    sub application＿onstart
        ：(初始化程序块)
    end sub
< /script >
```

当 Application＿OnStart 事件发生时，只有 ASP 内置的 Application 和 Server 对象是可用的，其他对象的实例还没有被建立，如果调用将导致错误，即在 Application＿OnStart 事件脚本中引用 Session、Request 或者 Response 对象将导致错误。

2．Application＿OnEnd 事件

Application＿OnEnd 事件在 Web 服务器被关闭时引发，即结束 Application 对象时引发该事件。其语法如下：

```
< script language = ″vbscript″ runat = ″server″ >
    sub application＿onend
        ：　　(处理程序块)
    end sub
```

```
</script>
```

在 Application_OnEnd 事件过程脚本中同样也只有 ASP 内置的 Application 和 Server 对象是可用的。可以在 Application_OnEnd 事件处理程序中对一些关键的 Application 全局变量做适当处理,例如重要数据存盘、关闭在 Application_OnStart 事件中建立的数据库连接等等。

关于 Application 对象的实例我们将在 4.7 小节的 Global.asa 中做详细介绍。

4.6.5　Application 对象的综合实例

下面利用 Application 对象来实现一个简单的聊天室例子。

【例 4.15】　利用 Application 对象来实现一个简单的聊天室,该例子使用了上下框架,共 3 个文件组成。其中框架文件命名为 4.15.htm,上部分为显示发言信息区文件命名为 4.15 - 1.asp,下部为提交聊天文字的表单区文件命名为 4.15 - 2.asp。

示例聊天室的框架网页文件 4.15.htm,其代码为:

```
1    < html >
2    < head > < title > Application 对象的聊天室程序示例 </title > </head >
3    < frameset rows = " * ,60" >
4        < frame name = "message" src = "4.15 - 1.asp" >
5        < frame name = "say" src = "4.15 - 2.asp" >
6    </frameset >
7    </html >
```

示例下部为提交聊天文字的表单区,文件命名为 4.15 - 2.asp,其代码为:

```
1    < html >
2    < head > < title > 提交聊天文字的表单区 </title > </head >
3    < body >
4    < form name = "form1" method = "post" action = "" >
5        请发言: < input type = "text" name = "pronunciation" size = "30" >
6        < input type = "submit" value = " 发送 " >
7    </form >
8    < %
9    If trim(request("pronunciation")) < > "" Then
10       Application.Lock
11           Application("show") = Request("pronunciation") & " < br >" & Application("show")
12       Application.Unlock
13   End if
14   % >
15   </body >
16   </html >
```

示例上部分为显示发言信息区,文件命名为 4.15 - 1.asp,其代码为:

```
1    < html >
2    < head > < title > 显示发言信息区 </title >
3    < meta http - equiv = "refresh" content = "5" >
4    </head >
```

```
5        < body >
6        < % = Application("show") % >
7        < /body >
8        < /html >
```

运行示例 4.15.asp 文件,就会出现如图 4.24 所示的界面。在文本框中输入发言内容,单击"确定"按钮后,就可以显示发言内容。

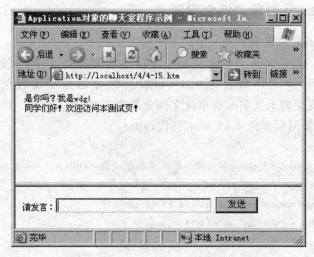

图 4.24 简单的聊天室示例运行效果

该例子的主要思想是上部显示发言内容的 4.15 – 1.asp 文件中的第 7 行,输出发言信息的 Application("show")语句。在下部提交聊天文字的 4.15 – 2.asp 中第 13 行:

Application("show") = Request("pronunciation")&" < br >"&Application("show")

该语句是把新发言内容加到旧内容的前面,然后再保存回 Application("show")中,中间加一个 < br > 是为了将每一次发言内容换行显示。不管多复杂的聊天室系统,其实都是在组合这一条复杂的语句。

在上部显示发言内容的 4.15 – 1.asp 文件中的第 4 行语句为:

< meta http – equiv = "refresh" content = "5" >

这句话的意思是该页面 5 秒钟自动刷新一次。刷新的目的是不断显示最新发言内容。如果想体会多人聊天的情况,可以从不同的客户端通过 IP 地址访问该文件。

4.7 Global.asa 文件

Global.asa 文件是一个用来初始化 ASP 程序的全局配置文件,可以用它来定义 Application 对象和 Session 对象事件的脚本,声明具有 Application 和 Session 作用域的对象实例。

4.7.1 什么是 Global.asa 文件

对于一个 Web 站点,可以把站点内的所有文件看成是一个应用程序,每一个应用程序可以有一个 Global.asa 文件,该文件用来存放 Session 对象和 Application 对象事件的程序。当 Session 或 Application 被第一次调用或结束时,就会运行 Global.asa 文件中对应的程序。如当第一次启动服务器或关闭服务器时,就会启动该文件中的 Application_OnStart 和 Application_OnEnd 事件;当一个客户登录该应用程序后,就会启动 Session_OnStart 事件;当一个客户离开该应用程序后,就会启动 Session_OnEnd 事件。

Global.asa 文件语法格式如下:

```
< Script language = ″VBScript″ runat = ″server″ >
        Sub Application_OnStart
                ：Application(对象开始程序)
        End Sub
        Sub Application_OnEnd
                ：Application(对象结束程序)
        End Sub
        Sub Session_OnStart
                ：Session(对象开始程序)
        End sub
        Sub Session_OnEnd
                ：Session(对象结束程序)
        End sub
    </Script >
```

该文件比较特殊,需要注意以下几点。

① 每一个 Web 站点可能由很多文件或文件夹组成,但只能有一个 Global.asa 文件,而且名字必须命名为 Global.asa。

② 该文件必须被放到 Web 服务器主目录下的根目录中。

③ < Script language = ″VBScript″ runat = ″server″ > 是 ASP 的另一种写法,表示默认所选用的语言为 VBScript,并且在服务器端执行。在 Global.asa 中必须这样写,而不能写成 < %...% > 的形式。

④ 在 Global.asa 中不能包含任何输出语句,比如 Response.Write。因为该文件只是被调用,根本不会显示在页面上,所以不能输出任何显示内容。

⑤ 语法中给出了 4 个事件,也可以只用其中几个。

⑥ 对一个应用程序来说,也可以不用该文件。如果没有该文件,当 Session 或 Application 被第一次调用或结束时,服务器就不去读取该文件,一般也没什么影响,不过就无法发挥 Session 和 Application 的更大的作用了。事实上,很多人开发的程序中都没有用到该文件。

4.7.2 Global.asa 简单示例

下面再来看一个显示网站在线人数和访问总人数的例子。

【例 4.16】 Global.asa 文件方式显示网站在线人数和访问总人数。由于 Global.asa 文件不能完成输出,所以除了 Global.asa 文件外,还应该有一个调用 Global.asa 文件内的对象变量进行输出的文件。本例中命名为 4.16.asp。

Global.asa 文件代码如下:

```
1      < script language = "vbscript" runat = "server" >
2      Sub Application _ OnStart
3          Application("visits") = 0
4          Application("Online") = 0
5      End Sub
6      Sub Application _ OnEnd
7          Application("visits") = 0
8      End Sub
9      Sub Session _ OnStart
10         Session . Timeout = 1
11         Session("Start") = Now
12         Application . lock
13             Application("visits") = Application("visits") + 1
14             intTotal _ visitors = Application("visits")
15         Application . unlock
16         Session("All") = intTotal _ visitors
17         Application . lock
18             Application("Online") = Application("Online") + 1
19         Application . unlock
20     End Sub
21     Sub Session _ OnEnd
22         Application . lock
23             Application("Online") = Application("Online") – 1
24         Application . unlock
25         session . abandon( )
26     End Sub
27     < / script >
```

上面这段程序解释如下：

第 2～5 行为 Web 站点启动时的初始化，把来访人数"Application("visits")"和在线人数"Application("Online")"分别赋值为 0。

第 6～8 行为 Web 站点停止时的执行的模块。

第 9～20 行为用户进入站点，触发执行 Application _ OnStart 事件的模块，相应地执行了第 11 行进入站点时间赋值的"Session("Start") = Now"语句、第 13 行的来访人数加 1 的"Application("visits") = Application("visits") + 1"及第 18 行在线人数加 1 的"Application("Online") = Application("Online") + 1"的语句，第 10 行的 Session . TimeOut 设为 1，这是为了测试保证更新速度才这样设置，实际中不需要这样设置。

第 21～26 行为用户离开该站点时，触发执行 Session _ OnEnd 事件的模块。执行了第 23 行的"Application("Online") = Application("Online") – 1"语句，把在线人数减 1；同时也执行了第 25 行"session . abandon( )"语句，即删除当前离开的用户和 Web 服务内存中建立联系的所有 session 对象变量。

下面是调用 Global . asa 文件的对象变量进行输出的文件，示例命名为 4.16 . asp，它将在页

面上显示当前在线人数和访问总人数,其示例代码为:

```
1      < html >
2      < head >
3      < title > 访问人数统计 < /title >
4      < /head >
5      < body >
6      访问人总数为:
7      < % = Session("All")% > < br >
8      在线人数为:
9      < % = Application("Online")% > < br >
10     当前用户访问本站时间为:
11     < % = Session("Start")% > < br >
12     < /body >
13     < /html >
```

运行 4.16.asp 后,将在浏览器窗口中显示该网站的在线人数、访问总人数以及用户访问本站的时间,这个例子只是简单地统计在线人数和访问总人数。其实,也可以在 Global.asa 文件中进行复杂的操作,比如读取数据库和文件等,但一定要注意不要在 Global.asa 中输出内容。

以下为该程序在单机测试中的运行效果。为了保证在线人数,用户可以同时打开两个相互间没有关联的浏览器窗口。如图 4.25 所示为其中一个窗口的运行效果图。

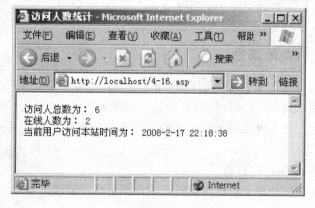

图 4.25　显示在线人数示例

4.8　Server 对象

Server 对象的主要功能是对服务器进行相关操作。可以用来创建各种服务器组件的实例,同时也为访问数据库、创建文件系统等功能提供了方法。Server 对象是 ASP 对象中非常重要的一个。

4.8.1　Server 对象简介

Server 对象提供了对服务器上的属性和方法的访问,从而通过客户端的访问来获取 Web

服务器的特性、设置及操作。

使用 Server 对象通过创建各种服务器组件的实例,来实现对数据库的访问,对服务器上的文件进行输入、输出、创建,以及删除操作等功能。

使用 Server 对象也可以完成调用 ASP 脚本,处理 HTML 和 URL 编码及获取服务器对象的物理路径等功能。

Server 对象的成员只包含了一个属性和多个方法。其中大多数方法是作为实用程序的功能服务的。Server 对象的各成员功能描述说明见表 4.10。

表 4.10　Server 对象成员功能描述表

对象成员		功 能 描 述
属性	ScriptTimeout	规定脚本文件最长执行时间,超过时间就停止执行脚本,其默认值为 90 秒
方法	CreateObject	Server 对象中最重要的方法,用于创建已注册到服务器的 ActiveX 组件、应用程序或脚本对象
	Execute	停止执行当前网页,转到新的网页执行,执行完毕后返回原网页,继续执行 Execute 方法后面的语句
	HTMLEncode	将字符串转换成 HTML 格式输出
	MapPath	将虚拟路径转化为物理路径
	Transfer	停止执行当前网页,转到新的网页执行。与 Execute 不同的是,执行完毕后不返回原网页,而是停止执行过程
	URLEncade	将字符串转换成 URL 的编码输出

4.8.2　Server 对象的属性

Server 对象的属性只有一个,即 ScriptTimeOut。该属性是整型值,用来设置或者返回页面中的脚本在服务器上终止前可以运行的最长秒数。如果超出最长时间,脚本文件还没有执行完毕,就自动停止执行。这主要是用来防止某些可能进入死循环的错误导致页面的服务器过载问题。其语法格式为:

Server.ScriptTimeOut = 秒数

默认最长时间为 90 秒。对于运行时间较长的页面可能需要增大这个值,比如对于一些复杂的计算页面,修改方法如下:

```
< % Serve.ScriptTimeout = 300 % >
```

也可以在页面上显示最长执行时间,方法如下:

```
< % = Server.ScriptTimeOut % >
```

4.8.3　Server 对象的方法

Server 对象的方法较多,最常用的有 CreateObject、MapPath 和 Execute 三个方法。下面对 Server 对象的方法进行介绍。

1．CreateObject 方法

这是 Server 对象中最重要的方法,主要用于创建组件、应用对象或脚本对象的实例。在后面要讲到的存取数据库、存取文件时经常会用到。其语法格式为:

　　　　Set 对象变量实例名　=　Server.CreateObject("ActiveX Server 组件名")

例如,建立数据库连接对象实例:

　　　　< % Set cn = Server.CreateObject("ADODB.Connection") % >

关于该方法,后面章节会经常用到,学到时再细细体会。

2．Execute 方法

该方法用来停止执行当前网页,转到新的网页执行,执行完毕后返回原网页,继续执行 Execute 方法后面的语句。该方法类似于函数调用的功能,只不过是调用的是一个 ASP 文件。其语法格式为:

　　　　Server.Execute("ASP 文件的路径")

使用该方法可以有效地实现代码的模块化,可以将一个复杂的 ASP 程序分解成多个 ASP 文件,然后使用 Execute 方法实现这些文件的调用。

【例 4.17】　分别使用 Server.Execute 方法和包含页的方法完成对问候语程序(该程序命名为 hello.asp)的调用。示例文件命名为 4.17.asp,其示例代码如下:

```
1      < html >
2      < head > < title > server 对象的 Execute 方法示例 </ title > </ head >
3      < body >
4      < p > 您好,欢迎访问本站!
5      < p > 采用 server.Execute 方法调用 hello.asp 文件的结果为: < br >
6      < % Server.Execute("hello.asp") % > </ p >
7      < p > 采用包含页的方式调用 hello.asp 文件的结果为: < br >
8      < ! - - # include file = "hello.asp" - - > </ p >
9      </ body >
10     </ html >
```

其调用的 hello.asp 文件的代码为:

```
1      < % = time % >
2      < %
3      if time < = # 12:00:00 #  then
4          response.write"上午好"
5      elseif time < = # 14:00:00 #  then
6          response.write"中午好"
7      elseif time < = # 17:00:00 #  then
8          response.write"下午好"
9      else
10         response.write"晚上好"
11     end if
12     % >
```

该示例运行效果如图 4.26 所示。

从运行结果上看,Execute 方法和包含页运行结果相同,但它们的运行过程是不同的,前者是调用的 ASP 文件执行完后把结果带回来,继续下面的语句执行,后者是把所调用的网页源代码加到本页调用位置,和本页一起执行。

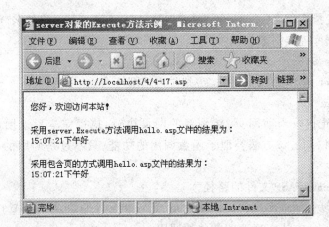

图 4.26　Execute 方法示例

3. MapPath 方法

在网页的脚本中,一般调用的文件都是虚拟路径(或称相对路径),但是针对服务器端的文件操作必须使用物理路径,这样我们可以利用 MapPath 方法,就可以将虚拟路径转化为物理路径。其语法格式为:

**　　　　　Server. MapPath("文件的路径")**

【例 4.18】　在测试系统的桌面建立一个文件夹,把该文件夹进行"Web 共享"为虚拟目录名为 asptest,在该文件夹建立 4.18.asp 文件,用于测试该文件的物理路径、Web 站点主目录路径等信息。其示例代码如下:

```
1      < html >
2      < head > < title > MapPath 示例 </ title > </ head >
3      < body >
4      Web 站点的主目录的位置为:< % = Server. MapPath("/")% > < BR >
5      当前网页所在的目录位置为:< % = Server. MapPath("./")% > < BR >
6      当前网页所在的目录的上一层目录为:< % = Server. MapPath("../")% >
7      </ body > </ html >
```

程序运行结果如图 4.27 所示。

图 4.27　MapPath 方法示例的运行结果

该例子是将指定文件的相对路径转化成了物理路径。如果将来需要用到文件的物理路径,可以直接写,也可以用该方法转化。

4．HTMLEncode 方法

HTMLEncode 方法可以对特定的字符串进行 HTML 编码，虽然 HTML 可以显示大部分写入 ASP 文件中的文本，但是当需要包含 HTML 标记中的字符时，就会遇到问题。原因是当浏览器读到这样的字符串时，会试图进行解释。因此有时为了在 ASP 文件中显示 HTML 标记，则需要使用该方法。其语法格式为：

　　　　Server．HTMLEncode(″字符串″)

该方法在需要输出 HTML 语句时非常有用。大家知道，浏览器是解释执行的，它将其中的 HTML 标记逐一解释执行，而有时就希望在屏幕上输出完整的 HTML 语句，比如在考察 HTML 知识时，就需要在页面中输出 HTML 语句。

请认真体会下面例子中两条语句的不同效果。

【例 4.19】　HTMLEncode 方法示例，示例文件名 4.19.asp，其示例代码如下：

```
1    < html >
2    < head > < title > HTMLEncode 方法示例 </title > </head >
3    < body >
4    < %
5    Response.Write ″HTMLEncode 方法示例:< br >″
6    Response.Write ″ < br >″
7    Response.Write Server.HTMLEncode (″< br >″)& ″为换行符,< p >″
8    Response.Write ″< a href = ′http://www.sohu.com′ > 搜狐 </a >″
9    Response.Write ″实际 HTML 标识为:< br >″
10   Response.Write Server.HTMLEncode (″< a href = ′http://www.sohu.com′ > 搜狐 </a >″)
11   % >
12   </body >   </html >
```

程序运行结果如图 4.28 所示。

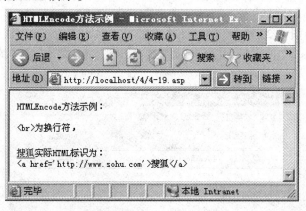

图 4.28　HTMLEncode 方法示例

5．URLEncode 方法

URLEncode 方法可以将 URL 转换为指定的字符串代码，它能够将 URL 中出现的不合法的字符，如"?"、"&"和空格都转换成对应的 URL 实体。其语法格式为：

　　　　Server．URLEncode(″待转换的字符串″)

该方法可以是任意的地址串。例如：

```
< % = Server.URLEncode("http://www.usth.com/manage/login.asp? user = 王旭 &pwd = 123") % >
```

将在浏览器上输出如下结果：

http%3A%2F%2Fwww%2Eusth%2Ecom%2Flogin%2Easp%3Fuser%3D%CD%F5%D0%F1%26pwd%3D123

可以看出，该方法将 URL 地址中的一些关键字符串都进行了转换，该方法多用于在全文文献检索中进行字符匹配。

6．Transfer 方法

Transfer 方法可以从其中一个 ASP 文件跳转到另一个 ASP 文件。该方法与 Execute 方法不同，在跳转之后并不返回前一个文件。

该方法和 Response.Redirect 方法的区别：Response.Redirect 方法是强制退出当前的网页执行而去执行转向的网页，而 Server.Transfer 方法可以保留先前的程序执行结果再转移到服务器上另外一个不同的 ASP 页面上执行。其语法格式为：

Server.Transfer("ASP 文件的路径")

【例 4.20】 下例 4.20 - 1.asp 文件使用 Transfer 方法调用了"4.20 - 2.asp"文件，代码为：

```
1     < html >
2     < head > < title > Transfer 方法示例 </title > </head >
3     < body >
4     < %
5     response.write "第一个 ASP 文件内容！< br >"
6     server.transfer ("4.20 - 2.asp")
7     response.write "返回第一个 ASP 文件内容！< br >"
8     % >
9     </body > </html >
```

4.20 - 2.asp 文件代码为：

```
1     < % response.write "第二个 ASP 文件内容！< br >" % >
```

该例运行结果如图 4.29 所示，从运行结果上可以看出 Transfer 方法和 Execute 方法的不同，在调用 4.20 - 2.asp 文件之后，并没有跳回到 4.20 - 1.asp 文件输出"跳回第一个 ASP 文件内容"字符串。

图 4.29　Transfer 方法示例

本章小结

本章介绍了 ASP 的常用内置对象 Request 和 Response 对象、Session 和 Application 对象、

Server 对象、Cookies 操作以及 Global.asa 文件的使用。对于具体的每个对象,学习的具体要求如下:

Request 对象:该对象是用于获取提交表单的数据,重点掌握表单各个控件信息的接收方法、get 方式和 post 方式的区别,Form 方法和 QueryString 方法的应用,能根据不同的要求使用相应的方法。

Response 对象:用于向客户端输出信息,重点掌握 Write、End 和 Redirect 方法。

Cookies 操作:要求掌握 Cookies 含义、Cookies 的写入及读取,掌握 Cookies 的实际应用。

Session 对象:主要用于记载特定客户端的信息,重点掌握其信息的存取方法、页面间的信息传递、调用以及用户间的 Session 对象变量的关系问题。

Application 对象:用于服务器端记载所有客户信息。注意它和 Session 对象的不同,同时了解 Session 对象和 Application 对象与 Global.asa 文件的使用。

Server 对象:主要用于完成服务器端的特定任务,能使用 CreateObject 方法创建对象,使用 HTMLEncode 转化字符串,使用 MapPath 将虚拟的路径转化为物理路径。

本章节是 ASP 重点部分,也是 ASP 精华所在。对于初学者来说,应掌握 ASP 每个对象中的各个成员,要求重点掌握该对象的含义、作用以及几个常用的方法及属性,而不常用的方法和属性的学习可以略过。

思考与实践

1.最常用的 ASP 内置对象是哪几个,各有什么用途?

2.简述 Response 对象的 Write 方法的两种写法的区别及注意事项?

3.简述 Session 对象和 Application 对象各自的作用和主要的区别?

4.什么是 Cookies,如何在 ASP 页面中创建和使用 Cookies?

5.比较 Server 对象的 Execute、Transfer 方法与 Response 对象的 Redirect 方法这三者之间的异同。

6.一个页面中有两个表单,这两个表单的控件是否可以重名? 一个表单中的控件是否可以重名? 表单控件的命名是否可以为关键词? 说明理由。

7.如何设计一个只能由特定的 IP 段(如 192.168.4.*)的主机来访问的网站,其他主机不能访问。

8.在"例 4.8"中,如果把代码中的 Flush 和 Clear 方法对调,请说出输出到浏览器的结果。

9.分别利用 Cookies、Session 方式编写一个防止刷新的计数器,哪一个方式更好? 说明原因。

10.利用 Cookies 设计一个 ASP 网页,当用户访问该页时,告知用户第一次访问本站的日期时间、上一次来访本站的日期时间以及到本次您一共来访本站的次数。

11.参照"例 4.10"设计一个填写用户名登录的表单,登录后显示访问该站点的所有在线人员登录名信息列表。

12.参照"例 4.15"设计一个通过写入用户名登录的聊天室,每个用户发言应显示发言者名称。

ASP 的组件技术

当 ASP 编写服务器端应用程序时,依靠 ActiveX 组件来实现强大的 Web 应用程序功能,例如在服务器上创建文件、打开读取及写入文件信息等,使用服务器组件,可以通过非常简单的方式高效率地完成各种复杂的功能,本章主要学习 ASP ActiveX 组件的使用方法及开发应用技术。

本章的学习目标
◆ 掌握 ActiveX 组件的建立及运用方法
◆ 了解动态广告组件及页面索引组件的应用技术
◆ 掌握 File Access 组件的文件读取操作方法
◆ 了解 COM 组件的开发方法及其应用

5.1 ActiveX 组件概述

ASP 之所以功能强大,离不开它所使用的 COM(组件对象模型)组件技术,利用已有的 COM 组件,网站开发者无需学习复杂的专业编程就能够写出功能强大的 ASP 程序。

5.1.1 ActiveX 组件的简介

ActiveX 是使软件组件能够在网络环境中交互作用而与创建组件的语言无关的一套封装技术。实现 ActiveX 的基础是 COM(Component Object Model)组件对象模型。它是提供封装 COM 组件并将其置入应用程序(如 Web 浏览器)的一种方法。

ActiveX 组件在基于 Web 应用是一个存在于 Web 服务器上的文件,该文件包含执行某项或一组任务的代码,组件可以执行公用任务,这样就不必自己去创建执行这些任务的代码。例如,股票行情收报机组件可以在 Web 页上显示最新的股票报价。

当你在 Web 服务器上安装完 ASP 环境后,就可以直接使用它自带的几个常用组件,如 Database Access 组件。当然你也可以从第三方开发者处获得可选的组件,或自己编写组件。你可以利用组件作为脚本和基于 Web 应用程序的基本构造块,只要知道如何访问组件提供的对象,即使你是位编写脚本的新手,也可以在不了解组件运作方式的情况下编写 ASP 程序。

总而言之,ActiveX 组件使您不用学习复杂的编程就能够写出强大的 Web 服务器端脚本。如果您是位 Web 应用程序的开发者,可以使用任何支持组件对象模型(COM)的语言来编写组件。COM 组件一般使用专业开发工具,如 VC、VB、Delphi 等创建,COM 组件可以充分利用计算机中的所有资源。

组件是可以重复使用的。在 Web 服务器上安装了组件后,就可以从 ASP 脚本、ISAPI 应用程序、服务器上的其他组件或由另一种 COM 兼容语言编写的程序中调用该组件。

ASP 使用的 COM 组件实际上是一个存放在 Web 服务器上并注册了的动态链接库(DLL)文件,该文件包含了执行某项或一组任务的通用代码,使用时只要创建组件的一个对象实例就可以调用该组件的功能。

5.1.2　ASP 常用的内置组件

ASP 的内置组件是 Web 服务器 IIS 安装完后,自动安装在服务器端操作系统中的对象,而不是安装在 Web 服务器上的对象。该对象在 ASP 程序中直接调用就可以完成复杂的功能。表 5.1,列出了 ASP 常用的内置组件。

表 5.1　ASP 常用的内置组件列表

组件名称	描　　　述
AdRotator	创建 AdRotator 对象实例,便可以实现轮换显示广告图片
Browser Capabilities	该对象实例实现得到访问 Web 站点浏览器的性能、版本及类型等信息
Database Access	提供用 ActiveX Data Object(ADO)对数据库的访问
File Access	提供文件的输入输出访问
Content Linking	该对象生成 Web 页内容列表,并向书一样将各页顺序连接
MyInfo	用于追踪个人的信息
Content Rotators	在一个网页中随机显示不同的网页内容
CDONTS E – mail	可以快速简便的在 Web 页上添加收发邮件功能

5.1.3　ActiveX 对象的建立与运用

1. ActiveX 对象的建立

在 ASP 网页中运用 ActiveX 对象时,必须调用 Server 对象的 CreateObject 方法,在服务器端的计算机中建立一个 ActiveX 对象,再利用 Set 语句设定对象变量引用该对象,其语法如下:

　　　Set 对象变量 = Server.CreateObject(″ActiveX 对象代号″)

完成了对象变量的声明后,接下来才能在 ASP 网页中通过该对象变量操作 ActiveX 对象,如下面的语句是建立一个 Scripting.FileSystemObject 对象,并设定由 fsob 对象变量引用的示例。

　　　< % Set fsob = Server.CreateObject(″Scripting.FileSystemObject″) % >

2. ActiveX 对象的运用

在完成引用 ActiveX 对象的对象变量声明后,我们便可以在接下来的 ASP 网页中通过该对象变量操作 ActiveX 对象的方法和属性。调用方法的语法为:

　　　对象变量.方法

若该对象有回传值时,方法为:

　　　变量 = 对象变量.方法

设定 ActiveX 对象属性的语法为:

　　　对象变量.属性

取得属性值的方法为：

　　　　变量 ＝ 对象变量.属性

若不使用对象变量时，应在服务器端清除该对象变量，其语法为：

　　　　Set 对象变量 ＝ nothing

通常情况下，在 ASP 页面结束执行后，应该使用该语句来消除该对象。

5.2　Ad Rotator 动态广告组件

Ad Rotator 组件可以快速在网站上建立一个动态广告系统，它允许在每次访问 ASP 页面时在页面上按设定的概率显示新的图片广告，并且提供很强的功能，如跟踪设定广告显示的次数及显示不同的图片链接到不同页面。

5.2.1　Ad Rotator 运行机制

要使用 Ad Rotator 组件的效果，需要用到 3 个文件来完成工作。它包括：Ad Rotator 信息显示文件、重定向链接文件和数据计划页面。各文件的功能说明如下：

(1)信息显示页面：为 ASP 网页，利用 AdRotator 对象建立动态广告系统的主浏览界面。

(2)数据计划文件：为一个文本文件，此文件储存的数据用来描述图片的位置、对应链接的文件名称、对应网页名称、显示的次数比例等。当查看显示主页面时，显示页面中的 AdRotator 对象将会从此文件读取数据，取得欲显示页面目录位置与链接文件的超级链接。

(3)重定向链接文件：为 ASP 文件，用于串联图文件与链接网页，当使用者按下显示页面中的图片文件时，该图文件的超级链接将链接至参数所指定的网页。

运行过程表示如图 5.1 所示。

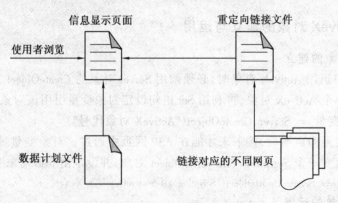

图 5.1　Ad Rotator 组件的运行机制

5.2.2　Ad Rotator 文件建立

1.数据计划文件的建立

广告计划文件为文本文件，它的内容格式如下：

　　　　REDIRECT　　　　　　　　　// 指定重定向链接文件路径名称

　　　　WIDTH　　　　　　　　　　　// 指定所显示的广告图片的宽度，单位为像素

HEIGHT	// 指定所显示的广告图片的高度,单位为像素
BORDER	// 指定所显示的广告图片的边框,单位为像素
*	// 分隔符号,以下部分重复
imageURL	// 指定广告图片的路径名称
adURL	// 指定广告图片的链接路径名称
imageTEXT	// 指定广告图片的替代文字信息
imagePRO	// 指定广告图片显示的百分比概率

Ad Rotator 数据计划文件由两部分组成,第一部分设置应用于轮换安排中所有广告图像的参数;第二部分由"*"一行分隔开,指定每个单独广告文件图片的存储位置、指向的链接以及显示次数的比率,以四行参数设定为一组进行循环设定。下面是一个信息文件的撰写示例。信息文件为文本文件,文件名可以命名为 adro.txt。

```
1    REDIRECT readro.asp              '指定重定向链接文件为 readro.asp
2    WIDTH 468
3    HEIGHT 60
4    BORDER 1
5    *
6    bookfile/img/cteach.gif
7    bookfile/cteach.htm
8    C 语言远程教学网
9    2
10   bookfile/img/computer.gif
11   bookfile/computer.htm
12   欢迎访问大学计算机基础教学网
13   3
14   bookfile/img/ebook.gif
15   bookfile/ebook.htm
16   欢迎访问网上书城
17   1
```

在如上代码示例中,要计算其中一个图片显示的几率,则需要把所有的显示几率比相加,此例总数为 6,而 cteach.gif 图片设定的为 2,则为每调用 3 次,该图片显示 1 次。

2. 重定向链接文件的建立

当用户按下显示页面中的图片后,将调用重定向链接文件,并将图片文件所对应的网页以 URL 参数传入该文件。重定向链接文件便将依据此参数,将浏览器导向对应的网页,下面是一个重定向链接文件 readro.asp 的撰写示例。

```
<%
    LinkURL = Request("URL")          '取得 url 参数
    Response.Redirect LinkURL         '浏览器导向 url 参数所传入的网页
%>
```

在如上的代码示例中可以看出,重定向链接文件的建立非常简单,只取得 URL 参数,然后利用 Redirect 方法将浏览器导向 URL 参数所传入的网页即可。由于重定向链接文件的内容是固定不变的,所以以上代码示例在利用 AdRotator 组件建立动态广告时可以直接使用。

3．信息显示页面文件的建立

（1）AdRotator 对象的建立

信息显示页面主要功能在显示广告图片信息，主要调用 AdRotator 对象。该对象的建立语法如下：

> **Set 对象变量 = Server.CreateObject("MSWC.AdRotator")**

下面语句将建立一个可以操作 AdRotator 对象的变量。

> < % Set adrobj = Server.CreateObject ("MSWC.AdRotator") % >

完成 AdRotator 对象变量创建后，在广告显示页面的 ASP 文件中就可以通过该对象变量操作 AdRotator 对象。

（2）动态产生重定向链接文件的超级链接

在广告显示页面的 ASP 文件中，AdRotator 对象的建立后，调用广告计划文件需运用该对象的 GetAdvertisement 方法，调用语法如下：

> **AdRotator 对象变量.GetAdvertisement("广告计划文件")**

下面语句将调用 GetAdvertisement 方法，从广告计划文件 adro.txt 中取得广告显示页面中显示的各图片文件的路径、对象链接等信息。

> < % adrobj.GetAdvertisement("adro.txt") % >

（3）广告显示页面文件的建立

在前面中的广告计划文件 adro.txt、重定向链接文件 readro.asp 建立确定后，广告显示页面的 ASP 文件中，建立 AdRotator 对象以及利用该对象的 GetAdvertisement 方法调用广告计划文件，整个广告显示页面文件 adro.asp 的代码范例见下例。

【例5.1】 Ad Rotator 组件应用示例。

```
1    < HTML >
2    < HEAD > < TITLE > 动态广告 < /TITLE > < /HEAD >
3    < BODY > < Center >
4    < %
5    Set adrobj = Server.CreateObject ("MSWC.AdRotator")
6    Response.Write adrobj.GetAdvertisement("adro.txt")
7    % > < p > 你可以按下图片链接查看相应的目标网页
8    < p > < a href = "adro.asp" > 重新访问本页 < /a >
9    < /Center >
10   < /BODY >
11   < /HTML >
```

广告显示页面文件 adro.asp 在建立了重定向链接文件 readro.asp、广告计划文件 adro.txt 以及广告计划文件 adro.txt 中所描述的相应图片及目标链接后，显示效果见图 5.2。

5.3　Content Linker 页面索引组件

Content Linker 组件可在一系列相互关联的页面中建立一个目录表，在它们之间建立一个动态链接，并自动生成和更新目录表及上一页和下一页的 Web 页的导航链接。该组件常用于建立为访问者提供导航的大量页面，例如，电子读物网站、新闻列表等。如果没有利用 Content

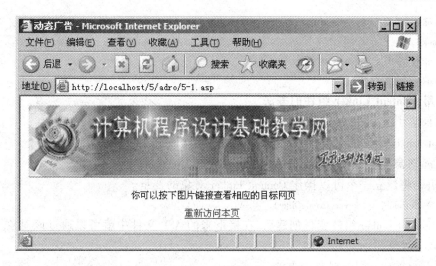

图 5.2　Ad Rotator 组件显示效果

Linker 组件来自动生成,建立这样的导航是很麻烦的事。

5.3.1　页面索引组件的运行机制

页面索引组件和动态广告组件运作方式类似,都是通过一个文本文件提供建立链接所需要的数据,我们把它称之为数据列表文件。然后在彼此链接的每个网页中,建立一个 NextLink 对象,然后运用该对象产生上一页与下一页的超级链接,而这些上一页与下一页网页的链接数据便是由数据文件所提供的。运行机制表示如图 5.3 所示。

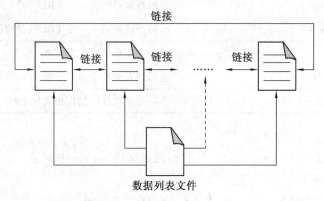

图 5.3　Content Linker 组件运行机制

5.3.2　页面索引组件的文件建立

1. 数据列表文件的建立

在数据列表文件中,将会把彼此链接的网页名称与显示于网页中的超链接字符串,按照文件的顺序排列,数据列表文件中指定的格式为:

网页路径与文件名　语句

其中“语句”是显示在网页中的具有超级链接的字符串,供使用者点选,间隔必须是“Tab”键的制表符。下面是一个数据列表文件 list.txt 的撰写示例。

ebook1.asp 第一章

ebook2.asp 第二章

ebook3.asp 第三章

ebook4.asp 第四章

2．使用 Content Linker 组件的方法

(1)页面索引 Content Linker 组件对象的建立

Content Linker 组件的对象代号名为 NextLink,建立该组件的语法为:

Set 对象变量 = Server.CreateObject("MSWC.NextLink")

下面语句将建立一个可以操作 Content Linker 对象的变量。

<% Set nlobj = Server.CreateObject ("MSWC.NextLink") %>

完成 Content Linker 组件变量创建后,在接下来的 ASP 文件中就可以通过该对象变量操作 Content Linker 对象。

(2)Content Linker 组件对象的方法

表 5.2 列出了 Content Linker 组件对象的所有可使用的方法。

表 5.2　Content Linker 组件对象的方法

方　法　名　称	说　　　　明
GetListCount("file")	统计列表文件中链接的项目数
GetListIndex("file")	返回当前页在列表文件中的位置
GetPreviousDescription("file")	返回当前页的上一个 URL 的说明行
GetPreviousURL("file")	返回当前页的上一个 URL
GetNextDescription("file")	返回当前页的下一个 URL 的说明行
GetNextURL("file")	返回当前页的下一个 URL
GetNthDescription("file",num)	返回列表文件中指定位置的 URL 说明行
GetNthURL("file",num)	返回列表文件中指定位置的 URL

(3)应用示例

【例 5.2】　使用 Content Linker 组件,从数据列表文件 list.txt 中创建一个目录表,程序代码及运行效果(图 5.4)如下。

```
1    < html > < head > < title > ASP 教程导航 </title > </head >
2    < body > < center > ASP 教程导航 </center > < p >
3    < %
4    Set nlobj = Server.CreateObject ("MSWC.NextLink")
5    intcount = nlobj.GetListCount("list.txt")
6    For i = 1 To intcount
7    % >
8    < a href = "< % = nlobj.GetNthURL("list.txt",i) % >" >
9    < % = nlobj.GetNthDescription("list.txt",i) % > </a > < p >
10   < % Next % >
11   </body > </html >
```

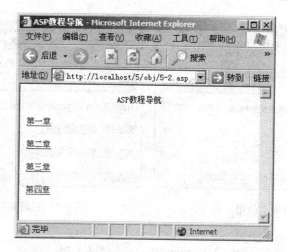

图 5.4　利用 Content Linker 组件对象创建目录表运行效果

【例 5.3】　使用 Content Linker 组件,调用数据列表文件 booklist.txt,实现页面间的上下连接,为了提高程序编写效率,我们把建立 NextLink 对象的语句写在 link.inc 文件中,再在每个网页中进行包含加载该文件,程序代码及运行效果如下。

Booklist.txt 文件代码为:

```
1    ebook1.asp 网页制作教程
2    ebook2.asp ASP 应用教程
3    ebook3.asp 动态网页编程
4    ebook4.asp 网页数据库编程实例
```

link.inc 文件代码为:

```
1    < %
2    Set nlobj = Server.CreateObject("MSWC.NextLink")
3    i = nlobj.GetListIndex("booklist.txt")
4    % > < P > 目前的网页为 < FONT COLOR = Red >
5    < % = nlobj.GetNthDescription("booklist.txt", i) % > < /FONT >
6    是数据文件中的第 < FONT SIZE = 4 COLOR = Red > < % = i % > < /FONT > 个网页 < /P >
7    < P > 到上一页 < A HREF = < % = nlobj.GetPreviousURL("booklist.txt") % > >
8    [ < % = nlobj.GetPreviousDescription("booklist.txt") % > ] < /A > < /P >
9    < P > 到下一页 < A HREF = < % = nlobj.GetNextURL("booklist.txt") % > >
10   [ < % = nlobj.GetNextDescription("booklist.txt") % > ] < /A > < /P >
```

ebook1.asp 文件代码为:

```
1    < HTML > < HEAD > < TITLE > 页面索引上下链接演示效果 < /TITLE > < /HEAD >
2    < BODY >
3    < ! - - # include file = "Link.inc" - - >
4    < /BODY > < /HTML >
```

ebook2.asp、ebook3.asp 及 ebook4.asp 文件代码和 ebook1.asp 相同,只不过文件命名不同,程序运行效果如图 5.5、5.6 所示。

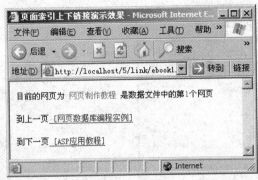
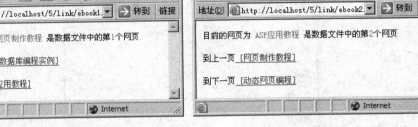

图 5.5　页面索引的第一页　　　　　　　图 5.6　页面索引的第二页

5.4　File Access 组件

ASP 内置的 File Access 组件提供了通过客户端浏览器访问服务器端文件系统的能力,这样就可以实现在 Web 服务器上添加、移动、改变、创建、删除文件及目录等功能。一般基于 Web 方式来远程管理网站文件的方式就是利用了 File Access 组件的功能。但是,File Access 组件在服务器上对文件进行操作可以对 Web 服务器带来潜在的危险性,部分互联网服务器上将此功能禁用了,此外,有些杀毒软件,会把 File Access 组件编写的在服务器上针对文件操作的代码程序当作病毒清除掉,所以部分代码示例可能不能正常运行。File Access 组件中含有 5 个对象和 3 个集合,见表 5.3、5.4。

表 5.3　File Access 组件的对象

对　象　名	功　能　说　明
FileSystemObject	该对象包含了对文件系统进行操作的所有基本方法
TextStream	主要用来读写文本文件
File	对单个文本进行操作
Folder	用来操作文件夹
Drive	实现对磁盘驱动器或网络驱动器的操作

表 5.4　File Access 组件的集合

集　合　名	功　能　说　明
Files	提供文件夹内所有文件的列表
Folders	提供在文件夹内的文件列表
Drives	提供驱动器的列表

5.4.1　FSO 对象的建立

FSO 是 FileSystemObject 的缩写,利用在服务器端建立的 FSO 对象,就可以针对 Web 服务器上的文件系统进行操作,建立 FSO 对象的语法是:

Set 对象变量 = Server.CreateObject("Scripting.FileSystemObject")

下面语句将建立一个可以操作 FileSystemObject 对象的变量,并设定 fsobject 为对象变量进行引用。

< % Set fsobject = Server.CreateObject ("Scripting.FileSystemObject") % >

完成 FileSystemObject 对象变量的创建后,在接下来的 ASP 文件中就可以通过该对象变量针对服务器文件系统进行操作了。FileSystemObject 对象的常用方法见表 5.5。

表 5.5　FileSystemObject 对象的方法

方　　　　法	功　能　说　明
CreateTextFile（Filename，Overwrite，Unicode）	建立一个文本文件,同时返回一个 TextStream 对象
OpenTextFile(Filename，Iomode，Create，Format)	打开指定的文本文件,同时返回一个 extStream 对象
GetFile(path)	返回 Path 指定的文件,返回值为一个 File 对象实例
GetExtensionName(path)	返回指定文件的扩展名
CopyFile(Source，Destination，Overwrite)	将指定文件复制到目标的位置中,若 Overwrite 为 True,则覆盖目标位置中已有的同名文件,为 False 则不覆盖
MoveFile(Source，Destination)	将指定位置的文件移动到目标位置中
DeleteFile(Path，Force)	删除指定位置的文件,若 Force 为 True,则只读文件也会被删除
FileExists(path)	若指定位置的文件存在,返回 True,否则返回 False
CreateFolder(Foldername)	建立一个文件夹,并返回一个 Folder 对象实例
GetFolder(path)	返回指定的路径文件夹相应的 Folder 对象实例
CopyFolder(Source，Destination，Overwrite)	将指定文件夹复制到目标的位置中
MoveFolder(Source，Destination)	将指定位置的文件夹移动到目标位置中
DeleteFolder(Path，Force)	删除指定文件夹及其下所有子文件夹和文件
FolderExists(path)	若指定位置的文件夹存在,返回 True,否则返回 False

5.4.2　对文件进行的操作

1. 文件的创建

在服务器端建立文本文件时,可以使用 FileSystemObject 对象的 CreateTextFile 方法。其语法为:

Set 对象变量 = FSO 对象.CreateTextFile(filename[,overwrite[,unicode]])

其中,filename 是欲创建文本文件的路径及名称(如 c:\www\file1.txt),overwrite 是指是否可以覆盖已有的文件,其值为 true 或 false;unicode 是指欲创建文本文件的格式类型,若为 true 则为 unicode 编码格式文件,若为 false 则为 ASCII 编码格式文件。

由于完成文件创建后将会传回一个 TextStream 对象,因此需要 Set 语句,将该对象设定给某对象的变量,然后通过该对象的变量就可以对文件进行读写操作了。

2. 文件的删除

删除已存在服务器端上的文件,使用 FileSystemObject 对象的 DeleteFile 方法。其语法为:

FSO 对象.DeleteFile(filename[,force])

若文件存在时将传回 true,反之则 false,filename 是欲删除的文件路径及名称,force 为 true 时,则只读文件也会删除,默认为 false,表示不删除只读文件。

3. 查看文件是否存在

查看服务器端的文件是否存在,使用 FileSystemObject 对象的 FileExists 方法。其语法为:

FSO 对象.FileExists(filename)

filename 是表示要查看服务器端的文件路径及名称。利用 FSO 对象执行 FileExists 方法所返回的结果为 true 时,则表示指定的文件存在,若为 false 时,则表示文件不存在。

【例 5.4】 查看服务器端的文件 file1.txt 文件是否存在于 C:\Inetpub\wwwroot\目录中,是则删除该文件,否则建立该文件。

```
1     <%
2     Set fsobj = Server.CreateObject("Scripting.FileSystemObject")
3     if fsobj.FileExists("C:\Inetpub\wwwroot\file.txt") then
4         fsobj.DeleteFile("C:\Inetpub\wwwroot\file.txt")
5     %>
6         C:\Inetpub\wwwroot\file.txt
7         <FONT COLOR = red>存在</FONT>,已完成
8         <FONT COLOR = red>删除</FONT>
9     <%
10    else
11        Set txtsobj = fsobj.CreateTextFile ("C:\Inetpub\wwwroot\file.txt")
12    %>
13        C:\Inetpub\wwwroot\file.txt
14        <FONT COLOR = red>不存在</FONT>,已完成
15        <FONT COLOR = red>建立</FONT>
16    <% end if %>
```

程序运行效果如图 5.7、5.8 所示。用户打开文件所创建路径位置窗口,再利用浏览器按"刷新"按钮,交替查看文件的创建及删除状态。

图 5.7 文件不存在建立界面   图 5.8 文件存在删除界面

5.4.3 在一个文件中的读写操作

利用 FSO 对象的 CreateTextFile 方法,可以创建文本文件,而利用 TextStream 对象,可以对

Web 服务器上的文件进行访问,即能够读出或写入顺序文本文件。

1．TextStream 对象的方法及属性

操作 TextStream 对象必须通过 FileSystemObject 对象进行实例化,即用户要对文件进行读写操作,必须利用 FileSystemObject 对象的 OpenTextFile 方法,打开指定文件,同时返回一个 TextStream 对象,所以把 TextStream 对象当作 FileSystemObject 对象的子对象。TextStream 对象的方法及属性如表 5.6、5.7 所示。

表 5.6　TextStream 对象的方法

方　　法	功　能　说　明
Close	用来关闭一个已经打开的数据流文件和其对应的文本文件
Readall	读出整个文件,并放于字符串变量中
Readline	从文件的指针位置读出一行,并放于字符串变量中
Read(num)	从文件指针位置读取后面的 num 个字符,并放于字符串变量中
Skip(num)	读取文件时跳过 num 个字符
Skipline	读取文件时跳过一行
Write("string")	将指定的字符串写入文件
Writeline("string")	将指定字符串写入文件,并自动换行。若未指定字符串,则写入一个空行
Writeblanklines(num)	将 num 个空行写入文件中

表 5.7　TextStream 对象的属性

属　　性	功　能　说　明
AtEndofLine	当光标在当前行的末尾时,值为 True,否则为 False
AtEndofStream	当光标在文本的末尾时,值为 True,否则为 False
Column	统计从行首到当前光标处的字符数
Line	给出光标所在位置的行号

2．打开文件

对文件进行读写操作,必须指定文件并打开它。打开 Web 服务器端的指定文件需使用 FileSystemObject 对象的 OpenTextFile 方法,其语法格式如下:

　　　　Set 对象变量 ＝ FSO 对象.OpenTextFile(filename[,iomode[,create[,format]]])

各部分说明如下:

◆ FSO 对象为 FileSystemObject 对象。

◆ filename 是欲打开或创建文本文件的路径及名称,这里可以用绝对路径形式表示,如 c:\www\file2.txt,若用相对路径表示,必须先使用 Server 对象的 MapPath 方法得出相对路径所对应的绝对路径。

◆ iomode 为选择性参数,设定打开文件的模式,所使用的常数列于表 5.8 中。

◆ create 为选择性参数,设定欲打开文件若存在时,是否覆写,true 为覆写,false 为默认值表示不覆写。

◆ format 为选择性参数,所使用的参数列于表 5.9。

表 5.8   iomode 中输入/输出模式常数列表

参　数	值	说　　　明
ForReading	1	以只读方式打开文件,使用者无法更改文件内容,此为默认值
ForWriting	2	以只写方式打开文件,写入数据时,将清除文件中的原有数据
ForAppending	8	打开文件时只允许将数据写入文件尾

表 5.9   format 打开格式参数列表

参　数	值	说　　　明
TristateFalse	0	以 ASCII 文件格式打开,此为默认值
TristateTrue	− 1	以 Unicode 文件格式打开
TristateUseDeafult	− 2	以文件原来格式打开

例如,以写入方式打开 WriteData.txt 文件:

```
< %
    set fsobj = Server.CreateObject("Scripting.FileSystemObject")
    set txtWrite = fsobj.OpenTextFile(Server.MapPath("WriteData.txt"),2,true)
% >
```

3. 文件读取的指针状态

文件读取指针用于标示目前文件已被读取的位置。当文件打开时,文件读取指针将会指向文件的开头。当我们调用 Read 或 ReadLine 读取文件中的数据后,文件指针便会移动至完成读取的数据之后。而下次再读取文件数据时,将会从新位置再向后读取。由于 ReadAll 方法将一次读取所有数据,因此,调用该方法完成数据读取后,文件读取指针便会指到文件结尾。图5.9 所示为读取文件时的指针状态。

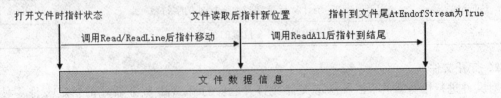

图 5.9   文件被读取时指针状态示意图

举例来说,当我们从文件中读取了 3 个字符后,下次再读取时,将从第 4 个字符开始读起,且在 ASP 网页中没有办法将文件读取指针向前移动,再次读取第 1 ~ 3 个字符。如果真的还想重新读取,唯一的方法就是再为该文件建立一个 TextStream 对象。换言之,在 ASP 网页中运用TextStream 对象读取文件数据时,仅可向后读取。

4. 文件的写入及读取示例

【例 5.5】 将文件以读写的方式打开,若文件不存在则建立,然后以附加的方式写入信息并按照原来的格式读出来。

```
1        < HTML > < HEAD > < TITLE > 文件写入示例 < /TITLE > < /HEAD >
```

```
2      < BODY >
3      < %
4      set fsobj = Server.CreateObject("Scripting.FileSystemObject")
5      FilePath = Server.MapPath("WriteData.txt")
6      set txtWrite = fsobj.OpenTextFile(FilePath, 8, true)
7      txtWrite.Write("大家好!")
8      txtWrite.Write("我是 wdg,请多指教!")
9      txtWrite.WriteLine("我们共同进步提高!")
10     txtWrite.WriteLine("我的 E_mail 是 wdg3000@163.com")
11     % >
12     < P >写入文件数据的内容为</ P > < FONT COLOR = red >
13     < %
14     set txtRead = fsobj.OpenTextFile(FilePath, 1)
15     Response.Write Replace(txtRead.ReadAll, Chr(13),"< BR >")
16     % >
17     </ FONT ></ BODY ></ HTML >
```

在示例中,将文件以读写的方式打开,若文件不存在则建立,并且利用 Server.MapPath() 函数获取所要读取文件的绝对路径,利用 Replace 函数,将 ReadAll 方法读出的文件数据中的换行字符"Chr(13)"置换为 HTML 的"< BR >"换行符标记。图 5.10 所示为示例的演示效果,观察浏览器读取文件的文字分行状态以及刷新后的显示状态。

图 5.10　文件的写入及读取示例

【例 5.6】　读取文本文件 ReadDate.txt 的数据信息。ReadDate.txt 文件内容应做到:

① 直接读取第二行信息;

② 然后再跳过 4 个字符;

③ 利用 DO While 循环方式,每次读一个字符,依次读取所有数据信息。

程序代码如下:

```
1      < HTML >
2      < HEAD > < TITLE >文件读取示例</ TITLE ></ HEAD >
3      < BODY >
4      < % set fsobj = Server.CreateObject("Scripting.FileSystemObject")
5      FilePath = Server.MapPath("ReadData.txt")
6      set txtsobj = fsObj.OpenTextFile(FilePath, 1, false)
```

```
7     txtsObj.SkipLine
8     % > < P > 文件第二行的内容是 < BR > < FONT COLOR ＝ red >
9     < % ＝ txtsObj.ReadLine % > < /FONT > < /P >
10    < P > 文件第三行第 5 个字符后的内容为 < BR > < FONT COLOR ＝ red >
11    < % txtsObj.Skip(4)
12    Do While Not txtsobj.atEndOfStream % >
13    < % ＝ txtsObj.Read(1) % >
14    < % Loop % > < /FONT > < /P >
15    < /BODY > < /HTML >
```

上例中进行控制文件指针状态读取，程序运行演示效果如图 5.11 所示。

5.4.4 获取文件的属性

File 对象提供了文件属性的访问，通过设置对象的属性实现在客户端通过浏览器获取 Web 服务器端指定文件的属性信息，调用对象的方法也可以复制、删除及移动文件。

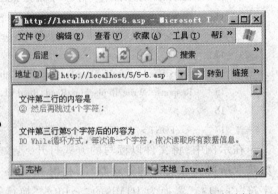

图 5.11　文件的跳过字符及循环依次读取示例

1．File 对象的建立

要想使用 File 对象的方法及属性，必须先创建 File 对象的实例，可以通过 FSO 对象的 GetFile 方法来创建，其语法格式为：

> Set 对象变量 ＝ FSO 对象.GetFile("filename")

其中 filename 为所指定文件的绝对路径及名称，也可以用 Server 对象的 MapPath 方法调用相对路径而得到的绝对路径。

2．File 对象的方法及属性

File 对象的方法及属性见表 5.10、5.11。

表 5.10　File 对象的方法

方　　　法	功　能　说　明
Copy(destination,overwrite)	把文件复制到 destination 指定的文件夹。如果 destination 的末尾是路径分隔符"＼"，那么认为 destination 是放置拷贝文件的文件夹。否则认为 destination 是要创建的新文件的路径和名字。如果目标文件夹已经存在且 overwrite 参数设置为 False，将产生错误，默认的 overwrite 参数是 True 且目标存在则覆盖
Delete(force)	删除这个文件。如果 force 参数设置为 True，文件即使具有只读属性也会被删除。默认的 force 是 False
Move(destination)	将文件移动到 destination 指定的文件夹。
OpenAsTextStream (iomode,format)	打开指定文件并且返回一个 TextStream 对象，用于文件的读、写或追加。iomode 参数指定了要求的访问类型。Format 参数说明了读、写文件的数据格式

表 5.11　**File 对象的属性**

属　　性	功　能　说　明
Attributes	设置或返回文件的属性符号,如普通文件 0、只读 1、隐藏 2、系统文件 4、目录 16、存档 32、快捷方式 64、压缩文件 128 等。
DateCreated	返回文件的创建日期
DateLastAccessed	返回文件最后一次存取的时间
DateLastModified	返回文件最后一次修改的时间
Drive	返回文件所在的驱动器号
Name	设置或返回文件的名称
ParentFolder	返回文件的父文件夹的 Folder 对象实例
Path	返回文件所在路径及文件名
Size	返回文件的大小,以字节为单位
Type	返回文件的类型

3．File 对象的应用实例

【例 5.7】　显示当前文件 5.7.asp 的各个属性。

```
1     < HTML >
2     < HEAD > < TITLE > File 对象应用示例 < /TITLE > < /HEAD >
3     < BODY >
4     < %
5     Set fso = Server . CreateObject("Scripting . FileSystemObject")
6     filepath = server . mappath("5.7.asp")
7     Set gf = fso . getfile(filepath)
8     % >
9     < br > 文件名称 : < % = gf . name % >
10    < br > 文件路径 : < % = gf . path % >
11    < br > 所在盘符 : < % = gf . drive % >
12    < br > 文件大小 : < % = gf . size % >
13    < br > 文件类型 : < % = gf . type % >
14    < br > 文件属性 : < % = gf . attributes % >
15    < br > 创建时间 : < % = gf . datecreated % >
16    < /BODY > < /HTML >
```

程序运行效果如图 5.12 所示。

5.4.5　对目录进行的操作

通过 Folder 对象提供的属性和方法,可以对目录进行操作,包括创建、移动、删除、复制文件夹以及获取文件夹信息等功能。

图 5.12　File 对象的文件属性示例

1. Folder 对象的方法及属性

使用 Folder 对象提供的属性和方法,必须先

创建 Folder 对象的实例,可以通过 FSO 对象的 GetFolder 方法来创建,其语法格式为:

Set 对象变量 = FSO 对象. GetFolder("directoryname")

其中 directoryname 为目录名。

在创建 Folder 对象实例后,就可以使用 Folder 对象所提供的操作文件夹各种方法和属性,其方法和属性见表 5.12、5.13。

表 5.12 Folder 对象的方法

方 法	功 能 说 明
Copy(Destination, Overwrite)	将文件夹复制到 Destination 指定的位置,若 Overwrite = True,则覆盖原有的文件及文件夹,若 Overwrite = False,则不覆盖,系统默认为 False
CreateTextFile (Filename, Overwrite, Format)	新建一个文件并返回 TextStream 对象。Format 指出以何种文件格式创建文件,True 时为 Unicode 格式;False 时为 ASCII 格式
Move(destination)	将文件夹及其内的文件移到指定的位置
Delete(Force)	删除文件夹及其内的所有文件。当 Force = True 时,可以删除只读属性的文件,当 Force = False 时,不删除只读属性的文件,系统默认为 False

表 5.13 Folder 对象的属性

属 性	功 能 说 明
Attributes	设置或返回文件夹的属性符号,如普通文件 0、只读 1、隐藏 2、系统文件 4、目录 16、存档 32、快捷方式 64、压缩文件 128 等
DateCreated	返回文件夹的创建日期
DateLastAccessed	返回文件夹最后一次存取的时间
DateLastModified	返回文件夹最后一次修改的时间
Drive	返回文件夹所在的驱动器号
Files	返回 Folder 对象包含的 Files 集合,表示该文件夹内的所有文件
IsRootFolder	返回一个布尔值,如果文件夹为根目录,返回 True,否则返回 False
Name	设置或返回文件夹的名称
ParentFolder	返回文件夹的父文件夹的 Folder 对象实例
Path	返回文件夹所在路径及文件名
Size	返回文件夹的大小,包含文件夹内所有文件及子文件夹,以字节为单位
SubFolders	返回当前文件夹的子文件夹所对应的 Folder 对象实例。
Type	返回文件夹的类型

2. Folder 对象的应用示例

【例 5.8】 显示 C 盘根目录下所有子文件夹和文件的列表。代码为:

```
1      < HTML > < HEAD > < TITLE > Folder 对象示例 </TITLE > </HEAD > < BODY >
2      < % Response. write "C 盘根目录文件夹如下: < hr > "
3      set objfs = Server. CreateObject("Scripting. FileSystemObject")
```

```
4       set objfolder = objfs . getfolder("c: \ ")
5       for each folder in objfolder . subfolders
6           str = folder . name
7           for i = 25 to len(str) step  − 1
8               str = str & " "
9           next
10          str = str & " &lt;dir&gt; "&folder . datecreated
11          response . write str &" < br >"
12      next
13      Response . write "< br > C 盘根目录文件如下: < hr >"
14      for each file in objfolder . files
15          str = file . name
16          for i = 21 to len(str) step  − 1
17              str = str & " "
18          next
19          for i = 9 to len(file . size) step  − 1
20              str = str & " "
21          next
22          response . write str & file . size & " "
23          response . write file . datecreated &" < br >"
24      next
25      % >
26      </BODY > </HTML>
```

程序运行结果如图 5.13 所示。

图 5.13　Folder 对象的应用示例

本例中第 7~9 行的循环表示为在固定的位置中输出"空格"(HTML 标识为" "),目的是使程序运行的行列对齐。为了表示目录显示的结果,代码第 10 行中的"<dir&gt"的 HTML 标识表示在页面输出为如图 5.13 所示的" < dir >"。

5.4.6 获取驱动器的信息

通过 Drive 对象可以得到系统上或网络共享的驱动器信息,使用 Driver 对象必须通过 FSO 对象的 GetDrive 方法来创建 Drive 对象实例,其语法为:

Set 对象变量 = FSO 对象.GetDrive(drivename)

其中 drivename 为驱动器号,如"c"表示为 C 盘。

在创建 Drive 对象实例后,就可以使用 Drive 对象所提供的各种属性见表 5.14。

表 5.14 Drive 对象的属性

属 性	功 能 说 明
AvailableSpace	返回驱动器上有效磁盘空间大小
DriveLetter	返回驱动器的盘符
DriveType	返回一个代表驱动器类型的整数值,如 1 为移动、2 固定、3 网络、4 光驱、5 为 RAM、0 为无法判断的驱动器
FileSystem	返回驱动器中文件系统的类型,如 NTFS 或者 FAT32 等
FreeSpace	返回驱动器上剩余磁盘空间大小
IsReady	返回一个布尔值指明当前的驱动器是否可用
Path	返回由驱动器字母和冒号组成的驱动器路径,如 c:
RootFolder	返回一个代表驱动器根目录的 Folder 对象
SerialNumber	返回一个能确定磁盘卷的十进制序列号
ShareName	返回一个远程网络驱动器的共享名
TotalSize	以字节为单位返回驱动器全部空间的大小
VolumeName	设置或返回一个本地驱动器的卷名

【例 5.9】 显示系统上所有驱动器的信息。代码为:

```
1    < HTML >
2    < HEAD > < TITLE > Drive 对象属性示例 </ TITLE > </ HEAD >
3    < BODY >
4    < Center > Web 服务器上各驱动器信息 < Hr >
5    < % set fso = Server.CreateObject("Scripting.FileSystemObject") % >
6    < table > < tr > < td > 盘符 </td > < td > 磁盘类型 </td > < td > 卷标 </td > < td > 磁盘空间
     总容量 </td >
7    < td > 磁盘可用空间 </td > < td > 文件系统类型 </td > < td > 磁盘卷序列号 </td >
8    < td > 是否可用 </td > < td > 路径名称 </td > </tr >
9    < %
10   on error resume next
11   For each drv in fso.Drives
12       Select Case drv.DriveType
13           Case 0: types = "设备无法识别"
14           Case 1: types = "移动磁盘驱动器"
```

```
15              Case 2：types = "硬盘驱动器"
16              Case 3：types = "网络硬盘驱动器"
17              Case 4：types = "光盘驱动器"
18              Case 5：types = "RAM 虚拟磁盘"
19          End Select
20      % >
21          < tr > < td > < % = drv.DriveLetter% > </td >
22          < td > < % = types% > </td >
23          < td > < % = drv.VolumeName% > </td >
24          < td > < % = FormatNumber(drv.TotalSize / 1024，0)% > </td >
25          < td > < % = FormatNumber(drv.Availablespace / 1024，0)% > </td >
26          < td > < % = drv.FileSystem% > </td >
27          < td > < % = drv.SerialNumber% > </td >
28          < td > < % = drv.IsReady% > </td >
29          < td > < % = drv.Path% > </td > </tr >
30      < % Next% >
31      </table > </Center >
32      </BODY > </HTML >
```

程序运行效果如图 5.14 所示。

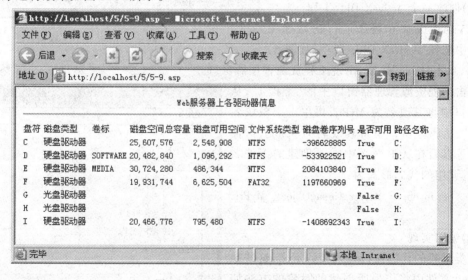

图 5.14　Drive 对象的应用示例

5.5　COM 组件的开发应用

ASP 脚本程序功能有限，而 COM 组件则可以访问计算机上的所有资源，可以直接调用 Windows 核心所提供的系统功能接口函数来实现强大的处理功能。许多不同编程环境都可以制作 COM 组件，使用 VB(Visual Basic)开发 COM 组件是所有开发工具中最简便的，程序员不需要对 COM 有全面的了解，也可以利用 COM 开发技术开发出功能强大的 COM 组件。

5.5.1 VB 开发自制的 COM 组件

在 VB 中可以开发三种 COM 组件：可视的 ActiveX 控件、不可视的 ActiveX DLL 组件、可视的 ActiveX EXE 组件。在 ASP 中使用的组件一般都是不可视的 ActiveX DLL 组件，下面介绍这种类型的组件开发过程。

1．开发背景分析

背景：需要建立一个数学教学网站，在其中提供一些数学工具，在线完成一个数学计算工作。

题目：输入两个数，求它们的最大公约数。

分析：利用辗转相除法求最大公约数，算法描述：

a 对 b 求余为 r，若 r 不等于 0；则 a = b
b = r，继续 a 对 b 求余；否则 b 为最大公约数。

2．利用 VB 建立 DLL 组件文件

（1）创建一个 ActiveX DLL 工程

在 Visual Basic 6 程序运行初始选项卡窗口中选择"ActiveX DLL"选项，如图 5.15 所示，单击"打开"按钮，出现工程资源管理器窗口。

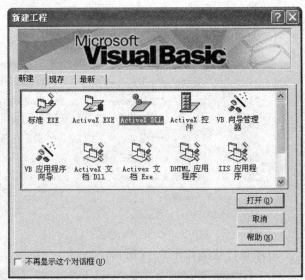

图 5.15 创建 ActiveX DLL 工程窗口

单击工程资源管理器窗口中的"工程 1"，从属性窗口中将其改名为 MyPrj，再单击类模块名"Class1"，从属性窗口中将其改名为 Math。这样就确定了以后在 ASP 网页中需要创建的组件名称了，其调用的代码形式为：

    Set myobj = Server.CreateObject("MyPrj.Math")

（2）编码实现

在类模块的代码窗口输入函数定义，这些函数在 ASP 文件中将作为所创建的对象的方法使用，输入代码窗口如图 5.16 所示。

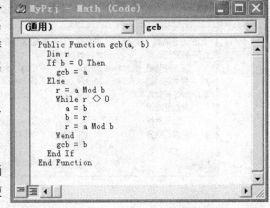

图 5.16 代码输入窗口

然后再在"工程"菜单中选择"添加模块"，在模块的代码窗口中输入代码用于指出工程的起始位置，如图 5.17 所示，最后形成的工程资源管理器窗口形式如图 5.18 所示。

（3）编译

从"文件"菜单中的"保存工程"命令将文件存盘，再在"文件"菜单中选择"生成 MyPrj.dll"命令进行编译工程，如果没有发现错误，当编译完成后便生成动态链接库文件 MyPrj.dll。

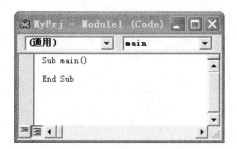

图 5.17 添加的模块窗口

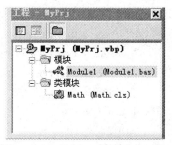

图 5.18 工程资源管理器窗口

5.5.2 ASP 网页中使用自制的 COM 组件

1. 注册 DLL 组件

使用 VB 开发 COM 组件,在编译时 VB 就已经自动为 COM 组件进行了注册。如果想在其他计算机上也使用这个组件,需进行如下操作:

① 把开发的 DLL 组件文件拷贝到 Windows 文件夹中的 System 子文件夹中(DLL 文件拷贝到目标位置视用户安装 Windows 系统的路径位置适当调整)。

② 再在"开始"菜单中的"运行"窗口中,用 regsvr32.exe 命令注册 MyPrj.dll 文件,操作如图 5.19 所示,注册成功后出现如图 5.20 所示的窗口提示。

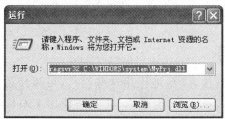

图 5.19 注册运行窗口

图 5.20 注册成功显示信息

2. 在 ASP 脚本程序中调用组件

【例 5.10】 创建一个 ASP 网页,使用者在提示的文本框中输入两个数,提交后得出它们的最大公约数,调用已开发注册的 MyPrj.dll 组件,本 ASP 脚本命名为 5.10.asp,代码为:

```
1       < HTML >
2       < HEAD > < TITLE > 自定义组件示例 < /TITLE > < /HEAD >
3       < BODY >
4       < %
5       If request("a") < > "" And request("b") < > "" Then
6           a = request("a")
7           b = request("b")
8           set myobj = Server.CreateObject("MyPrj.Math")
9       % >
10          < font color = red > < % = a% > < /font > 和 < font color = red > < % = b% > < /font > 的
            最大公约数为:
11          < font color = red > < % = myobj.gcb(a,b)% > < /font > < br >
12      < % Else % >
13          < FORM METHOD = POST ACTION = "5.10.asp" >
```

14	请输入两个数：< br >
15	a = < INPUT TYPE = ″text″ NAME = ″a″ > < br >
16	b = < INPUT TYPE = ″text″ NAME = ″b″ > < br >
17	< INPUT TYPE = ″submit″ value = ″确定″ >
18	</FORM >
19	< % End if % >
20	</BODY > </HTML >

程序运行显示效果如图 5.21、5.22 所示。

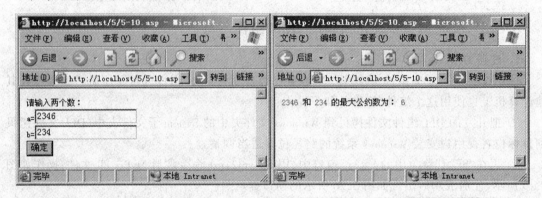

图 5.21　使用自制组件初始显示界面　　　　　图 5.22　提交后显示界面

本章小结

本章主要介绍了几个常用的 ASP 组件的使用方法，灵活地使用这些组件，可以使程序员轻松地实现许多原本复杂的功能，写出的程序简单、易读、功能强大，尤其是使用 FSO 组件对文件的操作，使得能够实现基于 Web 方式的远程服务器文件系统的管理，它也可以说是数据库访问的一个补充。另外本章还详细地介绍了利用 VB 开发自制的 COM 组件技术的一般过程，这对 ASP 功能的扩充开发打下了一定的基础。

本章介绍的几个常用的 ASP 组件的方法及属性较多，对于初学者只要求掌握 File Access 组件的文本文件读写操作即可，其他部分和后面的章节关联不大，读者也可以略过本章直接进行下一章的学习。

思考与实践

1．使用动态广告组件需要哪几个文件？简述它们的运行机制。

2．简述页面索引组件的运行原理。

3．讨论 FSO 功能的安全问题，如何防范？

4．参照"例 5.3"的过程，将一组图片链接成一个顺序链表。

5．编写一个防止刷新的文字型访客计数器，并将访客计数数据存储于文本文件中。

6．参照 5.5 节的过程，利用 VB 开发一个自制组件，并编写 ASP 网页进行调用组件，完成输入一个正整数，判断是否为素数的功能。（判断一个正整数 n 是否为素数的算法描述为：可以将 n 被 2 到 n 之间所有整数相除，如果都除不尽则为素数，否则不为素数）

第6章 数据库基础与 SQL 语句

计算机应用的一个重要的功能就是信息处理,而达到用户远程、方便地处理信息是现代数据库技术的重要应用,几乎所有的基于 Web 的应用程序都要使用数据库,通过 Web 方式访问数据库是本课程的最终落脚点,通过本章的学习,读者了解掌握数据库的基本知识、数据库的设计建立以及结构化查询语言 SQL 语句,为后面的 Web 数据库开发做准备。

本章的学习目标
◆ 了解数据库的基础知识
◆ 掌握数据库设计的基本理论及方法
◆ 掌握 SQL 语言的常用语句

6.1 数据库基础

开发一个完整的网站一般都需要使用数据库,基于 Web 模式访问的数据库是多用户方式的,而数据信息类型、访问读写方式、快速检索定位以及数据之间的关联等内容,都需要进行数据库的合理设计,所以掌握数据库的基础知识是十分必要的。

6.1.1 数据库概述

1. 数据库的概念

随着计算机的广泛应用,需要计算机处理的数据量急剧增长。为了解决多用户、多应用、共享数据的需求,出现了数据库技术。数据库是用于查询大量数据的存储区域,它通常包括一个或多个表。数据库的出现使信息系统从以研制处理数据的程序为中心转变到开发共享数据库为中心。

数据库是专用于信息存储的软件系统,是数据的有机集合。它支持对大量数据信息的增、删、改、查等工作,并在对大量信息进行统计分析的基础上,帮助人们更好地利用各种信息。

数据库是按照数据的结构来组织、存储和管理数据的"仓库"。例如,某单位的人事部门常常要把本单位职工的基本情况(档案号、姓名、年龄、性别、籍贯、工资、简历等)存放在一个表中,这张表就可以看成是一个数据库。有了这个"数据仓库",我们就可以根据需要随时查询某职工的基本情况,也可以查询工资在某个范围内的职工人数等等。这些工作都在计算机上自动进行,使人事管理工作达到极高的水平。此外基于 Web 方式的数据库操作,使以共享数据库为目的的操作变得更加方便自如。

2．数据库系统的优点

利用 FSO 组件,用户可以通过客户端基于 Web 方式存取服务器端的文本数据,但文本数据只能顺序存取,不利于在大量复杂数据中检索,所以必须采用数据库存取技术来实现。数据库系统的主要优点如下:

① 可以减少数据冗余度:在没有数据库的系统中,每个应用程序维护自己的文件,信息的重复性较大,而且物理存储格式也多种多样,而数据库实现了数据的统一存储,使每个应用程序不再需要保存自己的数据信息;

② 可以避免数据的不一致;

③ 可以共享数据:这是一个重要优点,不同的程序可以通过数据库来访问同一批数据;

④ 可以实施某些标准:数据的集中存储使得标准的实施成为可能,这对于要进行数据传输的计算机网络来说尤为重要;

⑤ 可以采取安全措施:可以这样认为,只要数据库是足够安全的,则信息就是安全的,这就要求必须仔细设计数据库系统的访问控制;

⑥ 可以维护数据的完整性;

⑦ 可以折中某冲突的要求。

3．Web 数据库的体系结构

数据库模型根据它们对信息的组织关系,主要分为三种:

① 层次型数据库;

② 网络型数据库;

③ 关系型数据库。

在实际的软件系统中,关系数据库是使用最广泛的一种数据库,Microsoft SQL Server、Oracle、Sybase、Access 等都是关系数据库。关系数据库是以关系(表)来表示数据与数据之间的联系,数据的逻辑关系可以使用一张二维表表示。关系数据库具有概念简单清晰、容易使用的特点。在本书中只介绍关系数据库。

在关系模型上发展而来的关系数据理论具有严格的数学基础,能够规范数据之间的各种关系,简化了数据库和程序的开发工作。

数据库体系结构是随着数据库管理系统的发展而不断演变的。随着个人计算机的普及,出现了像 Access 这样的文件服务器结构数据库;随着网络技术的发展,出现了客户/服务器(Client/Server)结构的数据库;随着 Internet 发展,出现了浏览器/服务器(Browser/Server)结构,这种结构实现了跨平台访问性及统一、方便、简单的用户接口。客户端只需要有标准的浏览器即可实现对 Web 服务器和数据库服务器进行访问,根据权限许可,也可以在客户端进行维护服务器,图 6.1 所示是浏览器/服务器数据库结构的示意图。

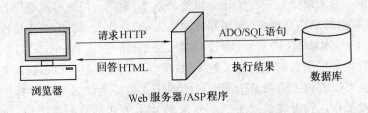

图 6.1　基于 Web 方式的数据库体系结构

6.1.2 关系型数据库的基本结构

关系式数据结构把一些复杂的数据结构归结为简单的二元关系(即二维表格形式),在关系数据库中,对数据的操作几乎全部建立在一个或多个关系表格上,通过对这些关系表格的分类、合并、连接或选取等运算来实现数据的管理。

关系数据库由表组成,表由记录组成,记录由字段组成。在关系模型中,字段称为属性(Attribute),字段值称为属性值,记录类型称为关系模式,每一张表称为一个关系(Relation)。

1．表

数据库中的所有数据都是以表的形式给出的,表是一组结构相同、彼此相关的数据信息的组合,表用于存储数据,以行/列方式组织,可以执行 SQL 语言,从中获取、添加、修改和删除数据。表是关系数据库的基本元素。其实,我们的日常生活中就有很多表的例子,如学生成绩统计表、职工信息表等,具有直观、方便和简单的特点。下面我们来看一个图书信息表,见表 6.1。

表 6.1 一个图书信息表

图书编号	书　　名	出版社	价　格
080301	ASP 程序设计教程	哈尔滨工业大学出版社	28.00
080302	Linux 操作系统实用教程	北京大学出版社	32.00
080303	大学计算机基础教程	清华大学出版社	29.00
080308	Unix 操作系统教程	清华大学出版社	32.00

从上面的表可以看出,表是一个二维结构,行和列的顺序并不影响表的内容,任何行和列的交叉点都有唯一的值。在数据库中,表是最重要和最基本的概念。

2．记录

记录是一组彼此相关的数据集合,一条记录就是表中的一行,在通常情况下,记录和行的意思是相同的。在表 6.1 中,每本书所占的一行是一个记录,描述了图书的信息情况。从上面的表中还可以看出,每个表中不允许有重复的记录,即每个记录都是唯一的。

3．字段

字段是表中的一列,在通常情况下,字段和列所指的内容是相同的。一般一个记录由多个字段组成,这些字段都有字段名,在上面的表 6.1 中,"书名"一列就是一个字段名。

表中的每个字段都有一定的数据类型和变化范围,具体情况要视具体的数据管理系统而定。每个表所能容纳的字段的数量,在不同的数据库管理系统中是不相同的。

关键字字段是唯一标识一个记录的字段。在关系数据库中,每个表都必须有自己的关键字字段,这样利用每个记录的关键字就能快速查找到需要的记录。

4．数据库

一个数据库通常由多个数据表组成,一张表由若干条记录组成,一条记录由若干个字段组成,通过建立表之间的关系来定义数据库的结构,例如,一个学生信息管理的数据库设计包括学生的档案信息表、学生的成绩表、学生的综合测评表等。

5．关系

关系是一个从数学中来的概念,在关系代数中,关系即是指二维表,表既可以用来表示数据,也可以用来表示数据间的联系。

关系型数据库将数据按类别储存在不同的数据表当中,以方便数据的管理与维护。不同的数据表通过数据表之间的特定字段,定义其间的关系,用户通过关系,在不同数据表中取得相关的数据内容。

通过设计各种不同的关系,可以通过极具弹性的方式存取数据表中的任何数据内容。建立好关系对于规范化表结构、减少数据冗余,对于保证数据完整性、保证数据的有效性、提高安全性等方面有着重要作用。

关系可以分为一对一关系、一对多关系、多对多关系三种。

◆ 一对一关系:一对一关系表示表中的某个字段在另外一张表中只有一个值。如职工信息管理的数据库设计中,职工的个人信息表和职工的工资表,就是以职工的编号或身份证号为关联的一对一关系表。

◆ 一对多关系:一本书有且只有一个出版社,但是一个出版社却可以出多本书,形成了出版社与书之间的一对多的关系。

◆ 多对多关系:表示一个表中的一个字段在另外一个表中有多个值,反过来也是如此。多对多的关系通常是通过两个一对多的关系来定义的。

6．索引

在关系数据库中,通常使用索引来提高数据的检索速度。它的主要功能有两种,增加数据的搜寻速度和设置数据表关联。

一个数据表中的数据往往是动态增减的,记录在表中是按输入的物理顺序存放的。当为主关键字或其他字段建立索引时,数据库管理系统将索引字段的内容以特定的顺序记录在一个索引文件上。检索数据时,数据库管理系统先从索引文件上找到信息的位置,再从表中读取数据。索引就如同一本书的书签,数据库系统可以根据索引快速找到储存数据表中的特定数据。

索引主要用处是作为主键(主索引)使用。一个数据表中只能有一个字段设定为主键,而被设置为主键的字段,在整个数据表中其数据内容是唯一值,不允许重复。如表 6.1 中,图书编号字段是每本书的唯一编号,不允许有重复值。它常被作为图书信息表的主关键字,用来唯一标识表中的一条记录信息。

6.1.3　数据库的设计

1．数据库设计的要求

在开发一个信息系统时,一个贯穿于整个开发过程的问题就是数据以及对数据的加工。数据通常存放在数据库中,因此,数据库设计是信息系统设计的主要工作。

数据库设计的核心是确定一个合适的数据模型,这个数据模型应当满足以下三个要求:

① 符合用户的要求,既能包含用户需要处理的所有数据,又能支持用户提出的所有处理功能的实现;

② 能被某个现有的数据库系统(DBMS)所接受,如 SQL Server、Oracle、Sybase 等;

③ 具有较高的质量,如易于理解,便于维护,没有数据冲突,完整性好、效率高等。

此外,在数据库设计中还要考虑数据库的安全问题。

2. 数据库设计的过程

数据库设计大致经历概念结构设计、逻辑结构设计、物理结构设计三个阶段。

① 数据库概念数据模型设计阶段。在系统分析期间得到的数据流程图、数据字典的基础上,结合有关数据库规范化的理论,用一个概念数据模型将用户的数据需求明确地表达出来,这是数据库设计过程的一个关键。概念数据模型是一个面向问题的数据模型,它反映了用户的现实环境,与数据库的具体实现技术无关。

② 数据库物理数据模型设计阶段。根据前一阶段建立起来的概念数据模型,以及 DBMS 的数据模型,按照一定的转换规则,把概念模型转换为 DBMS 的数据模型。

③ 建立数据库物理数据结构阶段。这一阶段根据所选定的 DBMS,软硬件运行环境,权衡各种利弊因素,确定一种高效的物理数据结构,使之既能节省存储空间,又能提高存取速度。有了这样一个物理数据结构,开发人员就可以在系统实现阶段,用所选的 DBMS 所提供的命令进行上机操作,建立数据库并对数据库中的数据进行多种操作。

6.2　数据库系统的建立

ASP 可以存取任何符合 ODBC 标准的数据库,如 SQL Server、Access、Oracle、Sybase、Informix、MySQL 等。本节以 Access 数据库为例,讲解数据库及表的建立过程,这主要是因为 Access 数据库比较简单,学习起来比较方便,而且 Access 数据库完全可以满足小型网站和个人网站的要求。同时,采用 SQL 标准语言进行编程,移植起来也比较容易。

对于数据库来说是一个庞大的系统,仅学习本课程时,并不需要你是一个数据库专家,只学会建立数据库及表即可。

6.2.1　Access 与 SQL Server 数据库的区别

Access 是一种桌面数据库,适合数据量相对较少的应用,在处理少量数据和单机访问的数据库时是很好的,效率也很高。因为 Access 数据库是以文件形式存储的,所以在数据库系统的程序设计开发及应用中,移植是比较方便的,它完全可以满足小型网站和个人网站的要求。

正因为 Access 数据库是以文件形式存储的,所以它的并发访问能力即同时访问的客户端一般不能多于 8 个(实际每个 ASP 文件操作 Access 数据库编程中经过优化设计是完全可以超过这个数的)。Access 数据库的数据量可以存储十几万条记录在查询执行效率上是没有问题的,但 Access 数据库的存储是有一定极限的,如果数据达到 100 M 以上,很容易造成执行效率低下、Web 服务器假死,或者消耗掉服务器的内存导致服务器崩溃。

SQL Server 是基于服务器端的大型数据库,可以适合大容量数据的应用,在功能管理上要比 Access 要强得多。在处理海量数据的效率、并发处理能力、后台开发的灵活性、可扩展性等方面都非常强大。因为现在数据库都使用标准的 SQL 语言对数据库进行管理,所以如果是标准 SQL 语言,两者基本上都可以通用的。SQL Server 还有更多的扩展,可以用于存储过程,数据库大小无极限限制。

表 6.2 列出了 Access 与 SQL Server 数据库的特征区别。

表 6.2   Access 与 SQL Server 数据库的特征区别

内 容	Access 特征	SQL Server 特征
版本	桌面版,以文件形式存储	网络版,系统平台,可支持异地形式存储
读写节点	一人工作,要锁定,其他人无法使用	节点多,支持多重读写
管理权限	否	管理权限划分细致,对内安全性高
防黑客能力	否	数据库划分细致,对外防黑客能力高
并发处理能力	8 人或更多	同时支持万人在线提交
导出 SQL 脚本	可以,需要第三方软件程序	可以直接导出 SQL 脚本,与 Oracle 数据库和 DB2 数据库通用,减少开发成本
数据处理能力	一般	快
是否被优化过	否	是
分布处理	没有远程分布式运算能力	支持分布式运算,能够把数据库服务器与网站服务器分开,实现多层应用
Web 站点建库	不需要平台环境,上传数据库文件后,直接写连接代码	需要平台环境,在服务器上建立初始数据库,连接代码里也会需要填 IP、用户名密码等

6.2.2 Access 数据库的建立

Access 数据库软件是 Microsoft Office 办公软件中的一个重要组成部分,在安装完 Office 后,系统就包含了 Access 数据库了。下面以"Microsoft Office 2003"为例,介绍建立一个新数据库表的过程步骤。

1. 建立一个新的数据库

选择"开始"→"程序"→"Microsoft Office"→"Microsoft Office Access 2003"就启动了 Access 数据库程序,在 Access 数据库程序主界面下,选择"文件"→"新建"出现如图 6.2 所示界面。

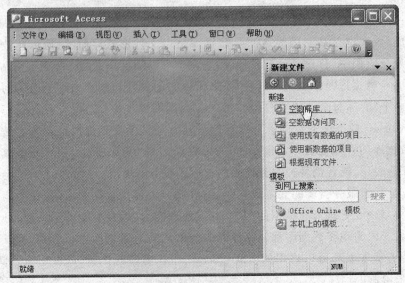

图 6.2 Access 数据库主界面

在图 6.2 窗口中选择右侧的"空数据库"选项,则弹出如图 6.3 所示对话框。

在图 6.3 的"文件名"中输入要建立数据库的文件名,Access 数据库文件类型的扩展名为 mdb 格式,这里按默认的 db1.mdb 保存在"c:\inetpub\wwwroot"中,单击"创建"按钮,则出现如图 6.4 所示新建数据库表的对话框窗口。

2.数据库表的创建

在图 6.4 中,新建一个数据库表提供了 3 种方式创建,这里我们选择第一项"使用设计器创建表"并双击它,则出现如图 6.5 所示的表设计器视图窗口。

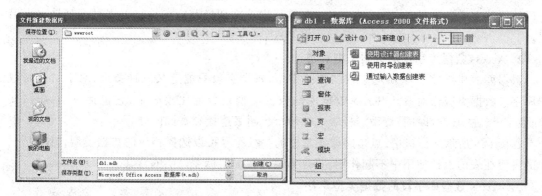

图 6.3　新建数据库对话框窗口　　　　图 6.4　新建数据库表的对话框窗口

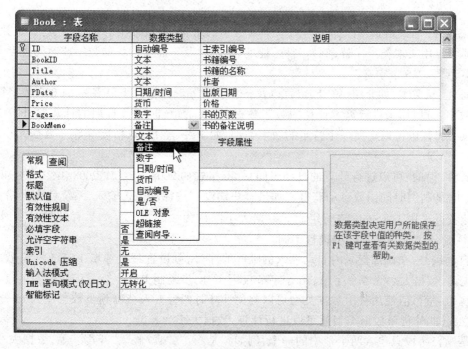

图 6.5　表设计器创建设计表对话框窗口

在设计数据库表的环节中,首先要进行数据库表的字段定义,如图 6.5 中,每一行对应一个字段,分别为字段名称、数据类型和说明。本例中是一个图书信息表,表名为 book,共用了 8 个字段来描述图书信息情况,其中以 ID(主索引编号)为主键,字段名称、字段数据类型及说明描述如图所示,这里就不做详细说明了。

6.2.3　Access 数据库的字段数据类型

数据库表的数据类型设计,对基于 Web 数据库编程、SQL 语句的使用以及系统的优化设计都有着非常重要的作用。

1. 字段的命名

字段的名称命名可以是中文、字母、数字或下划线及其组合等。表的字段命名最好能代表该字段引用的含义,使程序设计者使用 SQL 语句时能比较分明地调用所需要的字段,命名中建议使用英文或汉语拼音,使调用 SQL 语句进行中英文切换及标点符号引用时不容易出现错误。

2. Access 数据库字段的数据类型种类

数据库表中的字段必须定义它的数据类型,每个字段只能定义一种类型,对于 Access 数据库字段数据类型相对 SQL Server 数据库的数据类型划分的比较简单,它包括自动编号、文本、数字、备注、日期/时间、货币、是/否、OLE 对象、超级连接和查询向导。

在图 6.5 所示的窗口中,点击字段类型中的"▼"符号可以选择相应的数据类型,"说明"栏中的说明在表的设计使用中不起作用,只是为设计者提供标注说明的意义。

3. Access 数据库字段的数据类型用法

Microsoft Access 数据库可用的字段类型较多,它的各字段数据类型用法及其字段大小说明如下:

◆ 文本:一定数据长度内的文本或文本与数字的组合,是最常用的数据类型,许多数据类型一般都可以用文本类型代替,例如名称、地址、号码以及不需要计算的数字或时间日期等等,数据大小为 1~255 个字符。

◆ 备注:长文本,如介绍、解释、留言以及备注说明等。数据大小最多为 64 000 个字符。

◆ 数字:可以用来进行算术计算的数字数据,涉及货币、时间及日期的计算除外,在设置"字段大小"属性中可以定义一个特定的数字类型,如小数、整数、双精度等等。数据大小为 1、2、4、8 个字节等。

◆ 日期/时间:可以进行计算的日期时间,标准格式如 2008 - 1 - 21、2008/1/21 或 8:40:38,一般存储时是利用时间函数自动获得。如果客户端没有按标准格式输入,系统就会出错,所以一般设计者可采用 JavaScript 进行定制。数据大小默认为 8 个字节。如果存储的日期时间不进行计算,建议可采用文本类型进行定制。

◆ 自动编号:在添加记录时自动插入的唯一顺序号,可设置每次递增 1 或随机编号,一般常用作主键,数据大小为 4 个字节,16 个字节仅用于"同步复制 ID"。

◆ 货币:货币值使用货币数据类型可以避免计算时四舍五入精确到小数点左方 15 位数及右方 4 位数,此外货币数据类型还可以进行计算,数据大小为 8 位。

◆ 是/否:字段只包含两个值中的一个,例如,"是/否"、"真/假"、"开/关"等,数据大小为 1 位。

◆ OLE 对象:在其他程序中使用 OLE 协议创建的对象,例如,Microsoft Word 文档、Microsoft Excel 电子表格、图像、声音或其他二进制数据,可以将这些对象链接或嵌入 Microsoft Access 表中。必须在窗体或报表中使用绑定对象框来显示 OLE 对象。数据大小最大可为 1 GB(受磁盘空间限制)。

◆ 超链接：存储超级链接的字段，超级链接可以是 URL。

◆ 查阅向导：创建允许用户使用组合框选择来自其他表或来自值列表中的值的字段。在数据类型列表中选择此选项，将启动向导进行定义。数据大小与主键字段的长度相同，通常为 4 个字节。

在设置字段非默认值的数据大小时，用户可根据情况定制，如存储用户姓名的数据时，一个汉字代表 2 个字节，一般人名为 3 个汉字，留出特殊的例外，可以设定为 10 字节，因为较小的数据处理速度更快些，需要的内存更少。在更改已经存在数据的数据类型时，无法撤销由更改该属性所产生的数据更改。

6.3　结构化查询语言 SQL 语句

6.3.1　SQL 简介

SQL 是 Structured Query Language 结构化查询语言的缩写，SQL 是用于对存放在计算机数据库中的数据进行组织、管理和检索的一种工具；SQL 是一种特定类型的数据库——关系数据库。而控制这种数据库的计算机程序就是 DBMS——数据库管理系统，譬如，SQL Server、Oracle、Sybase、DB2 等等。当用户想要检索数据库中的数据时，需要通过 SQL 语言发出请求，接着 DBMS 对该 SQL 请求进行处理并检索所要求的数据，最后将其结果返回给用户，此过程被称为数据库查询，这也就是数据库查询语言这一名称的由来。

SQL 语言为目前公认的关系型数据库建立与数据操作的标准语言，几乎市面上可以看到的数据库所采用的操作语言都是依循 ANSI 所制定的 SQL 语言标准。当我们学习数据库时，SQL 语言的学习是相当重要的，只要您学会了 SQL 语言，对于各种数据库的操作均能够轻松地上手。

SQL 不是 C、COBOL 和 FORTRAN 那种完整的计算机语言。SQL 既没有用于条件测试的 If 语句，也没有用于程序分支的 Goto 语句以及循环语句 For 或 Do。确切地讲，SQL 是一种数据库子语言，SQL 语句可以被嵌入到另一种语言中，从而使其具有数据库存取功能。SQL 是非严格的结构化语言，它的句法更接近英语语句，如果你英语不错，就很容易理解，大多数 SQL 语句都是直述其意，读起来就像自然语言一样明了，所以，非常容易学。SQL 还是一种交互式查询语言，允许你直接查询存储的数据，利用这一交互特性，可以在很短的时间内回答相当复杂的问题，而同样问题若让程序员编写相应的程序，则可能要用几个星期甚至更长时间。

为了更好地学习 ASP，还要了解一些数据库查询语言 SQL 语句的基本知识，因为在以后接触的大部分 ASP 文件都会与数据库有关，而在编写 ASP 文件中对数据库操作的标准语法正是 SQL，所以非常有必要掌握一些 SQL 的语法知识。

6.3.2　构建 SQL 运行平台

在学习 SQL 语句之前，可以构建一个实验环境平台以运行各种 SQL 命令。在本章中采用 Access 构建 SQL 运行平台。

请先用 Access 打开一个数据库，本节用到的数据库表是图书信息的 book 表，表的字段名及类型如图 6.5 所示，在 book 表中添加十几个记录数据，以供下一小节执行 SQL 语句中使用。

在图 6.5 中点击左侧面板上的"查询"图标,出现如图 6.6 所示界面。

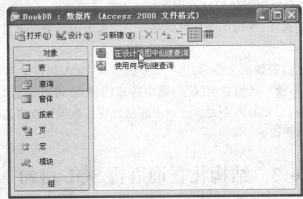

图 6.6 创建一个查询对话框窗口

双击"在设计视图中创建查询",当显示图 6.7 所示表窗体时点击"关闭"按钮关闭它,再从"视图"菜单中选取"SQL 视图"命令,如图 6.8 所示,点击"SQL 视图"之后出现了如图 6.9 所示"查询"窗口,现在可以输入 SQL 命令了。

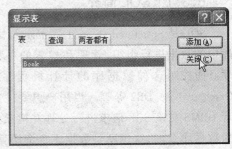

图 6.7 显示表对话框窗口

在窗口中写完 SQL 命令之后,单击图 6.9 中工具栏上的"!"按钮执行"运行"命令,就可以显示 SQL 语句的运行结果了。在下一小节中,就可以利用 Access 测试书中用到的 SQL 语句。

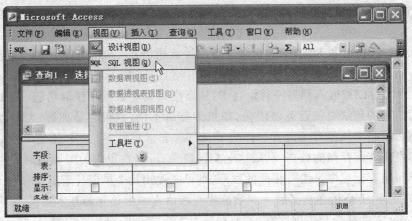

图 6.8 选取"视图"菜单中的"SQL 视图"界面

6.3.3 对记录操作的 SQL 语句编写

SQL 语句功能非常强大,能够管理数据库,创建、删除数据库及表,也可以添加、查找、更新、删除记录。基于 Web 方式的操作主要是对数据库表中的记录操作,所以本小节主要介绍对数据库表中的记录操作的 SQL 语句的编写知识。所有的 SQL 语句的应用范例是以图 6.5 中所创建的图书信息 book 表及其字段名、字段数据类型为例进行操作演示的。

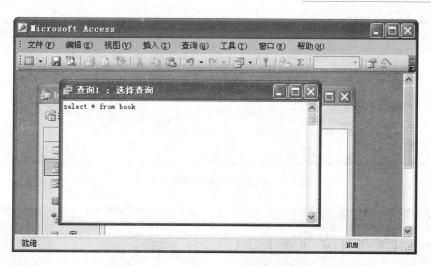

图 6.9　输入 SQL 语句的"查询1"窗口

1. 查询 Select 语句

在数据库中最常用的操作就是选择数据,Select 语句是 SQL 的核心,它查询数据库并检索匹配指定条件的记录,它的基本格式是:

　　SELECT［ALL｜DISTINCT］字段名 1［AS 别名 1］［,字段名 2［AS 别名 2］［……］］

　　FROM 表 1［,表 2,……］

　　［WHERE 条件］

　　［GROUP BY 字段列表］

　　［HAVING 条件］

　　［ORDER BY 字段列表［ASC｜DESC］］

说明:

① "英文字母大写"为 SQL 所使用的关键词;

② "｛｝"包围的选项表示必选的;

③ "［ ］"包围的选项表示可选的;

④ "｜"分隔的选项表示需要从中选一项;

⑤ ","英文半角的逗号,用于分隔意义相同的各个项目;

⑥ "……"省略号用于表示语法中重复的项目。

SQL 语句可能会很长,在其中合适的地方进行换行有助于提高可读性。

以下以图 6.5 所创建的图书信息 book 表、字段名及其数据类型为例,对 SELECT 语句的基本使用语法及应用范例进行说明。

(1)数据的选取——Select 子句的使用

① 全部选取:Select ＊ from book

结果如图 6.10 所示。

② 选取部分字段:Select title,author from book

结果如图 6.11 所示。

③ 选取部分字段,并重新命名,例如,把显示的英文字段名以中文形式输出。

　　Select title as 书名,author as 作者 from book

图 6.10 表格内容如下：

ID	BookID	Title	Author	PDate	Price	Pages	BookMemo
1	A712	Office 2003应用实战	王旭	2004-9-1	NT$45.00	330	介绍如何整合利用Office中各成员的书籍
2	A807	网站建设	金旭亮	2003-1-1	NT$29.00	354	ASP理论与实践的书籍
3	P906	Visual C++ 入门进级	郭尚君	1999-3-1	NT$65.00	325	C++深入学习的书籍
4	P912	精通视窗程序设计	王浩然	1999-7-1	NT$75.00	430	对于常见的程序架构与设计技巧的说明
5	A907	网页编程技术	邵丽萍	2002-8-1	NT$25.00	264	Web编程设计的书籍
6	A919	ASP开发答疑200问	易邵湘	2005-12-1	NT$48.00	421	示例ASP程序设计的书籍
7	Q002	Linux操作系统实训教程	王旭	2008-1-1	NT$59.00	450	全彩精印
8	D234	精通ASP编程	王然	2005-10-1	NT$40.00	210	非常好

图 6.10 SQL 语句全部选取查询结果

结果如图 6.12 所示。

图 6.11 选取部分字段查询结果

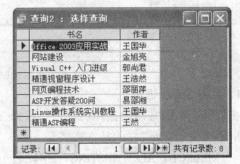
图 6.12 字段重命名查询结果

④ 计算字段的建立。在 Select 子句中，可以通过数学运算符执行字段的简单计算，来得到新的字段数值。

例如，把 2004 年之前出版的书全部打 6 折后列出所有书的明细信息。

Select title as 书名 , price as 原价 , price * 0.6 as 六折价 ,pdate as 日期 from book

where pdate < #2004 - 1 - 1#

结果如图 6.13 所示。

⑤ 聚合函数的应用。除了可以在字段中使用运算符外，还可以使用聚合函数计算数据。其语法格式为：

函数名(字段名)

常用的聚合函数有"avg()"平均值、"count()"计算记录个数、"sum()"计算某字段数据的总和、"max()"取得字段中数据的最大值、"min()"取得最小值等等。

例如，所有书的平均售价为：

Select avg(price) as 平均售价 from book

所有图书的总金额为：

Select sum(price) as 总金额 from book

结果如图 6.14 所示。

书名	原价	六折价	日期
网站建设	NT$29.00	17.4	2003-1-1
Visual C++ 入门进级	NT$65.00	39	1999-3-1
精通视窗程序设计	NT$75.00	45	1999-7-1
网页编程技术	NT$25.00	15	2002-8-1

图 6.13 计算字段的建立查询结果

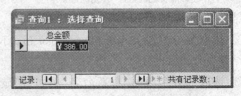
图 6.14 sum()函数查询结果

(2)筛选条件——Where 子句的使用

① 文字普通查询。例如,查询作者为"王旭"的所有书籍。

Select ＊ from book where author ＝ ′王旭′

结果如图 6.15 所示。

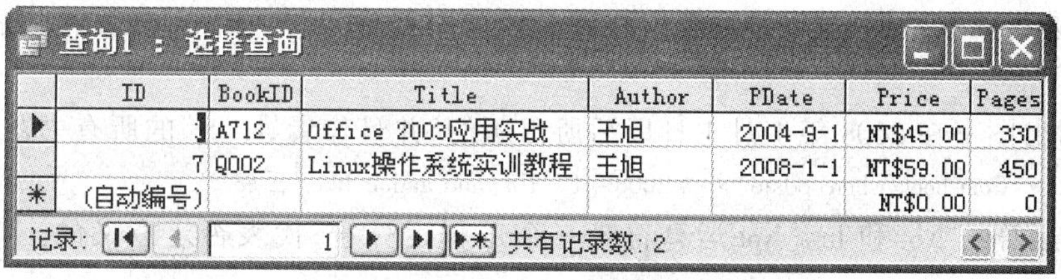

图 6.15 筛选文字查询结果

② 文字模糊查询。所谓"模糊查询",就是利用部分关键字查找到相关数据的方式。其语法规则为:

Where 字段名 like 通配符 ＋ 关键字 ＋ 通配符

说明:

"＋"代表连字符,"通配符"有 3 中表示方法,"%"代表一串未知的字符;"_"代表一个未知的字符;"#"代表一个未知的数字。

例如,查询书名包含 ASP 的所有书籍:

Select ＊ from book where title like ′％asp％ ′

查询书作者姓"王"的出版的所有书籍:

Select ＊ from book where author like ′王％′

【**注意**】 在 Access 中测试该语句时返回空记录,这是因为 Access 中以"＊"代替了标准 SQL 语句中的"％",在 ASP 编程实际调用 Access 时使用 SQL 语句中的"％"则正常。

查询书籍编号为 5 位的且前 4 位为 2008 的所有书籍。

Select ＊ from book where bookid like ′2008＃ ′

③ 数字查询。数字查询准则主要运用比较运算符来建立的,如"＞"、"＞＝"、"＜"、"＜＝"、"＜＞"、"＝"和 "between…and…"在……之间。

例如,列出图书价格不大于 30 元的所有书籍:

Select ＊ from book where price ＜＝ 30

列出图书价格在 50～70 元之间的所有书籍:

Select ＊ from book where price between 50 and 70

结果如图 6.16 所示。

图 6.16 筛选数字查询结果

④ 日期/时间查询。日期/时间查询运用的比较运算符同数字查询相同,具体的日期和时

间的引用必须用标准格式,且前后加上"#"号。

例如,列出图书在 2008 年 1 月 1 日以后所出版的所有书籍:

Select * from book where pdate > #2008-1-1#

⑤ 组合查询。组合查询也称为多重条件查询,可以利用"and"或"or"两个运算符同时运用数个条件式进行数据查询。"and"运算符代表必须同时符合条件,而"or"运算符代表符合其一条件即可。

例如,列出图书在 2008 年 1 月 1 日以后所出版的,并且作者姓"王"的所有书籍:

Select * from book where pdate > #2008-1-1# and author like '王%'

⑥ 条件运算符 Not 和 In。Not 运算符是一个逻辑运算符,代表否定意义的。其语法格式为:

Where Not 条件式

例如,列出图书价格不大于 30 元的所有书籍。

Select * from book where not price > 30

In 运算符是执行某字段中特定存储值的筛选工作。其语法格式为:

Where 字段名 in (值 1, 值 2,……)

例如,列出图书价格分别为 40、45、50 元的所有书籍:

Select * from book where price in(40, 45, 50)

(3)排序——Order by 子句的使用

① 排序查询结果。Order by 子句用于按指定的字段数据进行排序,其格式为:

Order by 排序字段名 { asc | desc }

其中,asc 表示递增排序,desc 表示递减排序,默认为递增排序,英文的排序以 a—z—A—Z 为递增排序,数字为 0～9 为递增排序。

例如,按图书的价格由高到低列出:

Select * from book order by price desc

列出图书价格在 30 元以上,并按价格由高到低排序:

Select * from book where price > 30 order by price desc

结果如图 6.17 所示。

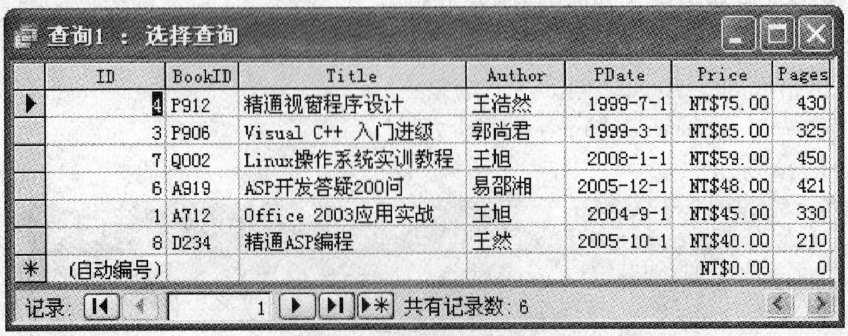

	ID	BookID	Title	Author	PDate	Price	Pages
▶	4	P912	精通视窗程序设计	王浩然	1999-7-1	NT$75.00	430
	3	P906	Visual C++ 入门进级	郭尚君	1999-3-1	NT$65.00	325
	7	Q002	Linux操作系统实训教程	王旭	2008-1-1	NT$59.00	450
	6	A919	ASP开发答疑200问	易邵湘	2005-12-1	NT$48.00	421
	1	A712	Office 2003应用实战	王旭	2004-9-1	NT$45.00	330
	8	D234	精通ASP编程	王然	2005-10-1	NT$40.00	210
*	(自动编号)					NT$0.00	0

记录: |◄ ◄ 1 ► ►| ►* 共有记录数: 6

图 6.17 按价格由高到低排序执行结果

② 显示排序的前 n 笔记录。利用 top n 选取记录集中前 n 笔的数据。其格式为:

Select [top n | top n percent] * from 表名 where 筛选条件 order by 排序

例如,列出图书售价较低的前 20% 书籍数据

Select top 20 percent ＊ from book order by price

图书价格最高的前 3 位为：

Select top 3 ＊ from book order by price desc

结果如图 6.18 所示。

图 6.18 按价格由高到低前 3 笔记录排序执行结果

2. 插入记录 Insert 语句

使用 Insert 语句向数据库表格中插入或添加新的记录,它的基本格式为：

　　INSERT INTO 表名(字段名 1, 字段名 2, ……, 字段名 n)

　　VALUES(字段 1 的值, 字段 2 的值, ……, 字段 n 的值)

说明：

① 表名后所列出的字段名必须和 Values 后列出的字段值一一对应。

② 没有列出的表名及其对应的值,插入后的记录对应的字段值为空。

③ 插入的值的数据类型必须和对应表的字段数据类型相同。

例如,将一笔数据新增至图书信息表 book 中：

Insert into book(bookid, title, author) values('A991', 'ASP 实战范例', '李四')

结果如图 6.19 所示。

图 6.19 插入一笔记录执行结果

3. 更新记录 Update 语句

使用 Update 语句可以更新或修改满足筛选条件的现有记录,它的基本格式为：

　　UPDATE 表名 SET 字段名 1 = 新值 [, SET 字段名 2 = 新值……]

　　WHERE 筛选条件

例如,将图书信息表 book 中 2003 年以前所出版的书的销售价格数据都打六折：

update book set price = price ＊ 0.6 where pdate < ＃2003 - 1 - 1＃

将图书作者名为“王旭”的数据改为“李四”：

```
update book set author = '李四' where author = '王旭'
```

结果如图 6.20 所示，对照图 6.19 查看更新的数据。

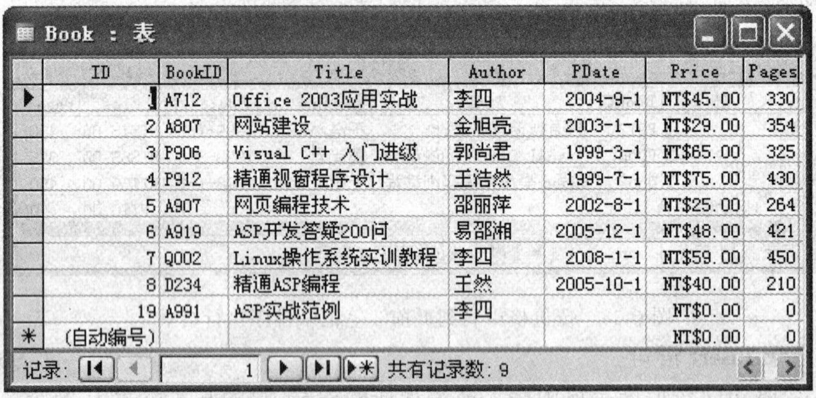

	ID	BookID	Title	Author	PDate	Price	Pages
▶	1	A712	Office 2003应用实战	李四	2004-9-1	NT$45.00	330
	2	A807	网站建设	金旭亮	2003-1-1	NT$29.00	354
	3	P906	Visual C++ 入门进级	郭尚君	1999-3-1	NT$65.00	325
	4	P912	精通视窗程序设计	王浩然	1999-7-1	NT$75.00	430
	5	A907	网页编程技术	邵丽萍	2002-8-1	NT$25.00	264
	6	A919	ASP开发答疑200问	易邵湘	2005-12-1	NT$48.00	421
	7	Q002	Linux操作系统实训教程	李四	2008-1-1	NT$59.00	450
	8	D234	精通ASP编程	王然	2005-10-1	NT$40.00	210
	19	A991	ASP实战范例	李四		NT$0.00	0
*	(自动编号)					NT$0.00	0

图 6.20 更新记录执行结果

4. 删除记录 Delete 语句

使用 Delete 语句可以删除满足筛选条件的指定记录，它的基本格式为：

DELETE * FROM 表名

WHERE 筛选条件

例如，删除图书信息表 book 中作者为李四的所有图书信息：

```
delete * from book where author = '李四'
```

【注意】 如果使用 Delete 语句删除的记录无法恢复。

本章小结

在 ASP 编程中，如果要访问数据库就要使用 SQL 语句，SQL 作为数据库的标准语言，无论在数据库编程还是数据库的管理维护方面都有着广泛的应用，因此，掌握和使用 SQL 对数据库的开发有着非常重要的作用。

本章主要介绍了数据库的基本知识和 SQL 语句的编写应用方法，利用 SQL 语句对数据库表的记录操作，为下一章 ASP 和 SQL 语句结合来访问数据库的学习打下基础。通过本章的学习，读者应熟练掌握 SQL 语句对记录操作的编写方法。

如果读者已经掌握了数据库语言，可以不必阅读本章内容。

思考与实践

1. 什么是数据库、表、字段、记录？它们之间是什么关系？

2. Access 数据库表的字段数据类型有哪些？它们的特征是什么？

3. 利用 Access 数据库建立一个学生信息表 studentinfo，字段名分别为学号、姓名、班级、专业、性别、入学年龄、身高、出生日期、入学总成绩、特长、家庭住址，并根据字段特征设计相应的数据类型，并填写 10 个左右的数据，执行下列问题编写 SQL 语句。

① 查询身高 1.8 m 以上的且特长包含“篮球”的所有男同学名单。

② 查询总成绩在 400～500 分之间的，出生日期为 1990 年之后的所有同学名单。

③ 查找家庭住址属于黑龙江的,且专业为"通信工程"的所有同学,把专业改为"软件工程"。

④ 列出入学成绩前 3 名的且入学年龄小于 18 周岁的同学名单。

4．如果两个表之间已经建立好了一对一的关系,如何建立多表间的组合查询?

5．如何将 Access 数据库及其数据转换到 SQL Server 数据库中,转换后字段的数据类型有哪些变化?

第7章 ADO 对象与数据库操作

基于 Web 方式的数据库操作是 ASP 应用的重要部分,在本章中将重点介绍 ASP 访问数据库技术,包括 ASP 访问数据库的方式方法;如何创建和配置 ODBC 数据源; ADO 对象,Connection 对象、Recordset 对象和 Command 对象;使用 ADO 对象和 SQL 语句来操作数据库等。本章的学习需要第 6 章的 SQL 语句基础。

本章的学习目标
◈ 掌握数据库的连接方式方法
◈ 掌握 Connection 对象的方法
◈ 掌握利用 Recordset 记录集对象对数据库的各种操作
◈ 掌握 Command 对象的应用
◈ 掌握 Fields 集合和 Field 对象

7.1 数据库的访问方式

基于 Web 的应用程序通过数据库技术,使用户可以轻松地在线维护更新网站。对于设计者来说,要对数据库操作,就必须先与数据库进行连接,那么采取哪些方式连接数据库,可以使 Web 应用程序运行效率最高、移植更加方便、编写程序更加容易呢?

7.1.1 ASP 的数据库访问方式简介

应用程序访问数据库的方式很多,传统的数据库管理系统中,应用程序使用数据库系统提供的专用开发工具进行开发,如嵌入式 SQL 语言等。这样的应用程序只能运行在特定的数据库系统环境下,它的适应性和可移植性较差,在用户硬件平台或者操作系统发生改变后,这些应用程序需要重新编写。嵌入式 SQL 语言的一个缺点是只能存取某种特定的数据库系统,所以在一个应用程序中无法同时访问多个数据库系统。但是,实际中我们往往需要访问多个数据库系统,此时,使用传统的数据库应用程序开发方法就难以实现。

基于 Web 方式的应用程序应该可以方便地连接访问各种数据库,并且在程序的平台移植、代码编写、访问数据库的执行效率上要求更高。

随着数据库技术的发展与变迁,ASP 访问连接数据库时可以采取以下几种方式。

1. OLE DB

OLE DB 是通向不同的数据源的低级应用程序接口,是一种"通用的"数据访问范例,它能够处理任何类型的数据,而不考虑它们的格式和存储方法。OLE DB 不仅包括标准数据接口开放数据库连通性(ODBC)的结构化查询语言(SQL)能力,还具有面向其他非 SQL 数据类型的通路。作为微软的组件对象模型(COM)的一种设计,OLE DB 是一组读写数据的方法。

OLE DB 分成服务与数据两部分,应用程序通过 OLE DB 的服务接口,得到一个有意义的数据记录集合进行处理;应用程序也可以直接访问 OLE DB 的数据接口,通过不同数据源的供应对象(Provider)直接得到记录集。

2. ODBC

ODBC(Open Database Connectivity)是指开放数据库系统互联,它是微软开发的用于开发数据库系统应用程序接口规范。ODBC 规范为应用程序提供了一套高层调用接口规范和基于动态链接库的运行支持环境。使用 ODBC 开发数据库的应用程序时,只需要应用程序调用标准的 ODBC 函数和 SQL 语句,而数据库的底层操作由各个数据库的 ODBC 驱动程序来完成。所以,使用 ODBC 接口的数据库应用程序具有很好的适应性和可移植性,并且具备同时访问多种数据库的能力。ODBC 驱动程序类似于 Windows 下面的硬件驱动程序,对于使用者来说,驱动程序掩盖了不同的硬件间的差异。

应用程序要访问一个数据库,首先必须用 ODBC 管理器注册一个数据源,管理器根据数据源提供的数据库位置、数据库类型及 ODBC 驱动程序等信息,建立起 ODBC 与具体数据库的联系。这样,只要应用程序将数据源名提供给 ODBC,ODBC 就能建立起与相应数据库的连接。

3. ADO

ActiveX 数据对象 ADO(ActiveX Data Object)是由 Microsoft 开发的数据库应用程序面向对象的新接口。ADO 访问数据库是通过访问 OLE DB 数据源来进行的,提供了一种对 OLE DB 数据源的简单高层访问接口。开发人员在使用 ADO 时,其实就是在使用 OLE DB,不过 OLE DB 更加接近底层。

ADO 技术简化了 OLE DB 的操作,OLE DB 的程序中使用了大量的 COM 接口,而 ADO 封装了这些接口,所以,ADO 是一种高层的访问技术。使用 ADO 对象开发应用程序可以使程序开发者更容易地控制对数据库的访问,从而产生符合用户需求的数据库访问程序。

使用 ADO 对象开发应用程序也类似于其他技术,需产生与数据源的连接、创建记录等步骤,但与其他访问技术不同的是,ADO 技术对对象之间的层次和顺序关系要求不是太严格。如在程序开发过程中,可以不必先建立连接,就能产生记录对象等。可以在使用记录的地方直接使用记录对象,在创建记录对象的同时,程序自动建立了与数据源的连接。这种模型有效简化了程序设计,增强了程序的灵活性。

在 ASP 中使用 ADO 访问数据库可以使用 OLE DB 的 ODBC 驱动程序,这是 ADO 所使用的默认驱动程序,另外,我们还可以使用 OLE DB 的其他驱动程序直接把 ADO 绑定到数据库而不使用 ODBC 作为一个附加层。在访问 SQL Server 数据库时,可以使用 OLE DB 的 SQL Server 驱动程序,也可以使用 OLE DB 的默认 ODBC 驱动程序。

ASP 应用程序和底层数据库间的关系如图 7.1 所示,说明了使用 ADO 以及 ODBC 方式连接数据库时涉及的接口对象和驱动程序关系。

7.1.2　ADO 与 ASP

ADO 作为 ActiveX 服务器组件内置于 ASP 中,ASP 访问 Web 数据库时,必须使用 ADO 组件,通过在 Web 服务器上设置的 ODBC 和 OLE DB 驱动程序便可以连接到多种数据库,这也是

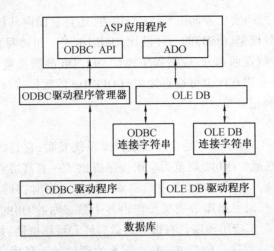

图 7.1　ASP 连接数据所涉及的接口对象和驱动程序关系示意图

对目前微软所支持的数据库进行操作的最有效、最简单和最直接的方法。

　　ADO 访问数据库,更像编写数据库应用程序。它把绝大部分的数据库操作封装在 ADO 的对象中,在 ASP 页面中编程调用这些对象执行相应的数据库操作。

　　ADO 是 ASP 的核心技术之一,它集中体现了 ASP 技术丰富而灵活的数据库访问功能。ADO 建立了基于 Web 方式访问数据库的脚本编写模型,不仅支持任何大型数据库的核心功能,而且支持许多数据库所专有的特性。

　　ADO 使用本机数据源,通过 ODBC 访问数据库。这些数据库可以是关系型数据库、文本型数据库、层次型数据库或者任何支持 ODBC 的数据库。主要优点是易用、高速,占用内存和磁盘空间少,所以非常适合于作为服务器端的数据库访问技术。相对于访问数据库的 CGI 程序而言,它是多线程的,在出现大量并发请求时,也同样可以保持服务器的运行效率,并且通过连接池(Connection Pool)技术对数据库连接资源进行完全控制;提供与远程数据库的高效连接与访问,同时,它还支持事务处理(Transaction),以开发高效率、高可靠性的数据库应用程序。

　　一般使用 ADO 访问数据库的 ASP 脚本程序应该使用 Connection 对象,建立并管理与远程数据库的连接;用 Command 对象提供灵活的查询;用 Recordset 对象访问数据库查询所返回的结果。这三者是 ADO 的最核心的对象。

7.2　数据库的连接

　　在 ASP 中,连接数据库可以有两种实现方式:一种是通过 ODBC 数据源进行连接;另一种是通过 ADO 字符串命令直接进行连接。

7.2.1　ODBC 数据源的方式连接

　　为了在 Web 站点中使用符合 ODBC 标准的驱动程序,或者使用一个与当初创建数据库不同的数据库时,需要安装正确的 ODBC 驱动程序,并且对于建立 Web 基础上的数据库来说,在 Web 服务器端必须正确地安装采用的数据库的 ODBC 驱动程序。通常在我们装好 Windows 时,系统已经完成了这一步,我们需要完成的是为数据库应用程序建立 DSN 数据源。

1. 建立 DSN 数据源

设定 Web 服务器使用的数据源名称时，必须建立 DSN（Data Source Name，数据源名称），才能确保所有的 Web 用户都能使用相应的数据库。

（1）建立 SQL Server 驱动程序 DSN

以下是在 Web 服务器端选择 SQL Server 驱动程序建立 testdb 数据库的 DSN 的步骤：

① 打开"控制面板"中的"管理工具"，双击"数据源（ODBC）"图标，如图 7.2 所示。

② 为确保所有用户都能访问新的 ODBC 数据源，选择"系统 DSN"，如图 7.3 所示。

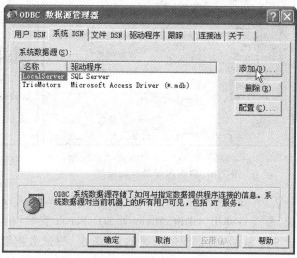

图 7.2　启动"数据源（ODBC）"管理器　　　图 7.3　"系统 DNS"选项卡

③ 单击"添加"按钮，弹出一个"创建新数据源"窗口，选择驱动程序，如选择"SQL Server"选项，单击"完成"按钮，如图 7.4 所示。

④ 系统弹出"创建到 SQL Server 的新数据源"对话框，在"数据源名称"处填写用于标识该数据源的名称，如 mySQLdb，并输入需要的描述（可省略），然后指定 SQL Server 所在的服务器，单击"下一步"按钮，如图 7.5 所示。

图 7.4　选择数据源驱动程序　　　图 7.5　数据源命名及选择服务器设置

⑤ 系统进入"创建到 SQL Server 的新数据源"的安全设置步骤。在这里可选择 SQL Server 验证登录 ID 的方式。选中"使用用户输入登录 ID 和密码的 SQL Server 验证"单选按钮，然后选

中"连接 SQL Server 以获得其他配置选项的默认设置"复选框,再在"登录 ID"和"密码"文本框中输入对指定数据库有存取权限的 SQL Server 账号和密码,单击"下一步"按钮,如图 7.6 所示。

⑥ 系统进入"创建到 SQL Server 的新数据源"选择要连接的数据库步骤。选中"更改默认的数据库为"复选框,然后从下面的下拉列表中选择要连接的数据库名称,如图 7.7 所示。

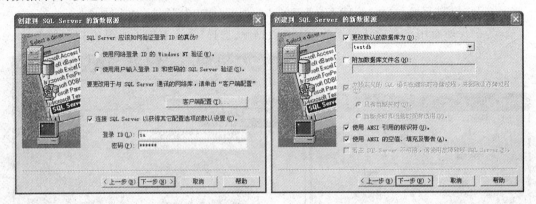

图 7.6　数据库登录验证设置　　　　　图 7.7　选择要连接的数据库设置

⑦ 单击"下一步"按钮所进行的步骤中,一般来说,不用更改其中的信息,然后单击"完成"按钮,系统将弹出"ODBC Microsoft SQL Server 安装"信息列表对话框,如图 7.8 所示,列出了所创建 SQL Server 数据源的描述信息,单击"测试数据源"按钮,如果系统提示测试成功,则表示DSN 设置正确。单击"确定"按钮,可完成系统 DSN 的建立。

图 7.8　配置 SQL Server 数据源后信息列表窗口

(2)建立 Access 驱动程序 DSN

建立 Access 驱动程序 DSN 的步骤为:在图 7.4"选择数据源驱动程序"中,选择"Microsoft Access Driver(＊.mdb)",单击"完成"按钮,出现如图 7.9 所示对话框窗口,在"数据源名称"处填写用于标识该数据源的名称,如 mydb,并输入需要的描述(可省略),单击下面的"选择"按钮,定位到".mdb"数据库文件所在的位置,如"c:＼inetpub＼wwwroot＼data＼testdb.mdb",最后单击"确定"按钮,出现图 7.10 所示窗口,则列出了"mydb"所添加的数据源,至此完成了 ODBC 数据源的添加。

添加完成系统 DNS 之后,就可以通过 ODBC 数据源来连接所指定的数据库了。

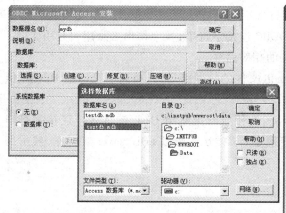
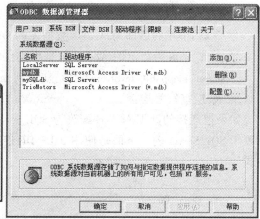

图 7.9　定位数据源　　　　　　　　　　图 7.10　"系统 DNS"数据源列表窗口

2. 连接 DNS 数据库

通过设置 ODBC 数据源,ASP 脚本程序可以用统一的方式使用各种不同类型的数据库。这样,当数据库环境发生变化时,只需简单地重新设置 ODBC 数据源,就可以在新的数据库环境下使用了,应用程序几乎不要作任何改动。下面是建立完 DNS 后,ASP 中通过命令代码进行数据库连接,具体做法是:

先利用 Server.CreateObject 创建一个 Connection 对象实例,然后定义 DNS 字符串,最后使用 Open 方法打开数据库。其示例格式为:

```
< %
Dim conn
Set conn = Server.CreateObject("ADODB.Connection")
Conn.open "dns = mySQLdb;uid = sa;pwd = 123456"
% >
```

其中,第 3 行的"mySQLdb"为数据源名称,即为图 7.5 中所创建的一个数据源名,"sa"和"123456"为图 7.6 中设置的数据库登录验证的用户名和密码。若为 Access 数据库,没有打开数据库的用户名和密码,如图 7.9 所示的 mydb 数据源,则该行可以简写为:

```
Conn.open "dns = mydb"
```

7.2.2　连接字符串的方式连接

采用 ADO"连接字符串"的方式连接,可分为使用"ODBC 连接字符串"和使用"OLE DB 连接字符串"两种,一般情况下,后者的兼容性和性能上更优越些。

1. 使用"ODBC 连接字符串"

使用"ODBC 连接字符串"方式连接 Access 数据库,其示例格式为:

```
< %
Dim Conn , Cnstr
```

```
Set Conn = Server.CreateObject("ADODB.Connection")
Cnstr = "Driver = {Microsoft Access Driver ( * .mdb)};DBQ = " & server.mappath("mydb.mdb")
Conn.open Cnstr
% >
```

其中：

① 变量 Cnstr 的值即为 Access 数据库的 ODBC 连接字符串，且字符串必须用引号引上。

② mydb.mdb 为指定的 Access 数据库文件的相对路径。

③ server.mappath("mydb.mdb")是获取到 mdb 文件的物理路径，连接到字符串给 DBQ 赋值必须用"&"连接符号连接。

如果把连接的数据库 Access 改为 SQL Server，则相应的把赋给 Cnstr 的 Access 连接字符串值改为 SQL Server 的。下面是使用"OLE DB 连接字符串"方式连接 SQL Server 数据库，其示例格式为：

```
< %
Dim Conn ,Connstr
Set Conn = Server.CreateObject("ADODB.Connection")
Conn.Open "driver = {SQL Server};Database = mydb;server = localhost;UID = sa;PWD = 123456"
% >
```

本例中调用 Connection 对象 Conn 实例的 Open 方法，直接使用连接字符串而没有像上一示例中进行中间的赋值，"mydb"为 SQL Server 数据库中的库名；"Localhost"为调用的 SQL Server 数据库为本地数据库；如果是异地调用，可采用 IP 地址方式；"sa"和"123456"分别是打开 SQL Server 数据库的用户名和密码。

连接其他数据库的 ODBC 字符串见表 7.1。

表 7.1　常用数据源 ODBC 连接字符串列表

数据源驱动程序	ODBC 连接字符串示例
Access	"DRIVER = {Microsoft Access Driver (* .mdb)};DBQ = 指向'.mdb'文件的物理路径"
SQL Server	"Driver = {SQL Server};server = 指向 SQL Server 服务器的 IP 或网络标识名;database = yourdatabase; uid = sa; pwd = password"
Oracle	"Driver = {Microsoft ODBC for Oracle};Server = OracleServer.world;Uid = Username;Pwd = password;"
Excel	"Driver = {Microsoft Excel Driver(* .xls)};DBQ = 指向'.xls'文件的物理路径"
Visual FoxPro	"Driver = {Microsoft Visual FoxPro Driver};SourceType = DBC;SourceDb = 指向'.dbc'文件的物理路径"
MySQL	"Driver = {MySQL ODBC 3.51 Driver};Server = data.domain.com;Port = 3306;Database = myDatabase;User = myUsername;Password = myPassword;Option = 3;"

2. 使用"OLE DB 连接字符串"

使用"OLD DB 连接字符串"方式连接 Access 数据库，其示例格式为：

```
< %
Set Conn = Server.CreateObject("ADODB.Connection")
Cnstr = "Provider = Microsoft.Jet.OLEDB.4.0;Data Source = " & server.mappath("mydb.mdb")
```

```
Conn.open Cnstr
% >
```

其中,变量 Cnstr 的值为 Access 数据库的 OLE DB 连接字符串。若要连接其他数据库,则更改为其他数据库驱动程序的 OLE DB 字符串即可。

ODBC 简化了对数据库的访问,也为程序跨平台开发和移植提供了极大的方便。但需要在服务器端人工设置数据源进行数据库的连接,这对远程建站维护使用者来说带来了不便。

采用 ADO 字符串方式连接数据库时,连接字符串直接写入 ASP 代码中,这对初学者来说使用更加方便,容易成功地连接,特别是 Access 文件型的数据库,非常适合系统的平台移植,且不需要数据库系统环境也可轻松地访问运行。

常见数据源的 OLE DB 连接字符串列表见表 7.2。

表 7.2　常用数据源 OLE DB 连接字符串列表

数据源驱动程序	ODBC 连接字符串示例
Access	″Provider = Microsoft.Jet.OLEDB.4.0;Data Source = 指向′.mdb′文件的物理路径″
SQL Server	″Provider = SQLOLEDB.1;Data Source = machinename; initial catalog = yourdatabase;uid = sa;pwd = password″
Oracle	″Provider = OraOLEDB.Oracle;Data Source = MyOracleDB;User Id = Username; Password = mypassword;″

7.3　ADO 对象简介

ADO(ActiveX Data Object)即动态数据对象,本身由多个对象所组成,它们之间分别负责提供各种数据库操作的行为,具有容易使用、功能强大、开发执行快速、消耗系统资源少等特点,使数据库开发变得更加轻松自如。

7.3.1　ADO 对象的模型结构关系

ADO 对象由 ADODB 对象库和 Connection、Recordset、Field、Command、Parameter、Property、Error 7 个子对象和 Parameters、Fields、Properties、Error 4 个数据集合构成。它们之间的结构关系如图 7.11 所示。

7.3.2　ADO 对象的组成描述

ADO 本身由多个对象所组成,这些对象分别负责提供各种数据库操作的行为,下面列出了构成 ADO 的 7 种对象和 4 个集合的描述说明。

(1)Connection 对象

连接对象,创建与数据库互动所需的连接,任何数据库的操作行为都必须在连接基础上进行。因此在使用 ADO 其他对象之前,首先要创建一个 Connection 对象实例,利用该对象实例调用其他对象及集合。

(2)Recordset 对象

记录集对象,用来浏览和操作已经连接到数据库内的数据,它是非常重要的 ADO 对象。Recordset 对象对应着 Command 对象的查询返回结果,或是直接建立的一个带查询的结果集。

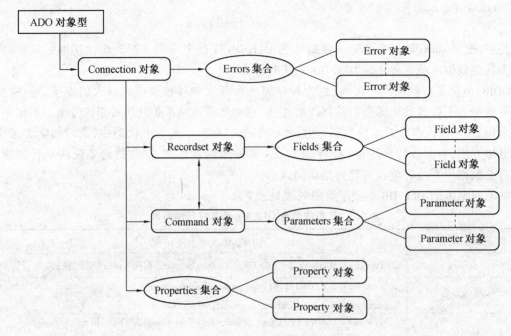

图 7.11　ADO 对象模型结构关系

它把从数据库中查询到的结果封装在一起,并提供简单快捷的方式去访问每一条记录内、每一字段的数据。

（3）Command 对象

命令对象,针对连接的数据库进行数据变动操作。将用户提供的指令传送到数据库,进行新增、删除或是修改资料等变动处理,指令便是使用于变动数据的 SQL 语句,通过对 SQL 服务器的查询及存储过程的结合,Command 对象有强大的数据库访问能力,无论是对数据库的插入、更新和删除这类无需返回结果的操作,还是对 Select 语句这样需要返回结果的操作都一样容易。

（4）Fields 集合和 Field 对象

字段数目集合及各个字段列对象,Fields 集合处理记录中的各个字段列。记录集中返回的每一列在 Fields 集合中都有一个相关的 Field 对象。Field 对象使得用户可以获得字段名、字段数据类型、当前记录和 Field 对象的字段列交叉的二维表中实际值等信息。

（5）Parameters 集合和 Parameter 对象

参数集合及参数对象,Command 对象包含一个 Parameters 集合。Parameters 集合包含参数化的 Command 对象的所有参数,每个参数信息由 Parameter 对象表示,代表 SQL 存储过程或有参数查询中的一个参数,用来传递参数给 SQL 查询,在使用存储过程时用到。

（6）Properties 集合和 Property 对象

属性集合及属性对象,Connection、Command、Recordset 和 Field 对象都含有 Properties 集合。Properties 集合用于保存与这些对象有关的各个 Property 对象。Property 对象表示各个选项设置或其他没有被对象的固有属性处理的 ADO 对象特征。

（7）Errors 集合和 Error 对象

错误集合及错误对象,Connection 对象包含一个 Errors 集合。Errors 集合包含的 Errors 对象给出了关于数据提供者出错时的扩展信息。

　　Recordset 对象实际上是依附于 Connection 对象和 Command 对象之上的。通过建立及开启一个 Connection 对象，可以与我们关心的数据库建立连接；通过使用 Command 对象，则可以告诉数据库我们想做什么：查找、插入、修改、删除记录；通过使用 Recordset 对象，则可以方便地操作 Command 对象返回的结果。这三个对象相互之间联系紧密，都非常重要。

　　对于初学者来说，掌握 Connection 对象和 Recordset 对象两个对象就可以自如地操作数据库了，如完成浏览、查询、添加、删除及修改记录的功能。如果完成优化 ASP 程序设计，还想完成更强大的功能，那么还需进一步掌握其他对象及集合的使用。

7.4　Connection 对象

　　Connection 对象又称为连接对象，主要用于建立与数据库的连接。只有先建立起与数据库的连接关系后，才能利用 Command 对象和 Recordset 对象对数据库进行各种操作，因此，该对象是 ADO 对象的最基本对象。

7.4.1　创建和关闭 Connection 对象

　　操作数据库之前，首先要建立数据库的连接，即创建 Connection 对象的一个实例，通过这个实例才能打开数据库进行操作。

　　建立 Connection 对象并实例化是采用 Server 对象的 CreateObject 方法进行，其语法格式为：

　　　　Set 对象变量 = Server.CreateObject("ADODB.Connection")

　　对象变量命名最好能代表是建立的一个 Connection 对象的含义，所以该对象变量命名可以是"cn"或"conn"，如下面的语句产生一个名为 conn 的连接对象：

　　　　< % set conn = server.createobject("ADODB.Connection") % >

　　为了提高数据库操作的并发性和安全性，在每个 ASP 文件完成数据库操作后的代码结尾处，都应该进行切断数据库连接操作，关闭 Connection 对象时，可以使用 close 方法（示例中的 conn 是上面创建 Connection 对象的变量名）：

　　　　< % conn.close % >

　　close 方法切断了 Connection 对象与数据库之间建立的连接，但是此时对象还是存在于内存中，如果将创建的 Connection 对象从内存中移出，上面的语句需要改写为：

　　　　< %
　　　　conn.close
　　　　set conn = nothing
　　　　% >

7.4.2　Connection 对象的方法

　　Connection 对象有许多方法，其中常用的方法见表 7.3。

表 7.3 常用的 Connection 对象的方法列表

方法名	功 能 说 明
Open	用于建立与数据库的连接
Close	关闭已经打开的数据库,即断开连接
Execute	执行 SQL 语言的数据库查询命令
Cancel	用于取消异步操作中还未执行完成的 Execute 和 Open 操作
BeginTrans	开始进行事务处理
CommitTrans	提交事务处理结果
RollbackTrans	取消事务处理结果

下面介绍几个常用的 Connection 对象的方法。

1．Open 方法

Open 方法用于建立与数据库的连接,只有建立起与数据库的连接后,才能对数据库进行其他的操作。其命令格式为:

Connection 对象变量名 . open "参数 1 = 参数 1 的值;参数 2 = 参数 2 的值;…"

参数列表的意义见表 7.4。

表 7.4 Open 方法的参数列表

参 数 名	功 能 说 明
Dsn	指出 ODBC 数据源的名称
Uid	指出数据库的登录账号
Pwd	指出数据库的登录密码
Driver	指出驱动程序的类型,即数据库的类型
Dbq	指出数据库的物理路径
Server	指出服务器的名称
Database	指出数据库的名称

在 7.2.2 小节中及表 7.1 中已经较详细地描述这些参数的使用,并已具体举例说明。

2．Close 方法

在前面我们已经看到了 Close 的用法了。其命令格式为:

Connection 对象变量名 . Close

当调用了 Close 方法后,就停止了同数据库之间的连接,此时只是释放了与其相关的系统资源,而 Connection 对象本身还没有释放。所以,一个关闭的 Connection 对象还可以继续使用 Open 方法打开,而不需要再次创建一个 Connection 对象。如果需要释放所有的资源就需要给已经创建的 Connection 对象赋值为 Nothing,之后如果还想使用 Connection 对象,就必须重新创建一个。

3．Execute 方法

在创建 Connection 对象并将它和一个数据库建立连接后,可以通过这个连接直接使用 SQL

语句同数据库对话。我们可以插入、更新或删除数据库中的数据,这些操作不返回任何值,使用 Connection 对象的 Execute 方法就是为了执行 SQL 语句。其语法格式为:

　　　Connection 对象变量名.execute ″SQL 语句″

例如,下面的语句将向 Access 数据库的图书信息 book 表中删除图书编号"bookid = A911"的记录:

```
< %
Dim Conn
Set Conn = Server.CreateObject(″ADODB.Connection″)
Conn.Open ″Provider = Microsoft.Jet.OLEDB.4.0;Data Source = ″ & Server.MapPath(″BookDB.mdb″)
Conn.execute ″delete * from book where bookid = 'A911'″
% >
```

示例中这个 SQL 语句被 Execute 方法执行后会自动产生一个 Command 对象,如果执行有返回的记录的 SQL 语句,则可以用 Recordset 对象方式与其对应。其语法格式为:

　　　Set 返回记录集变量 = Connection 对象变量名.execute (″SQL 语句″)

【例 7.1】　查询图书信息 book 表中是否有图书编号"bookid = A911"的这本书,如果没有则添加该编号的一本书,代码为:

```
1    < %
2    Set Conn = Server.CreateObject(″ADODB.Connection″)
3    Conn.Open ″Provider = Microsoft.Jet.OLEDB.4.0;Data Source = ″ & Server.MapPath(″BookDB.mdb″)
4    Set rs = Conn.execute(″select * from book where bookid = 'A911'″)
5    If rs.eof = True Then
6    Conn.execute ″Insert into book(bookid,title,author) values('A911','ASP 实战范例','李四')″
7    response.write″不存在,添加成功!″
8    Else
9    response.write″A911 编号的书存在,不用添加了。″
10   End if
11   Conn.close
12   Set Conn = nothing
13   % >
```

示例中的 rs 对象和创建 Recordset 对象后调用 Open 方法得到的 Recordset 对象是相同的,只是用这种方法产生的 Recordset 对象是只读的,且只有一个向前移动的游标指针。如果需要支持更多功能的 Recordset 对象,则必须创建 Recordset 对象,然后再使用 Recordset 对象变量.open 方法打开记录集。

4．Cancel 方法

Cancel 方法用于取消异步操作中还未执行完成的 Execute 和 Open 操作。Cancel 方法对允许提交查询的应用程序非常有用,它提供了一个取消按钮,当查询等待时间太长时,用户可以通过该按钮取消查询。其命令格式为:

　　　Connection 对象变量名.Cancel

5．Connection 对象中的事务处理方法

(1)事务处理含义

事务处理一般都是针对操作数据库而言,引入事务处理的目的是为了保证程序在运行过程中发生错误时能够有一个挽救的余地。有些部门的计算机系统是不允许有错误发生的,如银行或者证券部门。举个简单的例子:甲乙两个账号要进行转账,从甲的账号转 1 万元到乙的账号上,通常要分两个步骤进行,首先将甲账号中的钱扣除 1 万元,然后再在乙账号中增加 1 万元。但假如在扣除了甲账号中的钱后系统出现了故障,无法在乙账号上增加 1 万元钱,这时如果系统没有预防措施,就会造成甲方的无谓损失。而事务处理恰好能够解决这样的问题。

事务处理的原则是,只有所有的操作步骤都正确,这个操作才是正确的,才可以执行,否则就都不执行。反映在上面的例子中,甲方的账号扣除了 1 万元,而乙方的账号无法增加 1 万元,有一个步骤不成功,因此命令不能执行,也就是甲方的账号不能减少 1 万元,这样就预防了错误的发生。

此外,使用事务还有一个优点,它可以提供一个很好的机会,对数据源进行写操作过程优化。当一个事务开始时,本质上是使 ADO 对任何数据源的修改都存储在服务器的缓冲区里,而没有将修改写到磁盘文件中。往缓冲区中写要比向磁盘中快很多,所以,这样可以大大提高系统性能。

(2)事务处理方法

在 Connection 对象中,有 3 个方法是用于事务处理的,分别为 BeginTrans 方法、CommitTrans 方法和 RollbackTrans 方法。

① BeginTrans 方法。BeginTrans 方法用于事务的开始,在执行了 BeginTrans 方法后,就在内存中为这次操作开辟了一个缓冲区。当开始一个事务处理时,所有的操作都只是暂时的,并没有写到数据库中,只有在程序都完全运行正确,提交事务处理时,程序的运行结果才会被写到数据库中。其命令格式为:

Connection 对象变量名 . BeginTrans

② CommitTrans 方法。CommitTrans 方法用于提交事物的处理。由于调用 BeginTrans 方法后,数据并没有写入磁盘,如果我们需要将修改的数据加入到硬盘中,就必须调用 CommitTrans 方法。它将把一次事务中的操作全部写入磁盘。调用该方法后,此次事务将会被关闭,对数据源中的数据修改会一次性地写入磁盘。其命令格式为:

Connection 对象变量名 . CommitTrans

③ RollbackTrans 方法。RollbackTrans 方法用于撤销事物的处理结果,它和 CommitTrans 方法的作用相反,当程序执行错误时,则是取消此次事务以来所有对数据源所做的操作,不写入数据源。调用该方法后,本次事务将结束。其命令格式为:

Connection 对象变量名 . RollbackTrans

【例 7.2】 假定一个银行 bank 数据库中的存款 saving 表中存放着客户的存款,表的结构及记录信息如图 7.12 所示,现在要把 A 用户的存款 1 万元转到 B 用户中,请用事务处理的方式编写该程序。

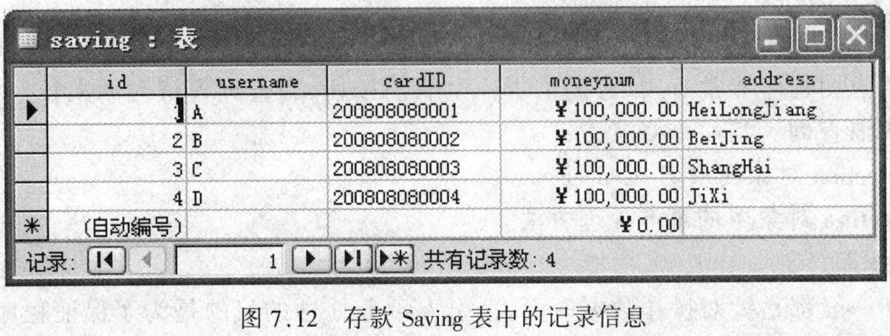

	id	username	cardID	moneynum	address
▶	1	A	200808080001	¥100,000.00	HeiLongJiang
	2	B	200808080002	¥100,000.00	BeiJing
	3	C	200808080003	¥100,000.00	ShangHai
	4	D	200808080004	¥100,000.00	JiXi
*	(自动编号)			¥0.00	

记录: 1 共有记录数: 4

图 7.12 存款 Saving 表中的记录信息

示例程序文件命名为 7.2.asp,其代码为:

```
1     < %
2     Set Conn = Server.CreateObject("ADODB.Connection")
3     Conn.Open "Provider = Microsoft.Jet.OLEDB.4.0;Data Source = " & Server.MapPath("bank.mdb")
4     response.write "原账户信息"
5     Call list()
6     conn.BeginTrans                    '事务开始
7     on error resume next               '忽略一切错误继续执行
8     strSql1 = "update saving set moneynum = moneynum - 10000 where username = 'A'"
9     strSql2 = "update saving set moneynum = moneynum + 10000 where username = 'B'"
10    call conn.execute(strSql1)
11    call conn.execute(strSql2)
12    if err.number = 0 then
13         conn.CommitTrans              '如果没有 conn 错误,则执行事务提交
14         response.write "转账成功! < br >"
15         response.write "新账户信息"
16         Call list()
17         response.end
18    else
19         conn.RollbackTrans            '否则回滚事务
20         strerr = err.Description      '错误信息描述
21         Response.Write "数据库错误! 错误日志: < font color = red >"&strerr &"< /font > < br >"
22         response.write "新账户信息"
23         Call list()
24         Response.End
25    end if
26    Sub list()                         '列账户金额清单子程序
27         Set rs = conn.execute("select *  from saving")
28         response.write "< table border = 1 > < tr > < td >用户名< /td > < td >金额< /td > < /tr >"
29         Do While Not rs.eof
30              response.write "< tr > < td >"&rs("username")&"< /td >"
31              response.write "< td >"&rs("moneynum")&"< /td > < /tr >"
32              rs.movenext
33         Loop
34         response.write "< /table > < br >"
35    End Sub
36    % >
```

程序说明:

以上程序简化了不必要的 HTML 部分,程序分为主程序和子程序,子程序主要用于显示数据库的金额变化。主程序主要完成事务处理(对两个用户的账号进行操作),操作有个先后顺序,把 A 用户金额减去后再把减去的金额加到 B 账户中,事务处理过程先进入到内存中,只有两个操作都正确后,也就是说第 12 行"err.number = 0"时,程序才提交事务处理,才对数据进

行修改。这样就保障数据操作的正确性。

以上代码是经调试过的,可以正常地进行事务处理。但是有时候,我们并不想将编译错误显示给用户。则我们需要在第 6 行"conn.BeginTrans"后面加上第 7 行"On error resume next"忽略所有错误继续执行。行后面的"单引号"后面的文字为注释说明内容。

运行结果如图 7.13 所示。

转账成功后,从图 7.13 中可以看出转账前后的金额对比,如果在程序中设置一个错误,把第 11 行的"call conn.execute(strSql2)"语句改成"call conn.execute(strSql3)",让转出金额后,存入金额所执行的 SQL 语句不存在,这时来看一下程序执行的结果,如图 7.14 所示。

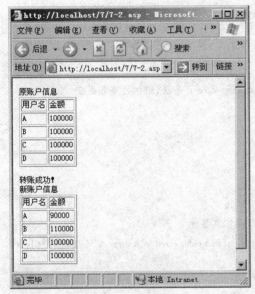
图 7.13 转账成功时运行效果

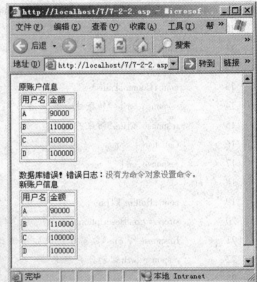
图 7.14 转账失败时运行效果

可以看出,转账失败后两个账户的金额都没有发生变化,因此可以说,设计的事务处理给数据操作程序运行的可靠性带来了保障。但以上程序的严密性还不够,利用 Execute 方法执行的 SQL 语句功能上还有欠缺,在学完 ADO 其他对象后,读者可以进一步完善它。

7.4.3 Connection 对象的属性

Connection 对象的属性用来控制高层的数据处理,包括如何与数据源提供者相连接,以及事务如何执行等,它包括许多默认值的设置,初学者可以不必设置而采用默认值,或直接跳过本小节的学习,常用的属性见表 7.5。

表 7.5 Connection 对象的常用属性

属性名	功 能 说 明
Attributes	设置或返回 Connection 对象控制事务处理的状况
CommandTimeOut	设置 Execute 方法的最长执行时间
ConnectionString	用来和数据源建立连接的字符串
ConnectionTimeOut	设置或返回 Open 执行的最长时间

续表 7.5

属性名	功　能　说　明
CursorLocation	设置或返回当前所使用的光标位置
DefaultDatabase	指明当前 Connection 对象缺省的数据
IsolationLevel	指定 Connection 对象的独立级别
Mode	指出 Connection 对象对数据库的操作权限
Provider	指出 Connection 对象的数据提供者的名称
State	返回 Connection 对象的当前连接状态,若为 0 则是关闭,1 则是打开的
Version	返回 ADO 的版本号
Properties	返回含有所有 property 对象的 properties 集合
Errors	该属性中包含所有的 Error 对象

下面介绍几个常用的 Connection 对象属性。

（1）Attributes 属性

Attributes 属性是在 ADO 的 5 个对象中共有的属性。对于 Connection 对象来说,Attributes 属性定义了它的事务处理方法,控制着事务失败或成功后 Connection 要向数据库写数据的方式。如果将它的值设为 131072 或者为 adXactCommitRetaining 的 ADODB 常量,然后当事务成功完成后,数据将被写入数据库,另一个事务将自动启动,这种方法称为保留提交。如果将它的值设为 2621144 或者 adXactAbortRetaining 的 ADODB 常量,则如果事务被取消,另一个事务将自动启动,这种行为称为保留取消。如果想达到两种效果,则可以将 Attributes 属性的值设为两者的和。

（2）CommandTimeout 属性

CommandTimeout 属性用来设置 Connection 对象的 Execute 方法最长执行时间,如果超时则操作终止并产生一个错误。该属性用来定义在连接量很大或者服务器很忙时如何操作。如果想让它没有时间限制,只需要将其设置为 0。该属性缺省值是 30 秒,可以将其设为任意值,如设置为 15 秒:

```
< %
set conn = server.createobject("ADODB.Connection")
conn.CommandTimeout = 15
% >
```

（3）ConnectionString 属性

它返回的是一个字符串,包括了创建数据连接时所用到的所有信息,既可以是系统的 DSN,也可以是连接数据源时的所有参数。例 7.2 中打开数据库可以用如下方式代替:

```
< %
Set Conn = Server.CreateObject("ADODB.Connection")
Conn.ConnectionString = "Provider = Microsoft.Jet.OLEDB.4.0;Data Source = " & _
& Server.MapPath("bank.mdb")
Conn.Open
% >
```

（4）ConnectionTimeout 属性

ConnectionTimeout 属性定义了建立连接时可以等待的最长时间，单位是秒，缺省值是 15 s。如果超过时间未完成连接的建立，将产生一个错误。当网络拥挤或者服务器负担过重时，有必要使用这个方法来丢弃一个 Connection 连接请求。如果将这个值设为 0，则将一直等到连接成功为止。这个连接请求一般是调用 Connection 对象的 Open 方法。下面命令设置超时时间为 30 s。

> < % conn.ConnectionTimeout = 30 % >

（5）DefaultDatabase 属性

Defaultdatabase 属性定义了 Connection 对象连接时的缺省数据库。如果缺省数据库在 ConnectionString属性或在 Defaultdatabase 属性中被定义，那么 SQL 语句就可以利用一个非限制的语法来对数据库中的对象进行访问，所以 SQL 语句不一定需要数据库名。如果不想对 DefaultDatabase 进行访问，那么限定的包含数据库名的 SQL 语句就是必要的。

（6）Mode 属性

Mode 属性可以指定 Connection 对象在打开数据库时对数据库的操作权限，其命令格式为：

Connection 对象变量名.mode = number

其中 number 的取值见表 7.6。

表 7.6　Mode 属性的值和含义

参　　数	值	说　　　　明
admodeunknown	0	缺省。当前的许可权还未设置或不能确定
admoderead	1	权限为只读
admodewrite	2	权限为只写
admodereadwrite	3	权限为读写
admodesharedenyread	4	阻止其他的 Connection 对象以读权限来开启连接
admodesharedenywrite	8	阻止其他的 Connection 对象以写权限来开启连接
admodeshareexclusive	12	阻止其他的 Connection 对象以读写权限开启连接
admodesharedeny	16	阻止其他的 Connection 对象以任何权限开启连接

7.5　Recordset 对象

Recordset 对象又称为记录集对象，通过 Recordset 对象可以对记录进行各种操作，如添加、删除、修改和查询等。因此，该对象是 ADO 对象中功能最强大、应用面最广、使用最多的对象。

7.5.1　Recordset 对象的基本操作

1. Recordset 对象的工作原理

（1）记录集

通过 Recordset 对象的 SQL 语句操作可以获得满足条件的所有的记录集合，这一组记录也称为记录集。这个记录集是存储在内存中的一张按记录行和字段列构成的虚拟二维表，也就是相当于在你的程序里,建立了一个虚拟的"数据工作表",来容纳这些查询出来的数据。

(2)记录指针

Recordset 对象是一个从数据库中取得的虚拟数据工作表,由一组记录组成的,但是针对具体数据一次也只能操作一笔记录。这就需要对所要操作的记录进行定位,而这笔记录就是记录指针(Cursor)所指向的记录,该记录也称为当前记录(Current Record)。图 7.15 所示为获取的记录集信息。通过调用 Recordset 对象的 MoveFirst 移至第一笔、MovePrevious 移至上一笔、MoveNext 移至下一笔、MoveLast 移至最后一笔,这四种方法,即可控制记录指针所指向的记录。

	BookID	Title	PDate	Price	Pages
记录指针 ⟹	A712	Office 2003 应用实战	2004-9-1	￥45.00	330
	A911	网站建设	2003-1-1	￥29.00	354
	P906	Visual C++入门进级	1999-3-1	￥65.00	325
	P912	精通视窗程序设计	1999-7-1	￥75.00	430
	A907	网页编程技术	2002-8-1	￥25.00	264
	A919	ASP开发答疑200问	2005-2-1	￥48.00	421
	Q002	Linux 操作系统实训教程	2008-1-1	￥59.00	450

图 7.15　记录指针

(3)记录集对象

记录集对象即 Recordset 对象是建立的操作记录的变量实例,通过这个对象来操作记录集信息。在前面的 Connection 对象中,利用 Execute 方法也可以获得一个记录集对象,但这个记录集的指针只能向前索引,并且是只读的。而通过 Recordset 对象可以使记录指针任意移动定位进行读取外,还可以对记录进行添加、删除、修改等操作,是对记录进行具体操作的实例化。

2. 记录集的建立及获取记录信息

(1)记录集的建立

对记录集信息的操作需要把 Recordset 对象实例化,即创建 Recordset 对象,然后通过该对象的实例进行数据操作,其语法格式为:

　　　Set 对象变量名 ＝ server.createobject("ADODB.Recordset")

对象变量命名最好能代表所建立的一个 Recordset 对象的含义,所以该对象变量命名可以命名为"rs",如下面的语句产生一个名为 rs 的记录集对象:

　　　＜％ Set rs ＝ server.createobject("ADODB.Recordset") ％＞

完成了 Recordset 对象的建立后,接着我们必须调用 Open 方法,才能打开一个记录集并设定使用指针,其语法格式为:

　　　Recordset 对象变量名.open 数据源, 数据链路, 指针类型, 锁定方式

其中:

◆ 数据源:是一字符串,代表所建立的记录集从数据库取得数据的方式,可以是数据库的表名或 SQL 语句,有关 SQL 语句参见第 6 章。

◆ 数据链路:已完成建立的 Connection 对象变量名。

◆ 指针类型及锁定方式:参见后面的 7.5.3 小节中的介绍。

如下面的示例语句中以只读方式且只能向前移动指针,不经过筛选将取得 book 表中的所

有信息到记录集中(conn 为建立的 Connection 对象变量名):

```
< %
Set rs = server.createobject("ADODB.Recordset")
rs.open "Select * from book",conn,1,1
% >
```

(2)取得记录集中的记录

取得记录集中的记录,就相当于在虚拟的二维数据工作表中取得某笔记录,所以必须先将记录指针移至该记录上,然后通过字段名(列)获取和记录指针(行)对应交叉的单元信息,利用下面的语法取得数据:

Recordset 对象变量名("字段名")

例如,从 rs 对象中取得目前指针所指向的记录中 author 字段值并输出,其代码为:

```
< % = rs("author") % >
```

3．Recordset 对象的操作步骤

在 ASP 文件对数据库操作中,为了保证基于 Web 下对数据库操作的数据安全性、操作并发性、多用户性等要求,使用 Recordset 对象对记录信息操作的基本过程是完整的,下面以 Access 数据库 bookDB.mdb 文件,以及该文件下的图书信息 book 表(图 6.5 所建立的表名、字段名及字段类型)为例,讲述利用 Recordset 对象操作数据库的整个过程。其操作步骤如下。

(1)创建 Connection 对象,打开数据源

任何针对数据库的操作都应先建立数据库的连接,即创建 Connection 对象,然后打开数据源,其示例代码为:

```
< %
Set conn = server.createobject("ADODB.Connection")
conn.open "Driver = {Microsoft Access Driver (*.mdb)};DBQ = "&server.mappath("bookDB.mdb")
% >
```

(2)创建 Recordset 对象

在建立了数据库连接后,就可以创建 Recordset 对象,其部分代码示例为:

```
< % Set rs = server.createobject("ADODB.Recordset") % >
```

(3)通过 Recordset 对象取得记录集

在 Recordset 对象建立完后,就可以利用 Recordset 对象的实例以及 Connection 对象实例指定的数据源获得由 SQL 语句筛选的记录集信息了,例如,以只读的方式获取 2008 年以前出版的所有书籍中的书名及出版时间的记录集信息,其部分代码示例为:

```
< % rs.open "Select title, pdate from book where pdate < # 2008 - 1 - 1 #",conn,1,1 % >
```

(4)处理记录集中的记录

根据以上所建立的记录集对象的实例变量"rs",以及所取得的记录集信息,就可以利用 Recordset 对象的属性及方法进行处理记录集信息了。如以上所筛选的记录集信息全部输入到网页中显示,其部分代码示例为:

```
< %
response.write "< table >"
response.write "< tr > < td > 书名 </td > < td > 出版日期 </td > </tr >"
do while (not rs.eof)
```

```
response.write "<tr><td>"&rs("title")&"</td><td>"&rs("pdate")&"</td></tr>"
    rs.movenext
loop
response.write "</table>"
%>
```

上述程序代码中是采用 HTML 的表格标识来设定显示输出的虚拟表的,利用循环语句 do while...loop 从记录集的指针默认位置开始逐行移动指针,同时输出每条记录对应的字段信息。

(5)关闭 Recordset 对象

上述操作完成后,应该关闭 Recordset 对象,并从 Web 服务器中清除该对象,其代码示例为:

```
<%
rs.close
set rs = nothing
%>
```

(6)关闭与数据库的连接

最后同样要关闭与数据库建立的连接,其代码示例为:

```
<%
conn.close
set conn = nothing
%>
```

以上详细说明了利用 Recordset 对象操作数据库的整个过程,完成的是一个利用 SQL 语句筛选后得到的记录集信息,并把该信息全部输出到网页中显示。

7.5.2 Recordset 对象的属性及方法

1. Recordset 对象的属性

通过 Recordset 对象的属性的读取和设置,可以得到当前记录集的特征。Recordset 对象的属性见表 7.7。

表 7.7 Recordset 对象的属性

属性名	功 能 说 明
AbsolutePage	分页显示时设置或返回当前记录所在的绝对页号
AbsolutePosition	设置或返回当前记录在记录集中的所在的行数位置
ActiveConnection	Connection 对象名或包含数据库连接信息的字符串
ActiveCommand	返回与 Recordset 对象相关的 Command 对象的一个引用
BOF	若记录指针位于第一条记录之前,则为 True,否则为 False,默认值为 True
EOF	若记录指针位于最后一条记录之后,为 True,否则为 False,默认值为 True
CacheSize	用于设置或返回位于缓冲区中记录的数目,默认值为 1
CursorType	Recordset 对象记录集中的指针类型,详见表 7.9

续表 7.7

属性名	功 能 说 明
CursorLocation	控制数据的指针处理方式：1—无光标服务；2—在服务器端处理；3—在客户端处理
EditMode	指出当前记录集的编辑状态：0—没有编辑操作；1—已被更改但未保存；2—当前缓冲区内数据是用 AddNew 方法写入的新记录，但尚未保存；3—当前记录已被删除
Filter	用于设置或返回 Recordset 对象中的数据过滤器：0—显示所有数据；1—只显示没有被修改的数据；2—只显示最近修改的数据；3—只显示暂存客户端缓存中的数据
LockType	设置记录集所用的锁定类型，详见表 7.10
MaxRecords	确定一次所能返回的最大记录数，默认值为 0，表示返回全部请求的记录。
PageSize	分页显示时指定一页中包含的记录数
PageCount	分页显示时获得记录集所包含的页数，由 PageSize 定义后所决定的
RecordCount	获得记录集所包含的记录总数
Source	指出 Recordset 对象的数据源，可以是 SQL 语句、表名或存储过程等
State	指明当前记录集对象是打开的还是关闭的：0—默认，表示已关闭；1—表示已打开；2—表示正在连接；3—表示正在执行命令；4—正在读取数据
Status	指出当前记录的状态：0—表示成功地更新记录；1—表示记录是新建的；2—表示记录被修改；4—表示记录被删除；8—表示记录没有被修改

2．Recordset 对象的方法

通过 Recordset 对象的方法运用，可以针对记录集数据进行操作，如指针的移动、记录集的打开关闭、记录集数据信息的修改及储存到数据库中等操作。Recordset 对象的方法见表 7.8。

表 7.8　Recordset 对象的方法

方 法 名	功 能 说 明
Open	打开一个记录集
Close	关闭当前的 Recordset 对象
Clone	从已有的 Recordset 对象创建其副本
Requery	关闭原有的记录集，再重新打开该记录集，即刷新记录集
Save	将当前 Recordset 对象中的记录信息存入一个文件中
Addnew	添加一条新的记录
Update	更新数据库数据
Delete	删除当前记录
CancelUpdate	在更新前取消对当前的所有更改
Move	将记录指针移到指定的位置
MoveFirst	将当前记录指针移动到第一条记录位置上
MoveNext	将当前记录指针向后移动到下一条记录位置上

续表 7.8

方 法 名	功 能 说 明
MovePrevious	将当前记录指针向前移动到上一条记录位置上
MoveLast	将当前记录指针移动到最后一条记录位置上
Find	在记录集中查找满足指定条件的记录
Supports	判定 Recordset 对象是否支持指定的功能
NextRecordset	清除当前 Recordset 对象,返回下一个记录集
UpdateBatch	将缓冲区内批量修改结果保存到数据库中
CancelBatch	取消批量更新
GetRows	从记录集中取得多行数据并返回给一个二维数组
Resync	与数据库服务器同步更新

以上列出了 Recordset 对象的属性及方法列表,有些属性及方法可以通过其他方式获取或执行,也有些属性和方法不常用,用户不必逐个进行研究,而常用的方法及属性在以后的内容中再详细介绍。

7.5.3 记录集的指针类型及锁定方式

在成千上万或更多条记录中,如何快速获取多用户不同条件的筛选所得到的不同记录集,且要满足对记录信息的并发读取和存储到数据库中,即读写关系,来保证数据信息的一致性、完整性和安全性。这就要求程序设计者优化程序设计,根据需求合理使用指针类型和锁定方式的参数。

1. 指针类型

指针类型(CursorType)代表不同的数据获取方法,它是 Recordset 对象的 CursorType 属性,可在打开记录时,用 Open 方法中指定 Recordset 对象所用的指针类型,其取值参数及应用说明见表 7.9。

表 7.9 指针类型常量取值及其说明

类型	常量	值	说　　　明
向前指针	AdOpenForwardOnly	0	只能向前浏览记录,为默认值。对简单的浏览可提高性能,但很多属性和方法(如 BookMark、RecordCount、AbsolutePage、AbsolutePosition 等)不能使用
索引指针	AdOpenKeySet	1	在记录集中可以向前或向后移动指针,其他用户对记录所做的修改后(除了添加新数据)将反映到记录集中,支持全功能的浏览,可以使用 RecordCount、AbsolutePage 等属性
动态指针	AdOpenDynamic	2	动态指针功能最强,但消耗资源也最多。使用动态指针时,其他用户对记录所做的增加、删除或修改的记录都会反映到记录集中,支持全功能的浏览
静态指针	AdOpenStatic	3	静态游标只是数据的一个快照,其他用户对记录所做的增加、删除或修改的记录都无法反映到记录集中。静态指针支持向前或向后移动

一旦打开 Recordset 对象,就不能改变 CursorType 属性。但是关闭 Recordset 对象后再重新打开 Recordset 对象,那么就可以有效地改变它的类型。

2.锁定方式

锁定类型(LockType)是针对数据库操作中并发事件的发生而提出的系统安全控制方式,它还决定了记录集是否能更新,以及记录集的更新是否能批量地进行。打开记录集时,用 Open 方法中指定 Recordset 对象所用的指针类型及锁定方式,其取值参数及应用说明见表 7.10。

表 7.10 锁定方式常量取值及其说明

类 型	常 量	值	说 明
只 读	adLockReadOnly	1	以只读方式打开记录集时,不能改变任何数据,只读方式是默认的锁定方法
保守锁定	adLockPessimistic	2	只能同时被一个用户修改,当编辑时立即锁定记录,这是最安全的锁定方法
开放锁定	adLockOptimistic	3	可以同时被多个用户修改,当使用者在调用 Update 方法更新记录时才锁定记录,而在此之前其他操作者仍可对当前记录进行增加、删除或修改等操作
开放批处理	adLockBatchOptimistic	4	编辑时不锁定,增加、删除时在批处理方式下完成

指针类型及锁定方式是在 Recordset 对象调用 Open 方法打开记录集时应用到的,设计者根据用户处理数据要求,合理使用对指针类型及锁定方式常量,使数据操作更安全,执行速度更快,并发操作性能更好。一般情况下,浏览数据时,指针类型及锁定方式为"1,1";编辑数据时,根据单用户还是多用户,指针类型及锁定方式可采用为"3,2"或"3,3"。

7.5.4 Recordset 对象的数据浏览

1.全浏览

想要取得记录集中所有记录时,必须配合 Recordset 对象所提供的方法移动记录指针,再一笔一笔地将数据从记录集中读出。

在移动记录指针的同时,我们必须运用 Recordset 对象的属性判断记录指针是否超出了范围,若超出了范围必须停止数据的读取,否则将会出错。当记录指针移动至第一笔记录之前时,Recordset 对象的 BOF 属性将被设为 true,反之为 false。指针移动至最后一笔记录之后时,Recordset 对象的 EOF 属性将被设为 true,反之为 false。因此,在读取记录时,便以这两个属性作为停止移动记录指针的判断依据。

指针移动操作方法通过调用 Recordset 对象的 MoveFirst 移至第一笔、MovePrevious 移至上一笔、MoveNext 移至下一笔、MoveLast 移至最后一笔,这四种方法,即可控制记录指针所指向的记录。其示意图如图 7.16 所示。

由于 Recordset 对象被打开时,记录指针通常指向第一笔记录,因此,最常见也是最标准的数据读取方法将利用 Do While...Loop 循环,配合上 Recordset 对象的指针移至下一笔 MoveNext 方法与 EOF 属性,从记录集的第一笔记录开始,向前一笔一笔取出记录。其示例代码为:

图 7.16　记录集中的记录指针移动示意图

```
< %
do while（not rs.eof）
    ……'循环体输出部分
    rs.movenext
loop
% >
```

【例 7.3】　现以 Access 数据库 bookDB.mdb 文件,以及该文件下的图书信息 book 表（如图 6.5 所建立的表名、字段名及字段类型）为例,进行 2008 年以前出版的所有书籍（显示的字段信息为书名及出版日期的数据）进行筛选,所得到的记录集信息全浏览,其完整的示例代码为:

```
1      < %
2      Set conn = server.createobject("ADODB.Connection")
3      fileinfo = server.mappath("bookDB.mdb")
4      conn.open "Driver = {Microsoft Access Driver（ * .mdb）};DBQ = " & fileinfo
5      Set rs = server.createobject("ADODB.Recordset")
6      rs.open "Select title,pdate from book where pdate < #2008 - 1 - 1#",conn,1,1
7      response.write "< table border = '1' >"
8      response.write "< tr > < td > 书名 </td > < td > 出版日期 </td > </tr >"
9      do while（not rs.eof）
10     response.write "< tr > < td >"& rs("title") &"</td > < td >"&rs("pdate")&"</td > </tr >"
11     rs.movenext
12     loop
13     response.write "</table >"
14     rs.close
15     set rs = nothing
16     conn.close
17     set conn = nothing
18     % >
```

其运行结果如图 7.17 所示。

2．查询

数据的查询是用户在表单中填写关键字,然后提交后得到用户所需要的信息,这是基于 Web 方式应用最常用的操作方式之一。

图 7.17　全部显示记录集信息

【例 7.4】　图 7.18 所示的界面为选择条件的信息检索界面的初始状态,在图中如果没有输入任何关键字进行搜索,则界面没有变化,如果在关键字中输入"王"字,在条件的下拉菜单中选择"作者姓名",然后搜索会出现图 7.19 所示的检索结果,如果输入的关键字没有检索到信息,则出现如图 7.20 所示的界面,完成以上功能的数据库表条件为"例 7.3"中的要求。

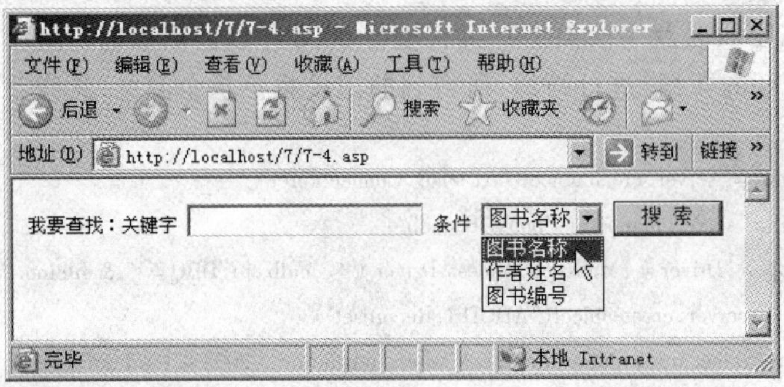

图 7.18　查询程序运行的初始界面

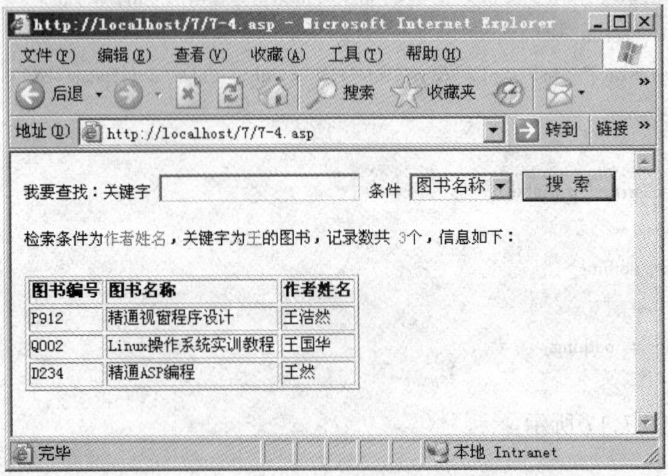

图 7.19　查询程序运行检索后得到的结果信息界面

图 7.20　查询程序运行检索后没有得到结果的信息界面

程序中的文件命名为 7.4.asp,示例程序代码为:

```
1      < %
2      Set conn = server.createobject("ADODB.Connection")
3      fileinfo = server.mappath( "bookDB.mdb")
4      conn.open "Driver = {Microsoft Access Driver ( * .mdb)};DBQ = " & fileinfo
5      if request("keyword") < >"" and request("select") < >"" then
6          sql = "select  *  from book where "&request("select")&" like ' % "&request("keyword")&" % '"
7      else
8          sql = "select  *  from book"
9      end if
10     set rs = server.createobject("adodb.recordset")
11     rs.open sql,conn,1,1
12     % >
13     < form method = "POST" action = "7.4.asp" >
14         我要查找:关键字 < input type = "text" name = "keyword" > 条件  < select name = "select" >
15         < option selected value = "title" >图书名称 < /option >
16         < option value = "author" >作者姓名 < /option >
17         < option value = "bookid" >图书编号 < /option >
18         < /select >  < input type = "submit" value = " 搜 索 " >
19     < /form >
20     < %
21     if trim(request("keyword")) < >"" Then
22     response.write "检索条件为 < font color = ' # FF0000' >"
23     select case request("select")
24     case "title"
25         xuanzhe = "图书名称"
26     case "author"
27         xuanzhe = "作者姓名"
28     case "bookid"
29         xuanzhe = "图书编号"
30     end select
```

```
31    response.write xuanzhe
32    response.write "</font>,关键字为<font color='#FF0000'>"&request("keyword")&"</font>"
33    response.write "的图书,记录数共 <font color='#FF0000'>"&rs.recordcount&"</font>"
34    response.write "个,信息如下:<p>"
35    if rs.eof and rs.bof Then
36        response.write "当前还没有你要查找的书籍!"
37        response.end
38    end if
39    response.write "<table border='1'>"
40    response.write "<tr><td><b>图书编号</b></td><td><b>图书名称</b></td>"
41    response.write "<td><b>作者姓名</b></td></tr>"
42    do while not rs.eof
43        response.write "<tr><td>"&rs("bookid")&"</td><td>"&rs("title")&"</td>"
44        response.write "<td>"&rs("author")&"</td></tr>"
45        rs.movenext
46    loop
47    response.write "</table>"
48    end If
49    %>
```

上述代码第 13～20 行是为搜索提交表单,action 动作为提交给本程序,表单中有两个需要提交信息的表单域,它们分别为"keyword"和"select",如果提交信息不为空,则由第 6 行的 SQL 语句接收。如果提交后的信息和 SQL 语句对应的字段类型都为"文本类型",则和 SQL 语句结合要求在"request("keyword")"前后都必须加上连字符"&"并且用单引号引上已和 SQL 的双引号区别,则获取表单信息和 SQL 结合部分就应写成"'%"&request("keyword")&"%'",其中"%"为模糊检索的未知字符串。

第 23～31 行为选择检索条件的提交值和第 6 行中的 SQL 语句中的字段名相符,并且在输出检索条件时把它转化为对应的中文。

第 35～38 行,为执行的 SQL 语句的记录集指针无论向前还是向后移到结尾都为默认值的 true 时,说明没有检索到满足条件的记录,则输出提示说明,并且程序到此结束。

第 21 行为输入的关键字不为空时显示第 21～48 行之间的信息,否则该段信息就没有被执行,trim()函数为过滤掉空格信息。

3. 分页浏览

(1)分页显示要求

在一个数据库里,往往会有成千上万条记录,如果一次性地把所有记录都显示出来,那么这个页面就会很大,用户读起来会感到有些吃力,另外,程序记录一笔一笔输出进行上万次循环会大量消耗 Web 服务器资源,所以在浏览数据时采取分页显示是十分必要的。

利用 Recordset 对象进行分页显示,并不是真的将记录集中的记录分成好几份,而仅是逻辑上将记录集分页,然后提供一些属性可以快速地将记录指针指向某一分页或者取得分页后的总页数。换言之,记录集本身并不会因为分页而有所不同,所以将记录集分页后,取出记录的方式与未分页时相同。

采用分页显示时,要求所打开的记录集不可以使用动态指针和向前记录指针,即指针类型只能用 1 或 3,而锁定方式一般用 1,因而指针类型和锁定方式一般采用"1,1"或"3,1"参数使用。

（2）Recordset 对象的分页属性介绍

为了方便程序设计师进行数据分页显示的工作,Recordset 对象提供了 PageSize、PageCount 和 AbsolutePage 等 3 个分页属性,可用于设计分页方式显示数据的网页。

① 得到记录总数。RecordCount 属性用于返回记录集中的记录总数,它是只读属性,其命令格式为:

Recordset 对象变量.RecordCount

输出到网页的示例代码为:

< % = rs.RecordCount % >

② 设定每页显示记录笔数。属性用于设定或返回记录集中每页所包含记录的数量,即数据分页显示时每一页的记录数,默认值为 10,其命令格式为:

Recordset 对象变量.PageSize = 笔数

例如,设定每页显示 5 条记录并输出到网页,其部分示例代码为:

```
< %
rs.PageSize = 5
integer = rs.PageSize
response.write integer
% >
```

③ 总页数的取得。在设定每页显示的记录笔数后,就可以得到总页数,它是返回的一个长整型的数,由 PageCount 属性实现,其命令格式为:

Recordset 对象变量.PageCount

在程序中,得到总页数是在设定 PageSize 值后使用 PageCount 返回一个数,一般把它临时存在一个变量中供以后调用,其部分示例代码为:

```
< %
rs.PageSize = 10
pagenum = rs.PageCount
response.write "总页数为" & pagenum
% >
```

④ 设定记录指针指向的具体页数。AbsolutePage 属于用于设定或返回当前记录所在的绝对页号,即当前记录指针是位于哪一页中,指定在某个具体页中或得到在某个具体页中,其命令格式为:

Recordset 对象变量.AbsolutePage = num

num = Recordset 对象变量.AbsolutePage

其中,前一个 num 为一个长整数,并小于总页数的一个有效页码,后一个 num 为变量名。例如,把记录指针直接指向第 3 页的第一个记录上,其部分示例代码为:

```
< % rs.AbsolutePage = 3 % >
```

（3）分页显示的关键技术

分页显示的方式很多,但实现的技术差别不大,下面以图 7.21 所示的分页显示样式阐述它实现的几个关键技术。

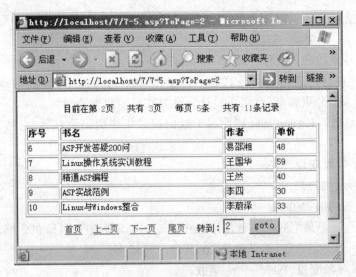

图 7.21 分页显示样式

① 输出某页中的记录。当我们欲输出记录集中某一页的记录时,通常会使用 For 循环,而循环变量的范围则从 1 到 PageSize 属性(每一分页中的记录笔数)。但是每次循环执行时,还必须利用 if 判断语句查看 EOF 属性是否为 true,因为当读取最后一页的记录时,存在于该页的记录笔数可能不满一页,所以必须在每次执行 For 循环时,查看记录指针是否已经指向最后一笔记录之后,以便适时中断循环的执行,避免造成错误。下面是将输出 rs 对象所打开记录集中第 2 页的记录部分关键代码:

```
< %
  ⋮
rs.absolutepage = 2
for i = 1 to rs.pagesize
    if rs.eof then
        exit for
    end if
    ⋮ '页内循环输出部分
    rs.movenext
next
% >
```

以上代码反映在分页程序中"例 7.5"中的第 29～36 行。

② 取得输出的绝对页号。在图 7.21 中,取得具体的输出绝对页号有两种方式,一是通过上下页获得,二是通过表单直接填写要浏览的页号,按"Goto"按钮获得。

假设取得的具体输出页号我们赋值给一个变量 topage,则有如下判断分析步骤:

◆ 如果 topage > = 总页数(rs.pagecount),则

rs.absolutepage = rs.pagecount

◆ 如果 topage < = 0,则

rs.absolutepage = 1

◆ 经过以上两个判断后,都不在以上两个判断范围内,则

rs. absolutepage = topage

◆ 表单部分的填写直接到达的页号文本域 name 名称也为 topage,则得到表单提交的输出页为(cint()函数是将获得的页号转换成数字型):

topage = cint(request("topage"))

经以上分析,获得当前的具体输出的分页号的程序代码为"例 7.5"中的 7.16 行,表单部分在 48 ~ 51 行中。

③ 上下页的链接。通过上下页的链接就是获取到具体的绝对页号,仍然同变量 topage 表示,分析如下:

◆ 绝对页号

首页:topage = 1

下一页:topage = rs. absolutepage + 1

上一页:topage = rs. absolutepage - 1

尾页:topage = rs. pagecount

◆ 通过上下页链接获取绝对页号,即通过链接携带的变量值接收获取,示例代码为:

< A Href = pages. asp? toPage = < % = rs. absolutepage - 1% > >上一页</A>

其中"pages. asp"为文件本身的文件名,通过链接中变量 topage 携带具体的绝对页号,在程序中的"topage = cint(request("topage"))"获得。

◆ 判断是否是"首页",如果不是则"首页"以及"上一页"将有链接,否则无;同样再判断是否是"尾页"。反映在程序中的第 40 行和 41 行。

(4)分页显示的示例

【例 7.5】 图 7.21 演示的分页程序,数据库表条件为"例 7.3"中的要求,其代码(每行前的数字为行号,不是代码)为:

```
1      < %
2      Set cn = Server. CreateObject("ADODB. Connection")
3      cn. Open "Provider = Microsoft. Jet. OLEDB. 4.0; Data Source = " & Server. MapPath("bookdb. mdb")
4      Set rs = Server. CreateObject ("ADODB. Recordset")
5      rs. Open " Select * FROM book ", cn,3,1
6      rs. PageSize = 5
7      if (Request("ToPage") < >"") then
8          ToPage = CInt(Request("ToPage"))
9          if ToPage > rs. PageCount then
10             rs. AbsolutePage = rs. PageCount
11         elseif ToPage < = 0 then
12             rs. AbsolutePage = 1
13         else
14             rs. AbsolutePage = ToPage
15         end if
16     End if
17     intCurPage = rs. AbsolutePage
18     % >
19     < div align = "center" >
```

```
20    目前在第 < font color = " # FF0000" >
21    < % = intCurPage% > < /font > 页    共有 < font color = " # FF0000" >
22    < % = rs.PageCount % > < /FONT > 页    每页 < font color = " # FF0000" >
23    < % = rs.PageSize % > < /FONT > 条    共有 < font color = " # FF0000" >
24    < % = rs.recordCount % > < /FONT > 条记录
25    < br > < br >
26    < table width = "409" border = "1" >
27        < tr > < td width = "41" > < b > 序号 < /b > < /td > < td width = "222" > < b > 书名 < /b >
      < /td >
28        < td width = "64" > < b > 作者 < /b > < /td > < td width = "54" > < b > 单价 < /b > < /td >
      < /tr >
29        < % For i = 1 to rs.PageSize
30            if rs.EOF then
31                Exit For
32            end if % >
33            < tr > < td > < % = rs.absoluteposition% > < /td > < td > < % = rs("title") % > < /td >
34            < td > < % = rs("author") % > < /td > < td > < % = rs("price") % > < /td > < /tr >
35            < % rs.movenext % >
36        < % Next % >
37    < /table >
38    < table >
39        < tr valign = baseline align = center >
40        < % if intCurPage < > 1 Then % >
41            < TD > < A Href = 7.5.asp? ToPage = < % = 1% > > 首页 < /A >   
      < /TD >
42            < TD > < A Href = 7.5.asp? ToPage = < % = intCurPage - 1% > > 上一页 < /A >
         < /TD >
43        < % end If % >
44        < % if intCurPage < > rs.PageCount Then % >
45            < TD > < A Href = 7.5.asp? ToPage = < % = intCurPage + 1% > > 下一页 < /A >
         < /TD >
46            < TD > < A Href = 7.5.asp? ToPage = < % = rs.PageCount% > > 尾页 < /A >  
        < /TD >
47        < % end If % > < TD >
48        < FORM action = 7.5.asp method = POST > 转到:
49            < INPUT type = "text" name = ToPage style = "WIDTH: 30px" value = < % = intCurPage% > >
50            < INPUT type = "submit" value = "goto" >
51        < /FORM > < /TD > < /TR >
52    < /table > < /div >
53    < %
54    rs.Close
55    Set rs = Nothing
56    cn.Close
```

```
57      Set  cn  =  Nothing
58      % >
```

7.5.5　Recordset 对象的数据修编

数据的修编就是对数据库表中的数据进行添加、删除及修改操作,这样要求利用 Recordset 对象 open 方法打开数据源时锁定方式就不能为 1,即不能以只读方式打开。

1. 记录的添加

添加一条记录有两种方法,一种是利用 SQL 的 Insert into 语句,如"例 7.1"所示利用 Connection 的 Execute 方法添加一条记录;另一种是用 Recordset 对象的 Addnew 与 update 方法。

利用 Recordset 对象的 Addnew 与 update 方法添加一条记录的格式语法是:

> **rs.addnew**
>
>> rs("字段名 1") = 值 1
>>
>> rs("字段名 2") = 值 2
>>
>> ⋮
>
> **rs.update**

语法的过程原理是:

① 调用 Recordset 对象的 AddNew 方法,在记录集中新增一笔空白的记录。

② 将欲新增的数据填入字段中。

③ 调用 Recordset 对象的 Update 方法将记录新增至数据表中。

上述步骤中,当调用了 AddNew 方法后,将在记录集中新增一笔空白记录,并将记录指针指向该记录,此时您便可将数据填入该笔记录,再调用 Update 将填入的数据更新至空白记录中。若您在完成新数据的填入后并未调用 Update 方法,则这一笔新增的记录将会被放弃。完成记录的新增后,记录指针将指向新增的记录。

【例 7.6】　针对"例 7.3"所要求的图书信息数据表,设计并利用表单填写数据,然后提交把新输入的数据添加到数据表中。

<u>功能分析</u>　完成以上功能首先是设计一个用户填写数据的表单,我们这里命名为 7.6. htm,如图 7.22 所示,填写数据后提交的 action 动作给 7.6.asp 文件处理,进行写入信息到数据表中并提示给用户数据添加成功。

7.6.htm 代码为:

```
1       < p align = "center" > 添加一条新记录 < /p >
2       < div align = "center" >
3           < form method = "POST" action = "7.6.asp" >
4               < table border = "0" width = "400" cellspacing = "1" >
5                   < tr > < td align = "right" > 图书编号: < /td >
6                       < td align = "left" > < input type = "text" name = "booknum" > < /td > < /tr >
7                   < tr > < td align = "right" > 图书名称: < /td >
8                       < td align = "left" > < input type = "text" name = "bookname" size = "40" > < /td > < /tr >
9                   < tr > < td align = "right" > 作者姓名: < /td >
10                      < td align = "left" > < input type = "text" name = "bookauthor" > < /td > < /tr >
11                  < tr > < td align = "right" > 出版日期: < /td >
```

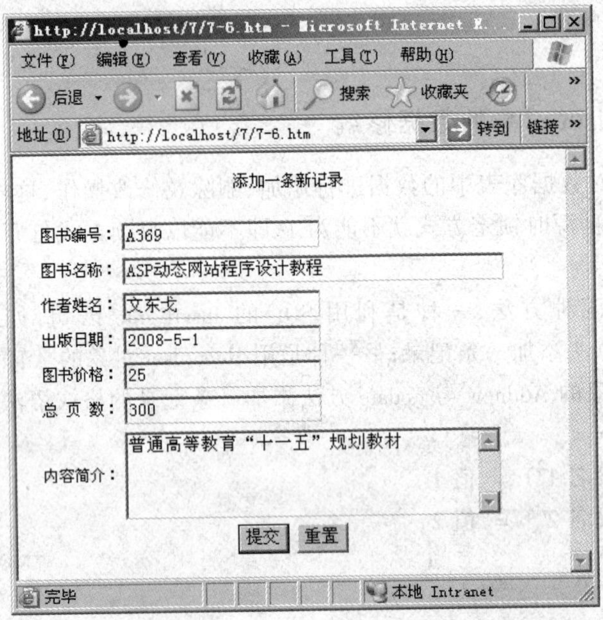

图 7.22 添加一条记录演示界面

```
12              < td align = "left" > < input type = "text" name = "bookdate" > < /td > < /tr >
13      < tr > < td align = "right" > 图书价格: < /td >
14              < td align = "left" > < input type = "text" name = "bookprice" > < /td > < /tr >
15      < tr > < td align = "right" > 总 页 数: < /td >
16              < td align = "left" > < input type = "text" name = "bookpages" > < /td > < /tr >
17      < tr > < td align = "right" > 内容简介: < /td >
18              < td align = "left" > < textarea rows = "4" name = "content" cols = "38" > < /textarea >
19              < /td > < /tr >
20      < tr > < td align = "center" colspan = "2" > < input type = "submit" value = "提交" >
21              < input type = "reset" value = "重置" > < /td > < /tr >
22      < /table >
23      < /form >
24    < /div >
```

7.6.asp 代码为:

```
1     < %
2     set cn = Server.CreateObject("ADODB.Connection")
3     cn.Open "Provider = Microsoft.Jet.OLEDB.4.0;Data Source = " & Server.MapPath("bookdb.mdb")
4     If IsNumeric(Request("bookprice")) And IsDate(Request("bookdate")) then
5         set rs = Server.CreateObject ("ADODB.Recordset")
6         rs.Open " Select * from book ", cn,3,3
7         rs.Addnew
8             rs("bookid") = request("booknum")
9             rs("title") = Request("bookname")
10            rs("author") = Request("bookauthor")
11            rs("pdate") = Request("bookdate")
```

```
12                    rs("price") = Request("bookprice")
13                    rs("pages") = Request("bookpages")
14                    rs("bookmemo") = Request("content")
15            rs.Update
16            response.write "添加成功!"
17            response.write "<a href = '7.6.htm'>再添加图书信息!</a>"
18            rs.Close
19            set rs = Nothing
20            cn.Close
21            set cn = Nothing
22      Else
23            response.write "输入的价格、出版日期有错,请重新输入"
24      End if
25      %>
```

2. 记录的删除

同样记录的删除时,也有两种方式,一种是利用 Connection 对象的 Execute 方法执行 SQL 的 Delete 语句;另一种是用 Recordset 对象的 delete 方法,但是不建议使用 Recordset 对象的 Open 方法执行 SQL 的 Delete 语句,容易出错,因为此种方法是打开数据源或指针定位操作。

删除记录时,必须先将记录指针指向欲删除的某具体记录,以下以图书信息表 book 为例,删除记录的方法为:

① 用 Connection 对象的 Execute 方法执行 SQL 的 Delete 语句,其示例代码为:

```
<%
Set cn = Server.CreateObject("ADODB.Connection")
cn.Open "Provider = Microsoft.Jet.OLEDB.4.0;Data Source =" & Server.MapPath("bookdb.mdb")
conn.execute "delete * from book where bookid = 'A911'"
%>
```

② 用 Recordset 对象的 delete 方法,其示例代码为:

```
<%
Set cn = Server.CreateObject("ADODB.Connection")
cn.Open "Provider = Microsoft.Jet.OLEDB.4.0;Data Source =" & Server.MapPath("bookdb.mdb")
Set rs = Server.CreateObject ("ADODB.Recordset")
rs.Open "Select * from book where bookid = 'A911'", cn,3,3
rs.delete
%>
```

【例 7.7】 记录删除例子,如图 7.23 所示,在记录列表中,鼠标点击某条记录后的"删除"连接,则该记录即刻删除。

功能分析　删除记录可以用两个文件完成,第一个为显示文件命名为"7.7.asp",是显示记录列表并指定删除的记录,如下列程序文件"7.7.asp"中第 17 行,利用"删除"链接到第二个删除文件命名为"7.7.del.asp",并通过 id 变量携带该记录的索引 id 号;另一个为删除文件命名为"7.7.del.asp",在第 5 行中通过"request("id")"接收第一个文件传递欲删除记录的指针定位,Cint()函数是将接收的 id 变量值转换成数值型,然后执行 SQL 语句删除指定的记录。最后

再通过第 8 行的"response.redirect "7.7.asp""语句跳转回第一个文件。所以在图 7.23 中点击某条记录后的"删除"链接,该文件如图"刷新"一样即刻删除了点击的记录文件。

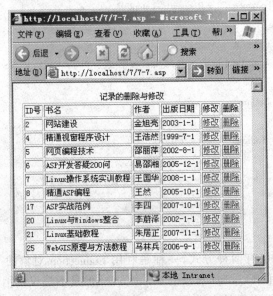

图 7.23 删除记录演示界面

7.7.asp 代码为:

```
1       < %
2       Set conn = server.createobject("ADODB.Connection")
3       fileinfo = server.mappath( "bookDB.mdb")
4       conn.open "Driver = {Microsoft Access Driver ( * .mdb)}; DBQ = " & fileinfo
5       Set rs = server.createobject("ADODB.Recordset")
6       rs.open "Select id, title, author, pdate from book", conn, 1, 1
7       % >
8       < div align = "center" > 记录的删除与修改 < br >
9       < table border = "1" >
10          < tr > < td > ID 号 </td > < td > 书名 </td > < td > 作者 </td >
11              < td > 出版日期 </td > < td > 修改 </td > < td > 删除 </td >
12          < /tr >
13      < % do while (not rs.eof) % >
14          < tr > < td > < % = rs("id") % > </td > < td > < % = rs("title") % > </td >
15              < td > < % = rs("author") % > </td > < td > < % = rs("pdate") % > </td >
16              < td > < a href = "7.8.asp? id = < % = rs("id")% >" > 修改 </a > </td >
17              < td > < a href = "7.7.del.asp? id = < % = rs("id")% >" > 删除 </a > </td >
18          < /tr >
19          < % rs.movenext % >
20          < % loop % >
21      < /table > < /div >
22      < %
23      rs.close
```

```
24      set rs = nothing
25      conn.close
26      set conn = nothing
27      %>
```

7.7.del.asp 代码为：

```
1       <%
2       Set conn = server.createobject("ADODB.Connection")
3       fileinfo = server.mappath("bookDB.mdb")
4       conn.open "Driver={Microsoft Access Driver (*.mdb)};DBQ=" & fileinfo
5       cn.execute "delete * from book where id=" & CInt(request("id"))
6       cn.close
7       Set cn = Nothing
8       response.redirect "7.7.asp"
9       %>
```

3．记录的修改

更新一条记录是记录指针定位到所要更新的记录,然后执行下列的语法格式:

rs("字段名 1") = 值 1

rs("字段名 2") = 值 2

$\vdots$

rs.update

与添加一条记录不同的是记录的修改没有 Addnew 语句;但更新一条记录的执行过程和添加一条记录也有很大不同,首先要指定所要修改的记录进行记录指针定位,然后再把所要修改的记录在表单中读出,最后再把修改好的记录提交替换原来的记录。

【例 7.8】　记录修改例子。在图 7.23 中,用鼠标点击记录列表中某条记录后的"修改"连接后,出现一个表单,如图 7.24 所示,表单内显示该记录的信息,用户修改后按"提交"按钮,则更新了该记录。

功能分析　完成以上修改功能,可以设计 3 个文件来完成。

第一个为显示文件,命名为"7.7.asp",即和"例 7.7"中的"7.7.asp"文件为同一文件。

第二个为修改界面文件,命名为"7.8.asp",显示的是"7.7.asp 文件"中,用鼠标点击记录列表中某条记录后的"修改"链接后,出现该记录修改信息的表单界面,如图 7.24 所示的界面。

第三个为更新数据表文件,命名为"7.8 - update.asp",是"7.8.asp"文件中表单 Action 动作的接收者文件,即把修改记录的表单提交后更新该记录到数据表中。

7.7.asp 代码同上"例 7.7"中的"7.7.asp"相同。

7.8.asp 代码为：

```
1       <%
2       Set conn = server.createobject("ADODB.Connection")
3       fileinfo = server.mappath("bookDB.mdb")
4       conn.open "Driver={Microsoft Access Driver (*.mdb)};DBQ=" & fileinfo
5       Set rs = server.createobject("ADODB.Recordset")
6       rs.open "select * from book where id=" & CInt(request("id")),conn,1,1
7       %>
```

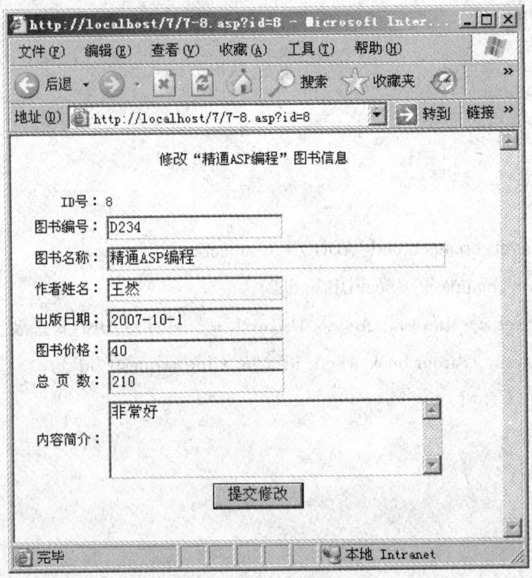

图 7.24　修改记录演示界面

8　　< p align = ″center″ > 修改"< % = rs("title") % >"图书信息 < /p >

9　　< div align = ″center″ > < form method = ″POST″ action = ″7.8 – update.asp″ >

10　　< table border = ″0″ width = ″400″ cellspacing = ″1″ >

11　　　< tr > < td align = ″right″ > ID 号：< /td > < td align = ″left″ > < % = rs("id") % >

12　　　　< input type = ″hidden″ name = ″id″ value = < % = rs("id") % > > < /td > < /tr >

13　　　< tr > < td align = ″right″ > 图书编号：< /td > < td align = ″left″ >

14　　　　< input type = ″text″ name = ″booknum″ value = < % = rs("bookid") % > > < /td > < /tr >

15　　　< tr > < td align = ″right″ > 图书名称：< /td > < td align = ″left″ >

16　　　　< input type = ″text″ name = ″bookname″ size = ″40″ value = < % = rs("title") % > > < /td
　　　> < /tr >

17　　　< tr > < td align = ″right″ > 作者姓名：< /td > < td align = ″left″ >

18　　　　< input type = ″text″ name = ″bookauthor″ value = < % = rs("author") % > > < /td > < /tr >

19　　　< tr > < td align = ″right″ > 出版日期：< /td > < td align = ″left″ >

20　　　　< input type = ″text″ name = ″bookdate″ value = < % = rs("pdate") % > > < /td > < /tr >

21　　　< tr > < td align = ″right″ > 图书价格：< /td > < td align = ″left″ >

22　　　　< input type = ″text″ name = ″bookprice″ value = < % = rs("price") % > > < /td > < /tr >

23　　　< tr > < td align = ″right″ > 总 页 数：< /td > < td align = ″left″ >

24　　　　< input type = ″text″ name = ″bookpages″ value = < % = rs("pages") % > > < /td > < /tr >

25　　　< tr > < td align = ″right″ > 内容简介：< /td > < td align = ″left″ >

26　　　　< textarea rows = ″4″ name = ″content″ cols = ″38″ > < % = rs("bookmemo") % >
　　< /textarea >

27　　　　< /td > < /tr >

28　　　< tr > < td align = ″center″ colspan = ″2″ > < input type = ″submit″ value = ″提交修改″ > < /td >
　　< /tr >

29　　< /table > < /form >

30　　< /div >

7.8 – update.asp 代码为：

```
1       < %
2       Set conn = server.createobject("ADODB.Connection")
3       fileinfo = server.mappath("bookDB.mdb")
4       conn.open "Driver = {Microsoft Access Driver ( * .mdb)};DBQ = " & fileinfo
5       If IsNumeric(Request("bookprice")) And IsDate(Request("bookdate")) then
6           Set rs = server.createobject("ADODB.Recordset")
7           rs.open "select  *  from book where id = "& CInt(request("id")),conn,3,3
8               rs("bookid") = request("booknum")
9               rs("title") = Request("bookname")
10              rs("author") = Request("bookauthor")
11              rs("pdate") = Request("bookdate")
12              rs("price") = Request("bookprice")
13              rs("pages") = Request("bookpages")
14              rs("bookmemo") = Request("content")
15          rs.Update
16          response.write "修改成功!"
17          response.write " < a href = '7.7.asp' > 查看图书信息! < /a >"
18          rs.Close
19          Set rs = Nothing
20          conn.Close
21          Set conn = Nothing
22      Else
23          response.write "输入的价格、出版日期有错,请重新输入"
24      End if
25      % >
```

　程序说明　7.8.asp 的第 11～12 行含义:在图 7.24 中,因为每本图书的 ID 号为主键,由它作为该图书的唯一索引,所以不能被修改,但是还必须用它作为记录指针定位的唯一标识,所以该 ID 号的信息传递采用隐藏的方式,目的是在 7.8 – update.asp 文件的第 7 行进行 SQL 语句的所要修改的记录进行索引定位。

7.6　Fields 集合和 Field 对象

　　一个记录集就好像一张表格,由许多的行和列组成,每一行就是该记录集的一个记录,每一列就是该记录集的一个字段,每一个字段就是一个 Field 对象,即记录集的每一列对应着每一个 Field 对象,所有的 Field 对象就组成了 Fields 集合,每个 Recordset 对象都提供一个 Fields 集合来直接存取所有的 Field 对象。通过 Field 对象,可访问字段名、字段类型、字段值等信息。

7.6.1　Fields 集合

　　Fields 集合是由所有的 Field 对象组成的,Field 对象又称字段对象,是 Recordset 对象的子对象,所以在使用 Fields 集合时需用引用 Recordset 对象。Fields 集合只有一个 Count 属性和一个 Item 方法。

1 . Fields 集合的属性

Fields 集合只有一个 Count 属性,该属性返回记录集中字段(Field 对象)的个数,其语法格式为:

> Recordset 对象变量名.fields.count

如下示例中输出记录集中的字段数目:

> < % response.write rs.fields.count % >

2 . Fields 集合的方法

Fields 集合只有一个 Item 方法,用于访问 Recordset 对象中记录指针指向的记录及指定字段所对应的值。其语法格式为:

> Recordset 对象变量名.Fields.Item(Variant)

其中,参数 Variant 可以是字段的索引值或是字段名。第一个字段的索引值为 0,最后一个字段的索引值为 field.count − 1。下列语句给出了该方法的应用示例:

> < %
> response.write rs.fields.item(1)
> response.write rs.fields.item("title")
> % >

当建立了 Recordset 对象后,Field 对象就存在了。Item 方法是默认的方法,而 Fields 集合是 Recordset 对象的默认集合,所以在上例中的"rs.fields.item("title")"可以简写为"rs("title")"。

7.6.2　Field 对象

记录集的每一列对应着一个 Field 对象,所有的 Field 对象就组成了 Fields 集合,Field 对象又称字段对象,所以利用 Field 对象可以获得字段的属性信息。通过 Field 对象获取字段名称来操作数据库表信息,Field 对象的一些常用属性见表 7.11。

表 7.11　Field 对象的常用属性

属 性 名	功 能 说 明
Name	字段的名称
Value	字段的值
Type	字段值的数据类型
DefinedSize	字段的长度
Precision	字段存放数字最大位数
NumericScale	字段存放数字最大值
ActualSize	字段数据值长度
Attributes	字段数据值属性
UnderlyingValue	当前字段的值

表 7.11 中为 Field 对象的一些常用属性,其中最为常用的属性是 Name 和 Value,下面分别进行介绍。

(1)Name 属性

Name 属性是一个只读属性,可以返回记录集中的字段名称。其格式语法为:

　　　　Recordset 对象变量名 . Fields(Index) . name

　　其中,参数 Index 是字段的索引值,第一个字段的索引值为 0,最后一个字段的索引值为 field . count – 1,所以通过 Name 属性,可以遍历记录集中 fields 集合中每个 field 对象的字段名称,其示例代码为:

```
< %
for i = 0 to rs . fields . count – 1
        response . write rs . fields( i ) . name
next
% >
```

　　(2)Value 属性

　　Value 属性用来取得指定 field 对象字段的值,其格式语法为:

　　　　Recordset 对象变量名 . Fields . Item(Variant) . Value

　　该语法完成的功能和 Fields 集合的 Item 属性功能是一样的,如下示例中,假定 re 为建立的 Recordset 对象,title 为记录集中的第 2 个字段名,则我们取得指针指向的当前记录和 title 字段所对应的值为:

```
< %
Response . write rs("title")
Response . write rs . fields("title")
Response . write rs . fields("title") . value
Response . write rs . fields . item("title") . value
Response . write rs("1")
Response . write rs . fields("1")
Response . write rs . fields("1") . value
Response . write rs . fields . item("1") . value
% >
```

　　以上完成的功能是相同的,因为 fields、item 和 value 都可以省略,所以每一行多都可以简化为第一行的简写方式。

7.6.3　综合应用举例

　　【例 7.9】　针对"例 7.3"所要求的图书信息数据表,采用 Fields 集合及 Fields 对象方式来设计输出显示图书信息数据表 book 中所有信息列表。其示例代码为:

```
1        < %
2        Set cn = Server . CreateObject("ADODB . Connection")
3        cn . Open "Provider = Microsoft . Jet . OLEDB . 4 . 0; Data Source = " & Server . MapPath("bookdb . mdb")
4        Set rs = Server . CreateObject("ADODB . Recordset")
5        rs . Open "Select * from book", cn,1,1
6        % >
7        < div align = "center" > 数据库 book 表全信息列表 < br > < table border = "1" > < tr >
8        < % For i = 0 to rs . Fields . Count – 1 % >
9            < TD > < % = rs . Fields( i ) . Name % > < /TD >
10       < % Next % > < /tr >
```

```
11      < % do while ( not rs.eof) % >
12          < tr > < % For i = 0 to rs.Fields.Count － 1 % >
13              < TD > < % = rs(rs.Fields(i).Name) % > < /TD >
14          < % Next % >
15      < /tr >
16      < % rs.movenext % >
17  < % Loop % > < /table > < /div >
18  < %
19  rs.Close
20  Set rs ＝ Nothing
21  cn.Close
22  Set cn ＝ Nothing
23  % >
```

该示例运行效果如图 7.25 所示。

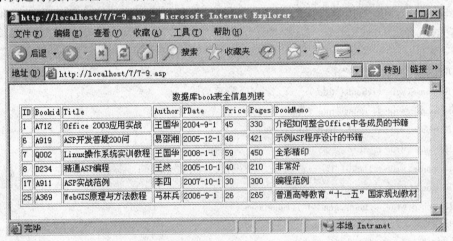

图 7.25　数据表全信息列表

示例中的 9～11 行为是以列的方式在一行中循环输出记录集的字段名,12～18 行为是以行的方式循环输出每条记录,其中的 13～15 行为指针指向的记录,以列的方式循环输出每个对应字段的值,如得到记录指针的字段值为"rs("字段名")",而获得某列的字段名为"rs.Fields(i).Name",所以替换字段名后在第 14 行获得某列的字段值的写法是"rs("rs.Fields(i).Name")"。

7.7　Command 对象

简单地说,Command 对象就是对数据源执行查询命令的定义。这些命令由 SQL 语句、存储过程、数据库表或其他数据提供者支持的文字格式组成,Command 对象是这些命令的集合。

使用 Command 对象可以查询数据库,并返回一个包含记录集的 Recordset 对象,也可以使用 Command 对象执行大批量工作或操作数据库的结构。使用 Command 对象的 CommandText 属性可以定义一个可执行的 CommandText(例如 SQL 查询),还可以使用 Parameters 集合和 Parameter 对象定义参数化的查询或者存储过程的参数。

将查询查询串传给 Connection 对象的 Execute 方法或 Recordset 对象的 Open 方法,可以执行

G 个查询并且不需要使用 Command 对象。可是,如果想保留 CommandText 并且重新执行 CommandText 定义的查询,必须使用 command 对象。

7.7.1 Command 对象的操作步骤

使用 Command 对象有几个重要步骤:创建 Command 对象、指定数据库连接、指定 SQL 指令和调用 Execute 方法执行。下面详细介绍 Command 对象的操作步骤。

1．Command 对象的建立

使用 Command 对象,首先要建立该对象。建立 Command 对象有以下两种方法。

(1)通过 Connection 对象建立 Command 对象

Command 对象的建立同 Connection、Recordset 对象创建方法类似,使用 CreateObject 可以创建 Command 对象,语法格式为:

    Set 对象变量名 = server.createobject("ADODB.Command")

Command 对象建立后,并不能立即使用 Command 对象,它还需要连接一个动态的 Connection 对象,即调用 Command 对象的 ActiveConnection 属性来指定要引用的 Connection 对象实例,其示例代码为:

```
< %
Set cn = Server.CreateObject("ADODB.Connection")
cn.Open "Provider = Microsoft.Jet.OLEDB.4.0;Data Source = " & Server.MapPath("bookdb.mdb")
Set cm = Server.CreateObject("ADODB.Command")
cm.ActiveConnection = cn
% >
```

(2)直接建立 Command 对象

直接建立 Command 对象,就不需要建立 Connection 对象,但是要指明所要操作的数据源,其示例代码为:

```
< %
Set cm = Server.CreateObject("ADODB.Command")
lib = "Provider = Microsoft.Jet.OLEDB.4.0;Data Source = " & Server.MapPath("bookdb.mdb")
cm.ActiveConnection = lib
% >
```

2．设置数据库查询串

Command 对象建立后,虽然指定了数据源,但没有指定进行如何操作数据表的 SQL 语句,所以可以利用 Command 对象的 CommandText 属性设置数据库查询串,其语法格式为:

    Command 对象变量名.CommandText = "查询串"

其中,查询串可以是 SQL 语句、表名或存储过程名。

其示例代码为:

```
< %
cm.CommandText = "select * from book"
cm.CommandType = 1
% >
```

其中 CommandType 为 Command 对象的属性,用来指明数据查询的类型,功能参见表 7.12。

3. Command 对象的执行

当 Command 对象建立设置完成后,最后调用 Command 对象的 Execute 方法,即可将指定的 SQL 语句在服务器端进行处理,即执行在 CommandText 属性中指定的查询串,并且可以返回记录集。其语法格式为:

Set Recordset 对象 = Command 对象变量名.Execute

其中,Recordset 对象为新建立的返回记录集的一个对象实例,通过它就可以以只读的方式浏览数据库了。其示例代码为:

```
< %
Set cm = Server.CreateObject("ADODB.Command")
lib = "Provider = Microsoft.Jet.OLEDB.4.0;Data Source =" & Server.MapPath("bookdb.mdb")
cm.ActiveConnection = lib
cm.CommandText = "select * from book"
cm.CommandType = 1
Set rs = cm.Execute
Response.write rs(0)
% >
```

若不需要返回 Recordset 对象,一般是用于执行数据库的添加、删除、更新操作,可以直接使用 Execute 方法执行 CommandText 属性中指定的查询串,其示例代码为:

```
< %
Set cm = Server.CreateObject("ADODB.Command")
lib = "Provider = Microsoft.Jet.OLEDB.4.0;Data Source =" & Server.MapPath("bookdb.mdb")
cm.ActiveConnection = lib
cm.CommandText = "delete * from book where bookid = 'A911'"
cm.CommandType = 1
cm.Execute
% >
```

7.7.2　Command 对象的属性与方法

1. Command 对象的属性

Command 属性及其功能描述见表 7.12。

表 7.12　Command 对象的常用属性

属性名	功　能　说　明
ActiveConnection	指定一个 connection 对象
CommandText	指定数据库要执行何种操作,即设定数据库的查询串
CommandTimeOut	用于设置 Command 对象 Execute 方法的最长执行时间,默认 30 秒,设定值后若没有执行完则取消 Execute 方法的调用
CommandType	用于指定数据查询信息的类型,1 代表 SQL 语句,2 数据表名,4 查询名或存储过程名
Prepared	指定数据查询信息是否要先行编译、存储。若指定为 True,则先把 Command 的 Execute 执行结果存储起来,供以后调用,从而极大地提供速度
Parameters	用来访问 Command 对象中包含所有的 Parameter 对象的 Parameter 记录集

续表 7.12

属性名	功　能　说　明
Properties	用于设置或返回 Command 对象中的所有 Property 对象
State	获取当前 Command 对象的状态,是打开的、关闭的、正在进行查询还是在获取某些数据。adstateclosed、adstateopen、adstateexecuting 或 adstatefetching。

2. Command 对象的方法

在设置了 Command 对象的属性后,一般是通过执行 Command 对象的方法来实现具体的操作任务。Command 对象常用的方法见表 7.13。

表 7.13　Command 对象的常用方法

方法名	功　能　说　明
Execute	执行数据库的查询操作
CreateParameter	用于创建一个 Parameter 子对象
Cancel	取消查询操作

7.7.3　Command 对象的应用实例

【例 7.10】　用 Command 对象实现"例 7.3"的功能,即对图书信息 book 表进行列表显示记录集信息。其代码为:

```
1    < %
2    Set cm = Server.CreateObject("ADODB.Command")
3    lib = "Provider = Microsoft.Jet.OLEDB.4.0;Data Source = " & Server.MapPath("bookdb.mdb")
4    cm.ActiveConnection = lib
5    cm.CommandText = "Select title, pdate from book where pdate < # 2008 - 1 - 1 #"
6    cm.CommandType = 1
7    Set rs = cm.Execute
8    % >
9    < table border = "1" >
10       < tr > < td > 书名 < /td > < td > 出版日期 < /td > < /tr >
11       < % do while (not rs.eof) % >
12          < tr >
13             < td > < % = rs("title") % > < /td >
14             < td > < % = rs("pdate") % > < /td >
15          < /tr >
16          < % rs.movenext % >
17       < % loop % >
18    < /table >
19    < %
20    set rs = nothing
21    set cm = nothing
22    % >
```

7.8　Errors 集合和 Error 对象

Error 对象又称为错误对象，是 Connection 对象的子对象。数据库程序在运行时，一个错误就是一个 Error 对象，所有的 Error 对象就组成了 Errors 集合，即错误集合。

7.8.1　错误处理

每一个 Error 对象代表着指定的数据提供者的错误，而非一个 ADO 错误。ADO 错误由 Run – time 异常处理来报告。例如，在 VBScript 中，错误会触发内建的 Error 对象。如果这里没有一个合法的 Connection 对象，你需要从 Error 对象内得到错误信息。

1．VBScript 的错误

VBScript 内置一个 Error 对象，可以用来检查错误的发生。你能够存取这个 Error 对象来处理错误程序。这个 Error 对象的 Number 属性是 Error 对象的缺省值，当直接引用 Error 对象时，操作的对象其实是 Number 属性。

例如，在一个函数调用之后很可能会产生错误，使用 Error 对象就可以检查到这些情况：

```
< %
    call myfunction( n )
if err.number = 0 then
    response.write "Not wrong"
end if
% >
```

如果没有错误发生时，Error 对象的 Number 属性为 0，否则它将包含错误程序的记录。

这些信息的处理可全部由你来操作。你可以将失败信息传送给使用者，并让他继续工作；也可以传送信息并让使用者回到标准的输入界面上；甚至也能够再次执行失败的地方，或者选择另外的程序来执行。当然，你不用了解那么多，如果你没有做任何事来警告 VBScript，你就得自己处理这个错误情况了。假如程序环境中没有你的任何命令，它会在第一次出现错误时，自动地放弃执行程序。为了在发生错误时仍可以执行程序（即放弃所有错误提示程序仍然执行），可以使用下面的语句来完成这个任务：

```
< % On Error Resume Next % >
```

这个方式告诉环境忽略这个错误。如果有一个失败发生时，它会告诉 VBScript 去继续执行下一条指令，而不是放弃执行程序。程序将像没有错误发生一样继续执行。当然，在错误发生之后，需要程序设计人员来处理错误，否则可能会使网页失败并且出现更多的错误。

2．ADO 的多种错误

ADO Connection 对象有一个附加的集合为 Errors，它由许多 Error 对象构成。每一个 Error 对象有它自己的属性。

虽然 Recordset 和 Command 对象都可以产生多种错误类型，但是只有 Connection 对象有一个 Errors 集合。这是由于多种错误都是发生在与数据库服务器的传输过程相关的 Connection 对象上。只有当一个对象连接到一个动态的 Connection 对象上时，才可能产生多种错误或警告。

当使用 Connection 对象的 Execute 方法时,执行过程中所出现的错误都会产生在 Errors 集合上。同样的,如果当你使用 Recordset 对象的 Open 方法时,执行所出现的错误会产生在 Connection 对象所关联的 Errors 集合上,即使在 Open 方法调用之前没有一个关联的 Connection 对象,你稍后也会得到它。因此你可以在这个集合上看到这些错误,并能直接从 Connection 对象所指示的 Errors 集合上得到。

就像数据提供者所做的一样,ADO 在一个可能会产生新错误的调用之前,会先清除 OLE 错误信息对象,但是只有在数据提供者产生新的错误才会清除 Connection 对象上的 Errors 集合,你也可以调用 Clear 方法来清除它。

一些属性和方法会返回警告。它们以 Error 对象的方式出现在 Errors 集合内,但是并不会影响系统程序的执行。在你调用 Recordset 对象的 CancelBatch 方法,或者 Connection 对象的 Open 方法,或者设置 Recordset 对象的 Filter 属性之前,需调用 Errors 集合内的 Clear 方法,这样你才能读到 Error 对象的 Count 属性,以检测返回的警告。

7.8.2　Errors 集合的属性和方法

1．Errors 集合的属性

Errors 集合只有一个属性 Count,它是返回错误集合中 Error 对象的个数,该属性可以用于判断程序是否有错误发生,并能够给出发生错误的个数。也就是说当程序有错误发生时,Count 属性的值总会大于 0,而 Count 属性的值为 0 时,则表示程序没有错误发生。如检查程序是否出错,其示例代码为:

```
< %
if conn.errors.count = 0 then
      response.write"程序运行正确!"
else
      response.write"程序错误,请检查!"
end if
% >
```

Count 属性指出 Errors 集合目前所包含的 Error 对象的个数,Errors 集合也包含从数据提供者上产生的警告信息。警告信息不是不能接受的错误,你可以不必放弃正在运行的应用程序的执行,因此最好不要使用 Count 属性来判断是否有错误发生。VBScript 有一个内置的 Error 变量,它包含上次执行发生错误的数目。你可以先检查这个变量值,然后再使用 Errors 集合的 Count 属性来判断错误。

2．Errors 集合的方法

Errors 集合有两个方法,说明见表 7.14。

表 7.14　Errors 集合的方法

方法名	功　能　说　明
Clear	清除集合处理中所有的 Error 对象
Item	取得一个单独的 Error 对象

（1）Clear 方法

使用 Clear 方法可以清除 Errors 集合上所有的 Error 对象。调用这个方法后，可以检查 Error 变量是否为一个非零的值，或者检查 Errors 集合上的 Count 属性，看看是否在 Clear 方法调用后增加了任何错误或警告。

（2）Item 方法

Item 属性用来访问 Errors 集合中的每一个 Error 对象的索引，也可以用于建立 Error 对象。如建立 Error 对象的方法为：

    Set err = Conn.errors.item(Index)

参数说明：

Conn 为 Connection 对象实例，Index 为索引值，从 0 到 errors.count − 1。

Item 方法是 Errors 集合的缺省方法，也就是说不用直接调用 Item 方法，可以简单地在 Errors 集合上使用括号，例如：

    < % Set error = conn.errors(index) % >

7.8.3 Error 对象的属性

Error 对象提供了多种属性，用于描述程序在运行错误时的信息，包括该错误的错误描述、发生的可能原因和处理措施等。Error 对象的属性见表 7.15。

表 7.15　Error 对象的属性

属性名	功　能　说　明
Description	返回给用户的一个错误描述，是一个字符串的值
HelpContext	错误的帮助提示文字，是一个长整型的值
HelpFile	指定错误的帮助提示文件，是一个字符串的值
NativeError	数据库服务器产生的原始错误，是一个字符串的错误码
Number	错误编号，是一个长整型的值，每个编号代表不同错误
Source	发生错误的原因，是一个字符串的值
SQLState	返回给定 Error 对象的 SQL 状态，在使用 ODBC 时有效

下面是使用 Errors 集合及 Error 对象的一个综合应用。

【例 7.11】　给出一个错误的数据源，用 Error 对象属性给出错误信息。程序代码为：

```
1     < %
2     On Error Resume Next
3     Set conn = server.createobject("ADODB.Connection")
4     conn.open "DBQ"
5     % >
6     共有 < % = conn.errors.count % > 个错误 < br >
7     < %
8     For i = 0 To conn.errors.count − 1
9         Set Err = conn.errors.item(i)
10    % >
```

11	错误编号:< % = Err.number % > < br >
12	错误描述:< % = Err.description % > < br >
13	错误原因:< % = Err.source % > < br >
14	提示文字:< % = Err.helpcontext % > < br >
15	帮助文件:< % = Err.helpfile % > < br >
16	原始错误:< % = Err.nativeerror % > < br >
17	< %
18	Next
19	% >

程序说明　第 2 行是忽略所有错误继续执行,本程序必须有这一行,否则程序到错误行停止,并输出错误原因等信息。

第 4 行是给出了一个错误的数据源。

运行效果如图 7.26 所示。

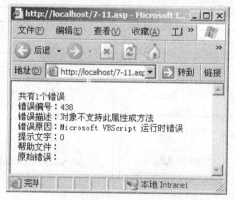

图 7.26　错误输出示例

本章小结

这一章介绍了 ADO 对象及数据库操作,重点介绍了数据库的连接方法、Connection 对象、Recordset 对象、Fields 集合及其 Field 对象、Command 对象和 Errors 集合及其 Error 对象。

利用 Connection 对象和 Recordset 对象,几乎可以涵盖了对数据库的所有操作,本章详细介绍了利用 Recordset 对象进行数据库的查询、分页、添加、删除及修改的语法及其应用示例,要求读者对这些操作重点掌握。

前面所有的章节都是为本章做铺垫,所以本章也是本教材的重点。也是下一章综合练习及工程实践的基础。

思考与实践

1．记录集和所操作的数据表有什么不同? 字段数目是否相同?

2．假定一个数据库的两个表是一对一的关系,它们之间如何进行事务处理? 如果是异地的两个数据库之间如何进行事物处理?

3．如何进行在查询结果中再进行筛选?

4．如果两个表之间已经建立好了一对一的关系,如何建立多表间的组合查询。

5．在"例 7.6"中,是利用表单把数据添加到数据表中,示例中是用两个文件完成的, 如何把两个文件合成一个 ASP 文件完成该功能。

6. 在"例 7.6"中,为了保证数据录入的准确性,请设计表单验证功能写在程序中。

7. 利用 Fields 集合及 Field 对象设计一个练习 SQL 语句的程序,如图 7.27 所示。程序的功能是:整个页面为框架网页,分为上下两个部分组成,在下面框架页面中的表单中输入 SQL 语句,提交后在上面的框架页面内显示执行 SQL 语句的结果。

8. 编写程序完成成组选择记录,统一删除的功能,即在如图 7.28 所示中,在列表的右侧复选框中选择多个欲删除的记录,然后按"删除"按钮,则被选择的记录统一删除。

9. 设计完成多功能选择的组合查询程序,如图 7.29 所示。其中下拉菜单为"大于"、"等于"和"小于"三个值,用户可以在任何选项中填写查询的关键字,则该组选项形成组合查询功能,如图 7.30 所示为填写组合查询关键字及组合查询结果运行效果界面。

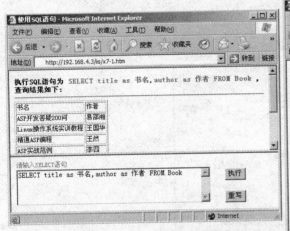

图 7.27 练习 SQL 语句程序效果图

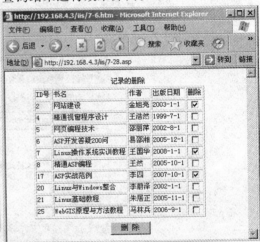

图 7.28 记录统一删除程序效果图

图 7.29 组合查询填入关键字效果图

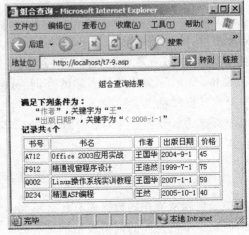

图 7.30 组合查询结果效果图

10. 把"例 7.8"的 Access 数据库转换成 SQL Server 数据库,应如何更改并实现?转换后应注意哪几个变化处理操作?对于一个大型网站来说,程序如何设计才能使数据库平台轻松快速地成功转换?

第8章 ASP 网站典型模块设计实例

本章结合前面讲解的知识,将介绍 ASP 网站建设中典型功能模块的设计过程,包括注册登录、留言论坛、计数统计、查询检索、文件上载等功能模块,这些模块是构建网站系统中最常用的模块,也可以作为独立的一个系统。本章分别针对这些典型模块的功能设计、系统分析以及关键技术进行了详细地阐述并编写 ASP 程序。

本章的学习目标
◆ 掌握注册登录模块的系统分析及关键技术的实现
◆ 掌握留言论坛的设计方法及其关键技术的实现
◆ 掌握利用数据库存储计数数据并以图形方式显示计数器的设计方法
◆ 掌握组合查询的设计实现方法
◆ 了解文件上载功能的设计实现方法

8.1 注册登录模块的设计

通常情况下,一个论坛社区、网上购物、聊天游戏等大型网站一般都是以用户名的方式进行交互的,这就需要建立网站注册登录模块来实现。该模块的作用就是用户通过注册登录网站系统,就可以拥有一定权限,实现网站的访问和用户间的交流,网站并以用户名为索引,来跟踪和保存用户访问网站的信息。注册登录模块是网站实现用户交互的基本前提。下面将详细介绍如何设计与实现一个注册登录模块。

8.1.1 注册登录系统的需求分析

1. 功能分析

用户注册登录模块是 ASP 网站的常用模块,它的作用是完成注册后的用户名和密码的审核,识别用户的管理权限和类型。系统将根据数据库记录的注册信息分配给用户相应的功能来定制个性页面。因此,该模块应具备以下几个功能。
◆ 注册信息的提交及其表单信息的验证。
◆ 注册信息存储时防止重名注册。
◆ 登录验证码的设计。
◆ 用户级别的划分。
◆ 个性管理页面定制。
◆ 防止越权访问。

2. 系统流程及文件体系规划

根据以上功能分析,系统的流程及文件体系规划如图 8.1 所示。

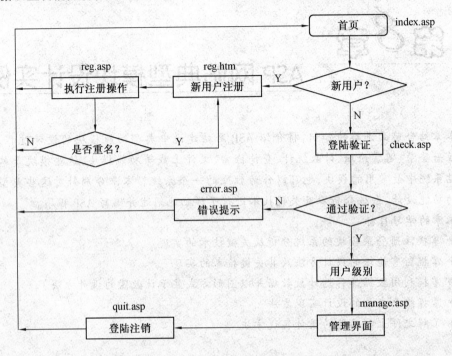

图 8.1 注册登录模块流程及文件结构示意图

8.1.2 数据库的设计

根据用户注册登录的功能分析,我们以 Access 数据库为例,创建用户信息库文件 userdata.mdb 及用户信息 userinfo 表,表的结构见表 8.1。

表 8.1 用户信息 userinfo 表的字段描述

字段名	类型	长度	是否主键	描述
id	自动编号		是	自动编号
user	文本	20	否	用户名
pws	文本	10	否	登录密码
age	数字		否	用户年龄
email	文本	30	否	电子邮箱
regtime	时间/日期		否	注册时间
level	数字		否	用户等级

8.1.3 公用模块的设计

在 ASP 网站开发中常常会遇到一些公用模块,如数据库接口、错误处理等,这些模块在系统中的很多页面都要用到,这样就可以采用包含页的方式,实现代码重用和提高开发效率。

本例中用到的公用模块只有一个数据库接口模块,文件命名为 conn.asp,其他页若要与数据库发生访问关系,将此文件包含进来即可,方法为:在访问数据库网页的代码页首中,加入如下语句:

```
< ! - - # include file = "conn.asp" - - >
```

其中,conn.asp 为数据库连接模块的文件名,代码为:

```
< %
set cn = server.createobject("ADODB.Connection")
cn.Open "DRIVER = {Microsoft Access Driver ( * .mdb)}; DBQ = " & server.mappath( "userdata.mdb")
% >
```

8.1.4 注册模块的设计

1. 注册界面设计

注册界面实际就是一个表单,为了简化代码,界面没有进行修饰。注册界面应包括填写用户名、密码和验证密码,这是最基本的,为了实现表单各种类别的验证,我们这里另加上了填写注册用户的年龄和电子邮箱,对应存储到数据库部分我们还添加了用户注册时间以及用户等级的划分。表的结构见数据库设计表 8.1,注册界面如图 8.2 所示。

2. 客户端验证模块的设计

为了保证注册用户信息录入的准确性,在网站录入信息中进行的表单验证是必不可少的,在实际网络上的表单验证,都采用的是客户端方式

图 8.2　注册页面

验证,而这种方式都是用的 JavaScript 脚本编程来实现的,因为 JavaScript 比 VBScript 兼容性更好。针对本例的注册表单信息录入要求为:

① 用户名及密码不能为空。

② 口令长度不得小于 6 位并且和验证口令的输入必须相同。

③ 用户年龄必须为数字并且录入的年龄符合要求。

④ 电子邮箱录入符合邮箱的格式要求。

图 8.2 所示的注册页面文件为 reg.htm,其代码为:

```
1      < html > < head > < title > 注册页面 </title > </head >
2      < script language = "javascript" >
3      function checksignup( )
4      {
5          var r1, r2
6          r1 = new RegExp('[^0 - 9]','');
7          r2 = (document.formSignUp.age.value.length = = 2);
8          if ( document.formSignUp.user.value = = '' ){
9              window.alert('请输入用户名!!');
```

```
10              document.formSignUp.user.focus();
11          }
12          else if ( document.formSignUp.pw.value = = ''){
13              window.alert('请输入口令!!');
14              document.formSignUp.pw.focus();
15          }
16          else if ( document.formSignUp.pw.value.length < 6 ){
17              window.alert('口令不得少于6个字符!!');
18              document.formSignUp.pw.focus();
19          }
20          else if ( document.formSignUp.pw.value ! = document.formSignUp.signup_pw.value){
21              window.alert('验证口令错误!!');
22              document.formSignUp.signup_pw.focus();
23          }
24          else if (document.formSignUp.age.value.search(r1) > = 0){
25              window.alert('请输入正确的年龄!!');
26              document.formSignUp.age.focus();
27          }
28          else if (! r2){
29              window.alert('年龄的长度不正确!!');
30              document.formSignUp.age.focus();
31          }
32          else if ( document.formSignUp.email.value.indexOf('@',0) = = -1 ||
33              document.formSignUp.email.value = = '' ||
34              document.formSignUp.email.value.indexOf('.',0) = = -1 ){
35              window.alert('请重新输入正确的电子邮件地址!!');
36              document.formSignUp.email.focus();
37          }
38          else {
39              return true;
40          }
41          return false;
42      }
43  </script>
44  <body >
45  <FORM METHOD = POST ACTION = "reg.asp" NAME = "formSignUp">
46      注册户名:<INPUT TYPE = "text" NAME = "user"> <br>
47      登录口令:<INPUT TYPE = "password" NAME = "pw"> <br>
48      验证口令:<INPUT TYPE = "password" NAME = "signup_pw"> <br>
49      用户年龄:<INPUT TYPE = "text" NAME = "age"> <br>
50      电子邮箱:<INPUT TYPE = "text" NAME = "email"> <br>
51      <INPUT TYPE = "submit" value = "提交" onclick = "javascript:return checksignup()">
52      <INPUT TYPE = "reset" value = "重写">
53  </FORM>
54  </body> </html>
```

其中第 2～43 行为对第 45～53 行的表单部分进行的验证,分别对表单的控件进行了不为空、是否相等、是否属于数字、数字长度限定以及邮箱格式等常用的类型方式验证。用户可以参照这种格式设计自己样式的表单验证。

3.防止同名注册的设计

用户注册中,一般以用户名作为唯一索引主键,所以禁止同名注册,在程序设计中,获取表单的用户名和现有库表中的记录进行检索比较,如果没有得到相同的用户名,则可以把注册的用户信息添加到数据库中,注册页面的表单接收者为 reg.asp,其代码格式为:

```
1     <! -- # include file = "conn.asp" -- >
2     < %
3     sql = "select * from userinfo where user = '" & request("user")& "'"
4     Set rs1 = cn.execute(sql)
5     If rs1.eof then
6         set rs = server.createobject("adodb.recordset")
7         rs.open "select * from userinfo",cn,3,3
8         rs.addnew
9             rs("user") = request("user")
10            rs("pws") = request("pw")
11            rs("age") = request("age")
12            rs("email") = request("email")
13            rs("regtime") = Now
14            rs("level") = 2
15        rs.update
16        response.write "注册成功"
17        response.write "< a href = 'index.asp'>返回登录</a>"
18        rs.close
19        Set rs = Nothing
20    else
21        response.write "你所注册的名已经被别人抢注了,请换名注册!"
22        rs1.close
23        Set rs1 = Nothing
24    End if
25    cn.close
26    Set cn = nothing
27    % >
```

上述代码中第 14 行"rs("level") = 2"的值为 2 代表普通用户,值为 3 代表超级管理员用户。用户注册成功后就可以返回主页面,利用所注册的用户名及密码进行登录。

8.1.5　登录模块的设计

登录模块比较简单,本示例中将登录页设为了主页,样式如图 8.3 所示,其网页文件命名为 index.asp。该页中同样包括了客户端的验证,因为相对简单,这里,我们采用的是区别于注册模块的 JavaScript 脚本的 VBScript 设计,在示例代码中应注意观察它们的区别。

1.验证码模块的设计

不少网站为了防止用户利用"机器人"等软件进行自动注册、登录或灌水,都采用了验证码

技术。所谓验证码,就是将一串随机产生的数字
或符号,生成一幅图片,图片里加上一些干扰象
素(防止 OCR),由用户肉眼识别其中的验证码信
息,输入表单提交网站验证,验证成功后才能使
用某项功能。

　　验证码的实现方法较多,本示例中设计了一
个 4 位数字构成的验证码,这 4 位的数据是采用
随机数方法实现的,并将这 4 位数字分别替换成
所对应的图片进行显示。因此,需要事先设计几
组数字图片,示例中准备了 3 组随机数字图片,
每组为一个文件夹,分别命名分别为 1,2,3,文

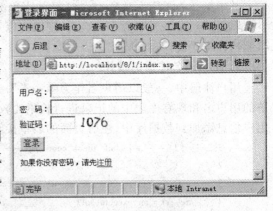

图 8.3　登录页面

件夹内图片的命名与显示的数字一一对应,分别命名为 0.gif,1.gif,2.gif,…,9.gif。

　　该界面设计如图 8.3 所示,示例文件命名为 index.asp,其代码为:

```
1      < %
2      randomize
3      yzm = int(8999 * rnd( ) + 1000)
4      randomize
5      yzm _ skin = int(3 * rnd( ) + 1)
6      % >
7      < html > < head > < title > 登录界面 < /title > < /head >
8      < Script language = "vbscript" >
9      sub check(yzm1)
10         if form1.user.value = "" then
11             alert("登录名不能为空,请输入登录名")
12             form1.user.focus
13         elseif form1.pws.value = "" then
14             alert("密码不能为空,请输入密码")
15             form1.pws.focus
16         elseif form1.yzm.value = "" then
17             alert("验证密不能为空,请输入验证密")
18             form1.yzm.focus
19         elseif cint(form1.yzm.value) < > yzm1 then
20             alert("输入的验证码不正确!")
21         else
22             form1.submit
23         end if
24      end sub
25      < /script >
26      < body >
27      < FORM METHOD = POST ACTION = "check.asp" name = "form1" >
28         用户名: < INPUT TYPE = "text" NAME = "user" > < br >
```

```
29          密  ；码：< INPUT TYPE = "password" NAME = "pws" > < br >
30          验证码：< input TYPE = "text" size = 4 name = "yzm" >
31          < %
32          a = int(yzm/1000)
33          b = int((yzm − a * 1000)/100)
34          c = int((yzm − a * 1000 − b * 100)/10)
35          d = int(yzm − a * 1000 − b * 100 − c * 10)
36          response.write " < img src = image/"&yzm _ skin&"/"&a&".gif >"
37          response.write " < img src = image/"&yzm _ skin&"/"&b&".gif >"
38          response.write " < img src = image/"&yzm _ skin&"/"&c&".gif >"
39          response.write " < img src = image/"&yzm _ skin&"/"&d&".gif >"
40          % > < br > < br >
41          < input type = "button" name = "Submit1" value = "登录" onClick = "check(< % = yzm% > )">
42      </FORM > < p > < br >
43      如果你没有密码,请先 < a href = "reg.htm" > 注册 </a > </p >
44      </body > </html >
```

上述代码中,第 2 ~ 5 行为生成 4 个随机数及 3 个随机文件夹名。其中第 3 行是利用随机函数"rnd()"产生 1 000 ~ 9 999 之间的四位整数,第 5 行为随机产生 1 ~ 3 之间的随机数,以确定使用哪一组图片。这两组随机数产生前必须使用"randomize"函数进行随机数的初始化。

第 32 ~ 35 行产生的 4 位随机数分解为 4 个独立的数字,目的是为了将验证码的 4 位数字分别以图片的形式显示出来。

第 36 ~ 39 行是分别把每个数字用图片形式显示出来,image 为图片文件夹名,yzm _ skin 为图片组文件夹名,a,b,c,d 分别为随机 4 位数中对应的独立数字。

第 41 行的 onClick 为表单的事件,来激活第 8 ~ 25 行的表单验证。

2. 登录后用户级别的划分

用户输入户名、密码及验证码后,若正确,则为该用户设置两个 Session 变量,一个是索引该用户的用户名信息,另一个为区别用户级别的级别值,用户在正确登录后进入管理页面访问时,就始终携带这两个值。下面是审核登录信息的 check.asp 网页文件的代码：

```
1       < ! − − # include file = "conn.asp" − − >
2       < %
3       sql = "select *  from userinfo where user = '"&request("user")&"' and pws = '"&request("pws")&"'"
4       Set rs = cn.execute(sql)
5       If rs.eof Then
6           response.write "没有符合条件的用户名和密码!"
7       else
8           session("user") = request("user")
9           session("level") = rs("level")
10          response.redirect "manage.asp"
11      End if
12      % >
```

3. 个性管理页面的设计

根据用户携带的 Session("level")的级别值不同,可以定制用户的个性页面,用户级别的赋值为该用户数据库记录中的值,如果为普通用户示例设置为 2,若为超级管理用户示例设置的级别为 3。定制个性页面有很多方法,可以利用 response.redirect 方法分别跳转到超级用户及普通用户的页面来完成不同的功能;也可以利用在同一个文件中,利用级别值不同来屏蔽部分管理功能;再一种方法是根据级别不同,执行不同的 SQL 语句来实现用户管理范围的定制。图 8.4、8.5 所示为一个文件名为 manage.asp,分别为普通用户及超级用户登录所定制的个性页面。

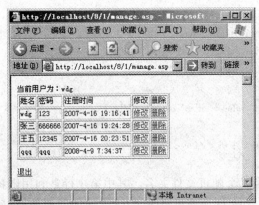

图 8.4 超级用户管理界面   图 8.5 普通用户管理界面

Manage.asp 文件的示例代码为:

```
1      <! - - # include file = "conn.asp" - - >
2      < %
3      If session("user") = "" Then
4          response.redirect "index.asp"
5      End if
6      set rs = server.createobject("adodb.recordset")
7      If session("level") > 2 Then
8          sql = "select * from userinfo"
9      else
10         sql = "select * from userinfo where user = '"&session("user")&"'"
11     End if
12     rs.open sql,cn,1,1
13     % >
14     当前用户为: < % = session("user") % > < br >
15     < table border = "1" > < tr > < td > 姓名 </td > < td > 密码 </td > < td > 注册时间 </td > < td > 修改 </td >
16     < % If session("level") > 2 Then % > < td > 删除 </td > < % end if % > </tr >
17     < % Do While Not rs.eof % >
18         < tr > < td > < % = rs("user") % >
19             </td > < td > < % = rs("pws") % > </td >
20         < td > < % = rs("regtime") % > </td >
21         < td > < a href = "modify.asp? id = < % = rs("id") % >" > 修改 </a > </td >
```

```
22                    < % If session("level") > 2 Then % >
23                    < td > < a href = "delok.asp? id = < % = rs("id")% >" > 删除 </a> </td> < % end if
% >
24           </tr>
25           < % rs.movenext % >
26      < % Loop > </table >
27      < %
28      rs.close
29      Set rs = nothing
30      cn.close
31      Set cn = nothing
32      % >
33      < br > < a href = "quit.asp" > 退出 </a>
```

第 7 ~ 11 行是根据用户的级别不同,执行不同的 SQL 语句进行不同的管理用户范围的筛选,第 16、22 ~ 23 行表示根据级别不同,屏蔽"删除"功能。第 21、22 行中的"修改"及"删除"链接部分所对应的文件为用户信息管理部分的功能,这里就不做介绍了。

4. 防止越权访问

为了保障管理页面的安全访问,在用户登录管理界面后访问的每个页面脚本前都应该加上 manage.asp 示例代码中的第 3 ~ 5 行,其代码为:

```
< %
If session("user") = "" Then
        response.redirect "index.asp"
End if
% >
```

含义是在示例文件 check.asp 中第 8 ~ 9 行没有进行授权,或 Session 信息失效时,就会自动退出该页面跳转到登录页面。

用户在退出管理页面时,也应消除 Session 信息值,示例中退出管理页面的文件为 quit.asp,其代码为:

```
< %
session.abandon( )
response.redirect "index.asp"
% >
```

8.2　留言论坛模块的设计

网上留言是 ASP 应用程序中最基础的网络信息交互模块,应完成记录留言者的留言信息,实现留言回复的基本功能。在一些大型的 ASP 网站中很多地方都要用到这个模块,比如话题讨论、信息反馈、疑难解答等,另外,有些类似的功能也都是由留言论坛模块进行扩展实现的,如信息发布、网络博客、网上日记等等。

如果把留言板的内容扩充:添加用户注册登录模块、管理模块。如此,就能实现用户在留言的同时留下注册户名信息并能使注册登录的用户搜索留言及回复其他用户留言,同时,还可以根据注册登录用户的等级建立话题讨论及管理留言等,这样就进一步形成了论坛系统。本小节只介绍用户匿名留言及其回复的设计实现过程。

8.2.1 需求分析

1. 功能分析

设计一个典型匿名方式留言板的功能分析相对简单,主要完成以下功能需求:

◆ 留言功能。

◆ 多重回复留言功能。

◆ 留言贴及其回复贴在同一页面中显示。

◆ 记录留言浏览次数、留言者的 IP 以及留言时间。

◆ 用图片表示留言者的表情。

2. 文件体系规划

根据以上功能分析,留言的文件体系规划如图 8.6 所示。

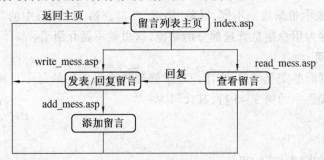

图 8.6 留言模块示例文件关系示意图

8.2.2 数据库的设计

根据以上留言板的功能分析,我们以 Access 数据库为例,创建留言信息 bookdata 库,以及留言信息 bookinfo 表,表的结构见表 8.2。

表 8.2 留言 bookinfo 表的字段描述

字段名	类型	长度	是否主键	描述
id	自动编号		是	自动编号
mess_title	文本	50	否	留言标题
email	文本	50	否	留言者邮箱
mess_content	备注		否	留言内容
mess_count	数字	整型	否	点击次数
mess_re	数字	整型	否	回复对应 id 号
mess_renum	数字	长整型	否	回复次数
mess_pic	数字	整型	否	表情图片号
mess_ip	文本	20	否	留言者 IP 地址
mess_time	日期/时间		否	留言时间

8.2.3　功能实现

1．公共模块的设计

本例中用到的公用模块有两个：数据库接口模块及网站文件的 CSS 样式表文件。

（1）数据库接口模块

数据库接口模块文件命名为 conn.asp，功能及代码同 8.1.3 小节所述类似，指定的数据库文件为 bookdata.mdb。

（2）CSS 样式表文件

CSS 是 Cascading Style Sheets(层叠样式表)的简称，简单地说，就是用来美化网页用的。它是一种标记语言，不需要编译，可以直接由浏览器执行。CSS 文件是一个文本文件，它包含了一些 CSS 标记，CSS 文件必须使用 css 为扩展名。本示例文件命名为 css.css。在使用 CSS 样式表文件的 < head > < /head > 标记结束前嵌入如下语句：

```
< link href = "css.css" rel = "stylesheet" type = "text/css" >
```

样式表文件 css.css 代码如下：(本示例只定义了简单样式)

```
1        td {
2        font – family: "宋体";
3        font – size: 9pt; }
4        p {
5        font – family: "宋体";
6        font – size: 9pt; }
```

2．留言列表的设计

本示例中留言列表为主页文件，命名为 index.asp，该页主要完成除回复留言以外的留言原帖列表，包括原帖的点击浏览次数、留言时间以及该贴的回复次数。留言列表主页显示效果如图 8.7 所示。

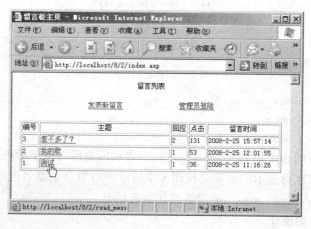

图 8.7　留言列表主页文件运行效果

该示例代码如下：

```
1        < ! – – # include file = "conn.asp" – – >
2        < html >
3        < head > < title > 留言板主页 < /title >
```

```
4      < link href = "css.css" rel = "stylesheet" type = "text/css" >
5      < /head >
6      < body >
7      < p align = "center" > 留言列表 < /p >
8      < p align = "center" > < a href = "write _ mess.asp" > 发表新留言 < /a >      
 
9      < a href = "admin _ login.asp" > 管理员登录 < /a > < /p >
10     < div align = "center" >
11     < table border = "1" width = "450" >
12     < %
13     Set rs = Server.CreateObject ("ADODB.Recordset")
14     rs.Open " Select * from bookinfo where mess _ re = 0 order by id desc", cn,1,1
15     % >
16     < tr >
17     < td align = "center" width = "32" > 编号 < /td > < td align = "center" width = "350" > 主题 < /td >
18     < td align = "center" width = "32" > 回应 < /td > < td align = "center" width = "32" > 点击 < /td >
19     < td align = "center" width = "170" > 留言时间 < /td >
20     < /tr >
21     < % do while (not rs.eof)% >
22     < tr >
23     < td width = "32" > < % = rs("id")% > < /td >
24     < td width = "290" > < a href = read _ mess.asp? id = < % = rs ("id")% > > < % = rs ("mess _
title")% > < /a > < /td >
25     < td width = "32" > < % = rs("mess _ renum")% > < /td >
26     < td width = "32" > < % = rs("mess _ count")% > < /td >
27     < td width = "150" > < % = rs("mess _ time")% > < /td >
28     < /tr >
29     < %
30     rs.movenext
31     Loop
32     % >
33     < /table > < /div >
34     < /body > < /html >
```

示例代码第 14 行的 SQL 语句中"mess _ re = 0"表示回复所对应的原帖 ID 号为零,即该记录为留言的原帖。第 24 行显示的效果是按图 8.7 所示中的留言主题名进行链接的,并携带该留言的索引 ID 号,进入 read _ mess.asp 浏览具体留言信息。

3. 查看留言内容的设计

在图 8.7 中,我们点击某一留言,通过链接携带的索引 ID 号值,进入到查看具体留言的页面,运行效果如图 8.8 所示。

该示例文件命名为 read _ mess.asp,其代码为:

```
1      < ! - - # include file = "conn.asp" - - >
2      < html >
```

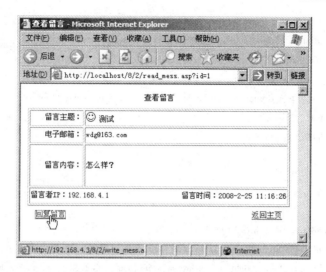

<p align="center">图 8.8　浏览具体留言文件运行效果</p>

3　　<head> <title> 查看留言 </title>

4　　<link href = "css.css" rel = "stylesheet" type = "text/css">

5　　</head>

6　　<body>

7　　<p align = "center"> 查看留言 </p>

8　　<div align = "center">

9　　<%

10　　id = CInt(request("id"))

11　　Set rs = Server.CreateObject ("ADODB.Recordset")

12　　sql = "select * from bookinfo"

13　　sql = sql + " where id = "&id

14　　sql = sql + " or mess _ re = "&id

15　　sql = sql + " order by id Asc"

16　　rs.Open sql,cn,1,1

17　　sqla = "update bookinfo set mess _ count = mess _ count + 1 where id = "&id

18　　cn.execute(sqla)

19　　%>

20　　<% do while (not rs.eof)%>

21　　<table border = "1" width = "419">

22　　<tr> <td width = "20%" align = "right" height = "25"> 留言主题：</td>

23　　　　<td width = "80%"> <img src = "image/<% = rs("mess _ pic")%>.gif"> <% = rs("mess _ title")%> </td>

24　　</tr>

25　　<tr> <td width = "20%" align = "right" height = "25"> 电子邮箱：</td>

26　　　　<td height = "25" width = "80%"> <% = rs("email")%> </td>

27　　</tr>

28　　<tr> <td width = "20%" align = "right" height = "66"> 留言内容：</td>

29　　　　<td height = "66" width = "77%"> <% = rs("mess _ content")%> </td>

```
30        </tr>
31        <tr> <td align="right" height="25" colspan="2">
32            <table border="0" width="100%" cellspacing="0" cellpadding="0">
33            <tr> <td> 留言者 IP：<%=rs("mess_ip")%> </td>
34                <td> <p align="right"> 留言时间：<%=rs("mess_time")%> </td>
35            </tr>
36            </table> </td>
37        </tr>
38        </table>
39        <% rs.movenext
40        Loop %>
41        <table border="0" width="400" height="29">
42        <tr> <td> <a href="write_mess.asp?id=<%=id%>"> 回复留言 </a> </td>
43            <td> <p align="right"> <a href="index.asp"> 返回主页 </a> </td>
44        </tr>
45        </table> </div>
46        </body> </html>
```

示例代码中,若该留言有多次回复,也是通过该文件来循环显示的,所以在第 12～15 行的语句为 SQL 语句的组合。通过上一个链接携带的索引 ID 值,以该 ID 值为检索条件,当满足 ID 号为索引 ID 值时,以及再以"或"的关系筛选留言回复 mess_re 所对应的 ID 值的所有记录,这样就把留言原帖及其该贴的多重回复在第 20～46 行的循环方式以列表形式显示出来。第 17～18 行为把该留言的浏览次数加 1。留言回复后该文件显示效果如图 8.9 所示。

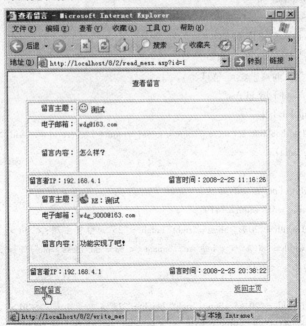

图 8.9　浏览具体留言文件回复后运行效果

4．发表/回复留言的设计

示例中发表及回复留言功能的设计由一个 ASP 程序文件实现的,其示例文件命名为

write_mess.asp,代码为：

```
1       <! - - # include file = "conn.asp" - - >
2       < %
3       Set rs = Server.CreateObject ("ADODB.Recordset")
4       rs.Open " Select * from bookinfo where id = "&CInt(request("id")), cn,1,1
5       % >
6       < html > < head >
7       < title > 发表/回复留言 < /title >
8       < link href = "css.css" rel = "stylesheet" type = "text/css" >
9       < /head >
10      < body >
11      < p align = "center" > 留言 < /p >
12      < div align = "center" >
13      < form method = "POST" action = "add_mess.asp" >
14      < table border = "0" width = "419" id = "table1" height = "233" >
15      < tr > < td width = "71" align = "right" height = "30" > 留言主题: < /td >
16      < td height = "30" width = "338" >
17          < % If request("id") < > "" Then % >
18              RE: < img src = "image/< % = rs("mess_pic")% >.gif" >   < % = rs("mess_
title")% >
19              < input type = "hidden" name = "zhuti" value = < % = rs("mess_title")% > >
20              < input type = "hidden" name = "id" value = < % = rs("id")% > >
21          < % Else % >
22              < input type = "text" name = "zhuti" size = "44" > *
23          < % End If % >
24      < /td > < /tr >
25      < tr > < td width = "71" align = "right" height = "31" > 电子邮箱: < /td >
26          < td height = "31" width = "338" > < input type = "text" name = "youxiang" size = "44" > < /td >
27      < /tr >
28      < tr > < td width = "71" align = "right" height = "73" > 留言内容: < /td >
29          < td height = "73" width = "338" >
30          < textarea rows = "5" name = "neirong" cols = "42" > < /textarea > < /td >
31      < /tr >
32      < tr > < td width = "71" align = "right" height = "44" > 留言表情: < /td >
33      < td height = "44" width = "338" >
34      < input type = "radio" value = "1" checked name = "biaoqing" > < img src = "image/1.gif" >  
35      < input type = "radio" name = "biaoqing" value = "2" > < img src = "image/2.gif" >   
36      < input type = "radio" name = "biaoqing" value = "3" > < img src = "image/3.gif" >   
37      < input type = "radio" name = "biaoqing" value = "4" > < img src = "image/4.gif" >   
38      < input type = "radio" name = "biaoqing" value = "5" > < img src = "image/5.gif" >  
39      < /td > < /tr >
40      < tr > < td align = "right" colspan = "2" >
41      < p align = "center" > < input type = "submit" value = "提交" >  
```

42   < input type = ″reset″ value = ″重置″ > < /td > < /tr >

43   < /table > < /form > < /div > < /body > < /html >

示例代码第 17~23 行表示如果接收到上一个文件中携带索引 ID 值,则显示为回复留言的主题内容,否则显示为新留言填写主题的表单文本域。其中的第 19~20 行为回复留言的表单中利用隐藏域的方式,把该留言的索引 ID 值等信息发送到表单接收文件 add_mess.asp 进行处理。发表新留言及回复留言的显示效果如图 8.10、8.11 所示。

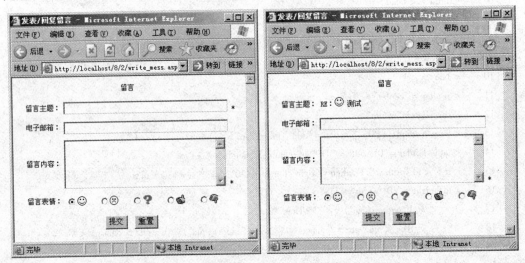

图 8.10　发表新留言运行效果　　　　　　　图 8.11　回复留言运行效果

发表及回复留言的表单提交给 add_mess.asp 文件进行处理,其示例代码为:

```
1      < ! - - # include file = ″conn. asp″ - - >
2      < %
3      Set rs = Server. CreateObject (″ADODB. Recordset″)
4      rs. Open ″ Select  *  from bookinfo ″, cn, 3, 3
5      rs. Addnew
6      If request (″id″) < > ″″ Then
7           rs (″mess _ title″) = ″RE:″&Request (″zhuti″)
8           rs (″mess _ re″) = CInt (Request (″id″))
9           sql = ″update bookinfo set mess _ renum = mess _ renum + 1 where id = ″&request (″id″)
10          cn. execute (sql)
11     else
12          rs (″mess _ title″) = Request (″zhuti″)
13     End if
14     rs (″email″) = Request (″youxiang″)
15     rs (″mess _ time″) = now
16     rs (″mess _ content″) = Request (″neirong″)
17     rs (″mess _ ip″) = request. servervariables (″remote _ addr″)
18     rs (″mess _ pic″) = Request (″biaoqing″)
19     rs. Update
20     response. write ″留言成功!″
```

```
21      response.write "< a href = 'index.asp' > 返回主页 </a>"
22      % >
```

示例代码第 6 ~ 13 行表示判断如果是回复表单提交,则添加回复的主题(第 7 行)以及回复对应的索引 ID 号(第 8 行),并且回复留言的数量加 1(第 9 ~ 10 行),否则是新留言,直接添加留言主题。

8.3　计数统计模块的设计

计数统计在 Web 网站中经常用到,如网站的访问量的计数统计、在线人数、投票调查、点击浏览次数等等。实现统计的方法样式很多,下面以网站的计数器为例,介绍几个典型的网站计数统计功能的实现方法。

对于计数器来说,它的文件结构比较简单,除了一个存储统计数据的文件外,可以只用一个 ASP 程序文件来实现多种功能的计数器。

8.3.1　数据存储在文本中的图形显示计数器

将访问计数数据写入文本文件中,需要创建 FileSystemObject 对象实例,利用该对象实例对文本文件进行读写操作,然后用图形替换数字的方式实现登录计数的显示。

【例 8.1】　把计数数据存放在 counter.txt 文本文件内,客户端显示的计数用图片数字代替来显示。

首先准备分别显示为 0,1,2,…,9 的 10 个图片,图片命名分别和显示的数字一一对应,即 0.gif,1.gif,2.gif,…,9.gif,并放置在 image 文件夹中。程序文件命名为 8.3 – 1.asp,其代码为:

```
1      < html >
2      < head > < title > 文本计数器实例 </title > < head >
3      < body >
4      < %
5      Set fsObject = Server.CreateObject ("Scripting.FileSystemObject")
6      FileName = Server.MapPath ("Counter.txt")
7      Set txtsRead = fsObject.OpenTextFile(FileName, 1, False)
8      Num = txtsRead.ReadLine
9      txtsRead.close
10     Response.Write("您是第 < font color = red >"&num&"</font > 位访问者 < p >")
11     Set txtsWrite = fsObject.OpenTextFile(FileName, 2, False)
12     Application.lock
13         txtsWrite.WriteLine num + 1
14     Application.unlock
15     txtsWrite.close
16     Length = Len(num)
17     for i = 1 to 6 – Length
18         imgPath = imgPath & "< img src = image \ 0.gif" &">"
19     next
20     for i = 1 to Length
```

```
21        imgPath = imgPath & "< img src = image \" & Mid(num,i,1)& ".gif" &" >"
22    next
23    response.write "您是第 "&imgPath &" 位访问者"
24    % >
25    </body > </html >
```

上述代码中第 5 行是建立 FileSystemObject 对象实例 fsobject,第 7 行利用 fsobject 对象实例再创建只读的对象实例 txtsRead,第 8 行读出 Counter.txt 文件信息并赋值给 num 变量,第 10 行输出该计数值,第 11 行建立写入对象 txtsWrite,然后在第 12～14 行把读取的计数 num 加 1 后写入 Counter.txt 中。

第 16～23 行是把显示的文本替换成了图片,运行效果如图 8.12 所示。访问量是以 6 位图形数字形式显示的,第 16 行为获取当前访问量的位数长度,不够 6 位用 0 补位;第 17～19 行为用"0.gif"图片补位显示。第 20～22 行为显示的数字图片。

图 8.12　图形方式显示的计数器

获取访问量数据的各位数字的方法是使用"Mid()"函数,该函数的作用是从指定位置取得一个字符串,例如"Mid(num,2,1)"表示从"num"变量的第 2 位取得 1 个字符。本例根据访问量数据的长度,从高位开始循环逐位获取数字,再用图片的名称替换该数字。

8.3.2　写入数据库的多种统计计数器

写入文本文件的计数器设计方法简单,容易实现,但若要实现更多方式统计则需要数据库的支持。

【例 8.2】　设置一个建站日期,然后从该建站日期开始到当前,统计每天平均访问量、访问总人数、今天访问量、昨天访问量、本月访问量和上个月访问量并输出到网页。

本示例的设计步骤如下:

① 分析:把每一次用户访问的当前日期存入到数据库中,与用户下一次访问的当前日期和数据库保存的日期进行比较,来判定"今天的访问量"为起点进行统计,同样,昨天、本月、上个月等这些统计的访问量,也是以这种方式进行判定的。

建站的具体日期时间也存放在数据库中,本例中,用 ASP 编程及数据库文件来完成统计功能,若用户更改统计建站日期,可以单独设计一个数据库管理的初始化 ASP 程序,这里就不作介绍了。

② 数据库的设计:根据上述分析中提出的功能需求,设计一个 Access 数据库,文件命名为 counter.mdb,表为 counters,其表的结构见表 8.3。

表 8.3　多种统计计数器 counters 表的字段描述

字段名	类　型	长　度	是否主键	描　　述
id	自动编号		是	自动编号
total	数字	长整型	否	总访问量
Today	数字	长整型	否	今天的访问量
Yesterday	数字	长整型	否	昨天的访问量
Month	数字	长整型	否	本月的访问量
Bmonth	数字	长整型	否	上个月的访问量
date	日期/时间		否	上一个用户访问本站的当时日期
buildtime	日期/时间		否	建站的日期时间

(3)本示例只有一个 ASP 程序文件,文件命名为 8.3 - 2.asp,其代码为:

```
1    < %
2    Set conn = Server.CreateObject("ADODB.Connection")
3    DBPath = Server.MapPath("counter.mdb")
4    conn.Open "driver = {Microsoft Access Driver ( * .mdb)};dbq = " & DBPath
5    SET rs = Server.CreateObject("ADODB.Recordset")
6    Rs.Open "Select * From counters" , conn,1,3
7    IF CSTR(Month(RS("DATE"))) < > CSTR(Month(DATE()))THEN
8        RS("DATE") = DATE()
9        RS("YESTERDAY") = RS("TODAY")
10       RS("BMONTH") = RS("MONTH")
11       RS("MONTH") = 0
12       RS("TODAY") = 0
13       RS.Update
14   ELSE
15       IF CSTR(Day(RS("DATE"))) < > CSTR(Day(DATE()))THEN
16           RS("DATE") = DATE()
17           RS("YESTERDAY") = RS("TODAY")
18           RS("TODAY") = 0
19       R    S.Update
20       END IF
21   END IF
22   RS("TOTAL") = RS("TOTAL") + 1
23   RS("TODAY") = RS("TODAY") + 1
24   RS("MONTH") = RS("MONTH") + 1
25   RS.Update
26   D1 = RS("BUILDTIME")
27   D2 = Date
28   D3 = DateDiff("d", D1, D2)
```

```
29      Function GCounter( counter )
30          Dim S, i, G
31          S = CStr( counter )
32          For i = 1 to Len(S)
33              G = G & " < IMG SRC = gif/" & Mid(S, i, 1)& " . gif >"
34          Next
35          response . write G
36      End Function
37      % >
38      本站浏览总人数:< % = GCounter(RS("TOTAL"))% > < br >
39      今日浏览总人数:< % = GCounter(RS("TODAY"))% > < br >
40      昨日浏览总人数:< % = GCounter(RS("YESTERDAY"))% > < br >
41      本月浏览总人数:< % = GCounter(RS("MONTH"))% > < br >
42      上月浏览总人数:< % = GCounter(RS("BMONTH"))% > < br >
43      开站至今天:< % = GCounter(DateDiff("d", D1, D2))% > < br >
44      平均一日人数:< % = GCounter( RS("TOTAL") \ D3)% >
```

上述代码中,第 7 行表示获取当前日期的月份和数据库中的日期月份,并进行比较以检查是否是当前月份,其中"CSTR( )"是转换成字符串类型,"Month(DATE( ))"是返回当前日期的月份部分,第 28 行"DateDiff("d", D1, D2)"是时间函数,分别把"D1"和"D2"表示的时间按"d(date)"天数进行计算的时间差。第 29 ~ 36 行是一个把具体的数用图片表示的自定义函数,然后在第 38 ~ 44 所计算的天数分别用该自定义的函数进行调用来把数字替换成图形。

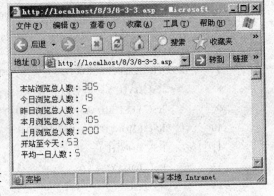

图 8.13　多种统计方式显示的计数器

该示例数据库设定好初始值(每个统计的数字初始值为 0,示例中设定的建站日期为 2008 . 1 - 1)后,示例运行效果如图 8.13 所示。

8.4　查询检索模块的设计

查询检索功能是网站上常用的功能模块,在基于 Web 方式的信息管理系统更需要给用户提供强大的检索功能服务,例如,电子商务的商品查询、图书管理的图书检索、论坛中的文章检索、人事管理的用户查询等等。对于用户在 Internet 的"信息海洋"中若查找自己所需要的信息,一般借助于专门的搜索引擎网站。

搜索引擎(Search Engine)是指根据一定的策略、运用特定的计算机程序搜集互联网上的信息,在对信息进行组织和处理后,为用户提供检索服务的系统。从使用者的角度看,搜索引擎提供一个包含搜索框的页面,在搜索框输入词语(也称为关键字),通过浏览器提交给搜索引擎后,搜索引擎就会返回跟用户输入的内容相关的信息列表。

一个大型的搜索引擎需要许多人工智能方面的技术来实现,而对于一般的网站开发者来说,设计的查询检索只是针对本站的已有数据库信息进行检索查询。本小节主要介绍站内数据库信息的查询检索模块的设计实现过程。

8.4.1　组合查询模块的设计

查询模块的设计方法样式很多,在此我们以一个多种样式组成在一起的组合查询为例,讲解它的设计实现过程。

【例 8.3】　设计一个对学生信息数据库查询检索的模块,要求用户可以按照多种方式选择进行组合查询。其查询组合样式如图 8.14 所示,查询示例结果如图 8.15、8.16 所示,本示例的设计步骤如下。

① 分析:根据如图 8.14 所示的样式,要求用户可以任意填写其中的一项或几项关键词即可组成相关的查询结构,例如,我们查询"学生姓名"包含"王",并且"家庭住址"包含"黑龙江"的查询,结果如图 8.15 所示。在此基础上,我们再添加查询项,查询"学生性别"为"女"且"高考成绩"大于等于"550"的查询结果,如图 8.16 所示。

图 8.14　组合查询模块示例提交部分样式

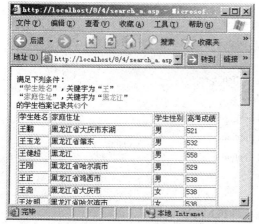

图 8.15　组合查询模块示例查询结果一

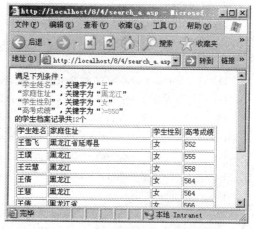

图 8.16　组合查询模块示例查询结果二

根据以上查询结果的分析,我们在本次设计的关键就是对查询项进行判断,如果所选择的查询项不为空,则我们把该查询项和已有 SQL 语句进行结合,其结合方法见代码示例。

② 数据库的设计:完成本示例提出的功能要求,数据库的设计主要完成"学生姓名"、"家庭住址"、"学生性别"以及"高考成绩"字段查询要求即可。在此我们设计一个 Access 数据库,文件命名为 xsdata.mdb,学生信息表为 xsinfo,为了采用 Field 对象进行设计,我们这里的表的字段命名采取中文方式,其表的结构见表 8.4。

为了便于程序查询,示例中的数据库先录入一些记录。

③ 本查询模块设计应该有两个文件组成,一个是查询表单的提交部分,文件命名为 search

_a.htm,另一个为接收查询表单并返回查询结果的 ASP 程序文件,文件命名为 search_a.asp。

表 8.4 学生信息 xsinfo 表的字段描述

字 段 名	类 型	长 度	是否主键	描 述
id	自动编号		是	自动编号
学生姓名	文本	20	否	学生姓名
家庭住址	文本	60	否	家庭住址
学生性别	文本	2	否	学生性别
高考成绩	数字	长整型	否	高考成绩

查询表单 search_a.htm 文件代码为:

```
1      < html >
2      < head > < title >组合查询示例一</title > </head >
3      < body >
4      < form method = "POST" action = "search_a.asp" >
5      < table border = "0" width = "354" height = "221" >
6      < tr > < td width = "96%" height = "35" > < p align = "center" >组合查询示例一</td > </tr >
7      < tr > < td width = "96%" height = "35" align = "left" >
8          学生姓名:< input type = "text" name = "username" size = "20" > </td >
9      </tr >
10     < tr > < td width = "96%" height = "34" align = "left" >
11         家庭住址:< input type = "text" name = "address" size = "37" > </td >
12     </tr >
13     < tr > < td width = "96%" height = "34" align = "left" >
14         学生性别:< select size = "1" name = "sex" >
15             < option value = "a" selected >请选择</option >
16             < option value = "男" >男</option >
17             < option value = "女" >女</option >
18          </select > </td >
19     </tr >
20     < tr > < td width = "96%" height = "34" align = "left" >
21         高考成绩:< select size = "1" name = "select_math" >
22             < option value = "a" >大于等于</option >
23             < option value = "b" >等于</option >
24             < option value = "c" >小于等于</option >
25         </select >   < input type = "text" name = "result" size = "10" > </td
26     </tr >
27     < tr > < td align = "center" > < input type = "submit" value = "提交" name = "B1" > </td > </tr >
28     </table > </form >
29     </body > </html >
```

上述代码运行效果如图 8.14 所示。

图 8.15、8.16 所示的运行效果为查询表单接收文件 search_a.asp,其代码为:

```asp
1     <%
2     if trim(request("username")) = "" and trim(request("address")) = "" and request("sex") = "a" and trim
      (request("result")) = "" Then
3     response.write "请输入查询关键字!"
4     response.End
5     End if
6     response.write "满足下列条件:<br>"
7     <%
8     Set cn = Server.CreateObject("ADODB.Connection")
9     cn.Open "Provider = Microsoft.Jet.OLEDB.4.0;Data Source = " & Server.MapPath("xsdata.mdb")
10    sql = "select 学生姓名,家庭住址,学生性别,高考成绩 from xsinfo where 1 = 1"
11    if trim(request("username")) < > "" then
12        sql = sql & " And 学生姓名 like '%"&trim(request("username"))&"%'"
13        response.write """ < font color = '# FF0000' > 学生姓名 </font>",关键字为"
14        response.write """ < font color = '# FF6666' > "&trim(request("username"))&" </font>" < br >"
15    End If
16    if trim(request("address")) < > "" then
17        sql = sql & " And 家庭住址 like '%"&trim(request("address"))&"%'"
18        response.write """ < font color = '# FF0000' > 家庭住址 </font>",关键字为"
19        response.write """ < font color = '# FF6666' > "&trim(request("address"))&" </font>" < br >"
20    End If
21    if request("sex") < > "a" then
22        response.write """ < font color = '# FF0000' > 学生性别 </font>",关键字为"
23        select case request("sex")
24        case "男"
25            sql = sql & " And 学生性别 = '男'"
26            response.write """ < font color = '# FF6666' > 男 </font>" < br >"
27        case "女"
28            sql = sql & " And 学生性别 = '女'"
29            response.write """ < font color = '# FF6666' > 女 </font>" < br >"
30        end Select
31    End If
32    if trim(request("result")) < > "" then
33        response.write """ < font color = '# FF0000' > 高考成绩 </font>",关键字为"
34        response.write """ < font color = '# FF6666' > "
35        select case request("select_math")
36        case "a"
37            sql = sql & " And 高考成绩 > = "&CInt(trim(request("result")))
38            response.write " > = "
39        case "b"
40            sql = sql & " And 高考成绩 = "&CInt(trim(request("result")))
41            response.write " = "
42        case "c"
```

```
43            sql = sql & " And 高考成绩 < = "&CInt(trim(request("result")))
44            response.write " < ="
45        end select
46        response.write trim(request("result"))&" < /font > " < br > "
47    End If
48    set rs = server.createobject("adodb.recordset")
49    rs.open sql,cn,1,1
50    If rs.recordcount = 0 then
51        response.write "没有符合条件的记录!"
52        response.End
53    Else
54        response.write "的学生档案记录共 < font color = # FF0000 > "&rs.recordcount&" < /font > 个"
55        response.write " < TABLE border = '1' > < TR > "
56        For i = 0 to rs.Fields.Count - 1
57            response.write " < TD > "&rs.Fields(i).Name&" < /TD > "
58        Next
59        response.write " < /TR > "
60        Do While Not rs.EOF
61            response.write " < TR > "
62            For i = 0 to rs.Fields.Count - 1
63                response.write " < TD > "&rs(rs.Fields(i).Name)& " < /TD > "
64            Next
65            response.write " < /TR > "
66            rs.MoveNext
67        Loop
68        response.write " < /TABLE > "
69    End if
70    % >
```

为了实现组合查询,上述代码第 11 ~ 15 行、第 16 ~ 20 行、第 21 ~ 31 行以及第 32 ~ 47 行分别为选择查询项"学生姓名"、"家庭住址"、"学生性别"及"高考成绩"的查询组合的"部分 SQL 语句",为了实现和前面第 10 行中 SQL 语句的完整组合,在此设计了"where 1 = 1"永远为真的条件,这样就实现了一段一段的"sql = sql & "and …""SQL 语句的完整连接。第 55 ~ 68 行是以表格的形式,利用 fields 集合实现满足前面筛选的 SQL 查询条件的所有记录,包含了字段名及记录的全部信息显示功能。

8.4.2 在查询结果中继续进行查询的设计

在 Internet 网上利用搜索引擎进行查询时,如百度、Google 等,我们经常是输入关键词筛选初步查询后,可以在结果中进行进一步的查询,来缩小范围实现更加精确地查询。下面以这种方式为例设计一个简单的在查询结果中接着进行查询功能的实现方法。

【例 8.4】 以"例 8.3"示例中的 xsdata.mdb 数据库的 xsinfo 表为检索对象,设计一个在"家庭住址"字段记录中,可以在检索结果中再次进行检索的 ASP 程序。示例文件命名为 search _

b. asp,其示例代码为：

```
1    < %
2    cn = "DRIVER = {Microsoft Access Driver ( * . mdb)};"
3    cn = cn & "DBQ = " & server . mappath("xsdata . mdb")
4    u _ search = request . form("u _ search")
5    u _ prev _ search = request . form("u _ prev _ search")
6    u _ search _ within = request . form("u _ search _ within")
7    if u _ search < > "" then
8        if u _ prev _ search = "" then
9            u _ prev _ search = u _ search
10       else
11           u _ prev _ search = u _ prev _ search &","& u _ search
12           g _ prev _ search = split( u _ prev _ search,",")
13           num _ inputted = ubound( g _ prev _ search)
14       end if
15       sql = "select * from xsinfo where (家庭住址 like '%"& u _ search & "%')"
16       if u _ search _ within = "Yes" then
17           for counter = 0 to num _ inputted − 1
18               sql = sql& "and (家庭住址 like '%"& g _ prev _ search(counter)& "%')"
19           next
20       end if
21       Set rs = Server . CreateObject("ADODB . Recordset")
22       rs . Open sql, cn, 1, 1
23       if rs . eof then
24           response . write "没有任何记录。"
25       else
26           rs . movefirst
27           do while Not rs . eof
28               response . write rs("家庭住址")& " < br >"
29               rs . movenext
30           loop
31       end if
32   end if
33   % >
34   < form action = "< % = request . servervariables("script _ name")% >" method ="post">
35       < input type = "text" name = "u _ search" value = "< % = u _ search % >"> < br >
36       < % if u _ search < > "" then % >
37           < input type = "radio" name ="u _ search _ within" checked value ="No"> 重新搜索
 
38           < input type = "radio" name ="u _ search _ within" value ="Yes"> 在结果中搜索
39           < % if u _ search _ within = "Yes" then % >
40               < input type = "hidden" name = "u _ prev _ search" value = "< % = u _ prev _ search
% >">
```

```
41              < % else % >
42                  < input type = "hidden" name = "u _ prev _ search" value = " < % = u _ search % > " >
43              < % end if % > < br >
44          < % end if % >
45          < input type = "submit" value = "搜索" >
46      < /form >
47      < % if u _ search < > "" then
48  response . write "执行的 SQL 语句为：< br >" & sql & " < br >"
49  response . write "共有 < font color = ' # ff0000 ' >"&rs . recordcount&" < /font > 条记录满足条件。"
50      end if % >
```

程序运行效果如图 8.17、8.18 所示。

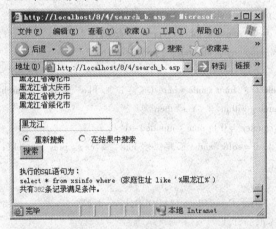

图 8.17　第一次检索示例运行效果

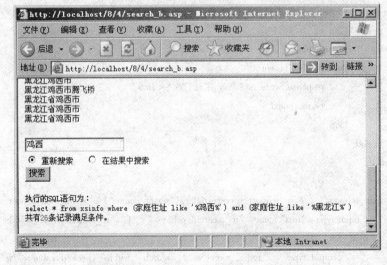

图 8.18　在结果中再次检索示例运行效果

上述示例代码中，第 4 行为第一次检索获取的关键词赋值，第 5 行为通过隐藏域携带再次查询的关键词，第 6 行为单选按钮"重新搜索"和"在结果中搜索"选项值。

第 8、9 行为第二次查询的隐藏域携带的值为空，则执行"重新查询"的赋值。

第 11 行为第二次搜索的关键词和第一次的关键词用"，"连接。第 12 行把连接后的关键词以","为分隔符返回数组,然后第 13 行再计算该数组的最大索引值。

第 15 行为第一次查询的 SQL 语句,第 16~20 行为多次在结果中查询的 SQL 语句的结合。

第 40 行为在"结果中搜索"通过隐藏域表单携带的上一次检索的关键词。第 42 行为"重新搜索"执行后令表单搜索的文本域显示搜索后的关键词。

8.5　上载文件模块的设计

文件上载是用户在网络上经常用到的功能。例如,使用网络邮箱发送附件时就需要将本地文件上载到邮件服务器,然后转发到收件人的邮箱中。文件上载功能的设计,可以采用组件方式或无组件方式来实现,上载的文件类型可以是 Word 文档、压缩文件、图形文件等任意类型的文件。上载的文件可以存放到数据库中,也可以存放到服务器硬盘某个路径中。

文件上载采用组件方式的设计实现,其组件可以从网上免费下载也可以自行设计开发。采用文件上载组件方式,使用起来较方便而且功能也很强大,但是需要在服务器上注册组件。在很多情况下,由于我们只能使用免费的 ASP 空间或者租用远程的服务器,所以在这种情况下,我们不可能在远程服务器的免费空间中注册组件。因此,采用无组件方式实现文件的上载是比较容易实现的,但是这种方式功能相对较弱。下面给出使用纯 ASP 代码实现图片文件上载到数据库中,以及从数据库中下载显示图片的设计过程。

8.5.1　无组件上载文件到数据库中的功能预览

本示例演示把本地的图片上传到服务器端的数据库中,并且在客户端能实现对上传图片的浏览、查看及删除功能。

图 8.19 为文件上传演示,在图 8.19 中,首先在表单中填写文件上传的相关信息,然后单击"下一步"按钮,进入到如图 8.20 所示的界面。

在图 8.20 中,用户通过"文件上传"表单在本地"浏览"查到要上传图片,单击"上传"按钮,则又回到主界面,此时在主界面图片文件列表中,则显示了刚才上传的图片文件说明界面,如图 8.21 所示。单击图片列表中的查看链接,则实现了如图 8.22 所示的上传到服务器数据库中的图片浏览功能。

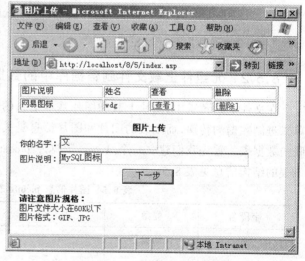

图 8.19　文件上载主界面

在图 8.22 中单击"返回"链接,则回到主页面,在主页面中还包括针对服务器端的图片"删除"功能,这里就不做演示了。

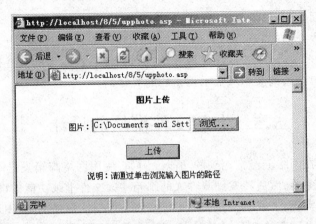

图 8.20　在本地"浏览"查到要上载文件上传界面

8.21　在主界面中显示的上传图片列表

图 8.22　图片浏览页面

8.5.2　无组件上载文件到数据库中的数据库设计

在文件上载预览中,图片上载和图片基本信息的表单是分离的,目的是实现图片上载的表单二进制数据的传递,而上载的图片和图片信息是关联的,所以我们这里设计两张"一对一"关联的数据表。首先我们建立一个 Access 数据库 picdata.mdb,其中图片的基本信息表为 picinfo,该表的结构信息见表 8.5。

表 8.5　图片信息 picinfo 表的字段描述

字段名	类型	长度	是否主键	描　　述
id	自动编号		是	记录编号
name	文本	20	否	上传图片的用户名
shuoming	备注		否	上传图片的说明
date	日期/时间		否	上传图片的时间

另一张数据表为保存上载图片的 pic 表,该表的结构信息见表 8.6。

表 8.6　保存图片 pic 表的字段描述

字段名	类型	长度	是否主键	描　　　述
id	自动编号		是	记录编号
picinfo_id	数字	长整型	否	记录 picinfo 表的 id 号
pic	OLE 对象		否	保存上载图片的二进制信息

这两张表的数据通过"picinfo"表中的"id"字段和"pic"表中的"picinfo_id"字段关联起来,如图 8.23 所示给出了表之间的关系布局。

建立了两张表的关系后,可以保证数据的完整性,在程序设计保存数据信息时,避免了出现数据不一致的问题。

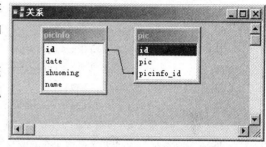

图 8.23　表之间的关系图

8.5.3　无组件上载文件到数据库中的功能实现

无组件方式实现图片上载功能,本示例采用了二进制数据的读写方法,把图片转化成二进制信息保存在数据库中。其连接数据库接口的公共文件为 connpic.asp,功能及代码同 8.1.3 小节所述类似,指定的数据库文件为 picdata.mdb。

在图 8.19 主页面中,文件命名为 index.asp,其代码为:

```
1      <!--#include file="connpic.asp"-->
2      <%
3      Set rs = Server.CreateObject("ADODB.Recordset")
4      Set rs1 = Server.CreateObject("ADODB.Recordset")
5      sql="select * from pic order by picinfo_id desc"
6      rs.open sql,conn,3,2
7      %>
8      <html><head><title>图片上传</title></head>
9      <body><div align=center>
10     <table border="1" width="400">
11       <tr><td>图片说明</td><td>姓名</td><td>查看</td><td>删除</td></tr>
12     <%Do While Not rs.eof%>
13       <%
14       sql="select * from picinfo where id="&rs("picinfo_id")
15       rs1.open sql,conn,2,1
16       %>
17       <tr><td><%=rs1("shuoming")%></td><td><%=rs1("name")%></td>
18         <td><a href="show.asp?id=<%=rs1("id")%>">[查看]</a></td>
19         <td><a href="del.asp?id=<%=rs("picinfo_id")%>">[删除]</a></td>
20       </tr>
21       <%
```

```
22        rs.movenext
23        rs1.close
24        % >
25      < % loop % >
26      < /table >
27      < form action = "addshuoming.asp" method = post >
28          < table border = "0" width = "400" >
29              < tr > < td align = "center" > < b > 图片上传 < /b > < /td > < /tr >
30              < tr > < td align = "left" >
31                  你的名字: < input type = "text" name = "name" size = "20" > < br >
32                  图片说明: < input type = "text" name = "shuoming" size = "40" > < /td >
33              < /tr >
34              < tr > < td align = "center" > < input type = "submit" value = " 下一步 " > < /td > < /tr >
35              < tr > < td align = "left" > < br > < br > < b > 请注意图片规格: < /b > < br >
36                  图片文件大小在 60K 以下 < br > 图片格式:GIF、JPG < /td >
37              < /tr >
38          < /table >
39      < /form > < /div >
40      < /body > < /html >
```

在图 8.19 中的图片信息列表中显示了图片信息,并且通过该图片信息的"查看"链接,可以定位到具体图片信息显示,所以该列表中显示了两个关联表的信息,它们之间的信息关联是由第 14 行代码进行信息定位的。并且在第 18、19 行的链接中携带了索引信息。

第 27~39 行是一个添加图片信息的表单,该表单信息被提交到 addshuoming.asp 接收文件中进行处理,该接收文件的代码为:

```
1       < ! - - # include file = "connpic.asp" - - >
2       < %
3       if request("shuoming") = "" or request("name") = "" then
4           response.write "请填上你的名字和说明"
5       else
6           set rs = server.createobject("adodb.recordset")
7           sql = "select * from picinfo"
8           rs.open sql,conn,3,3
9           rs.addnew
10              rs("shuoming") = request("shuoming")
11              rs("name") = request("name")
12              rs("date") = date()
13          rs.update
14          response.redirect "upphoto.asp"
15      end if
16      % >
```

接收图片基本信息后,示例转到 upphoto.asp 页面,即如图 8.20 所示页面,进行上传文件的表单图片文件本地路径的定位,其代码为:

```
1        < ! - - # include file = "connpic . asp" - - >
2        < %
3        Set rs = Server . CreateObject("ADODB . Recordset")
4        sql = "select  *  from pic"
5        rs . open sql , conn , 3 , 2
6        % >
7        < Script language = "javascript" >
8          function mysubmit(theform)
9            {
10             if(theform . big . value = = "")
11               { alert("请点击浏览按钮,选择您要上传的 jpg 或 gif 文件!")
12                 theform . big . focus ;
13                 return (false) ;
14               }
15             else
16           { str = theform . big . value ;
17             strs = str . toLowerCase() ;
18             lens = strs . length ;
19             extname = strs . substring(lens - 4 , lens) ;
20             if(extname ! = " . jpg" && extname ! = " . gif")
21               { alert("请选择 jpg 或 gif 文件!") ;
22                 return (false) ;
23               }
24           }
25             return (true) ;
26           }
27       < / script >
28       < center >
29       < form enctype = " multipart/form - data" action = " addpic . asp" method = post onsubmit = " return
mysubmit(this)" >
30            < table border = "0" width = "400" >
31              < tr > < td align = "center" > < b > 图片上传 < /b > < br > < br > < /td > < /tr >
32              < tr > < td align = "center" >
33                 图片 : < input type = "file" name = "big" size = "20" > < br > < br > < /td >
34              < /tr >
35              < tr > < td align = "center" > < input type = "submit" value = " 上传 " > < br > < br > < /td
> < /tr >
36              < tr > < td align = "center" > 说明 : 请通过单击浏览输入图片的路径 < /td > < /tr >
37            < /table >
38       < /form >
```

上述代码中,第 7～27 行为上传图片的表单对上传文件的格式以及不为空进行了客户端的表单验证。第 29 行的"enctype = "multipart/form - data""表示表单是以二进制数据进行传递的,它的表单数据接收文件为 addpic . asp,其代码为:

```
1      < %
2      dim formsize,formdata,bncrlf,divider,datastart,dataend,mydata
3      formsize = request.totalbytes
4      formdata = request.binaryread(formsize)
5      bncrlf = chrB(13)& chrB(10)
6      divider = leftB(formdata,clng(instrB(formdata,bncrlf)) - 1)
7      datastart = instrB(formdata,bncrlf & bncrlf) + 4
8      dataend = instrB(datastart + 1,formdata,divider) - datastart
9      mydata = midB(formdata,datastart,dataend)
10     % >
11     < ! - - # include file = "connpic.asp" - - > < %
12     sql = "select  *  from picinfo order by id desc"
13     set rs = conn.execute(sql)
14     id = rs("id")
15     Set rs = Server.CreateObject("ADODB.Recordset")
16     rs.Open "pic",conn,3,2
17     rs.addnew
18         rs("pic").appendchunk mydata
19         rs("picinfo _ id") = id
20     rs.update
21     set rs = nothing
22     set conn = nothing
23     response.redirect "index.asp"
24     % >
```

上述代码中,第3行为接收表单总的字节数,第4行为把接收的字节数以二进制的方式获取。

第5~9行为优化读取到的二进制数据,其中的 chrB、instrB、leftB 和 midB 分别是字符函数加上"B"后变为字节函数,用于二进制数据处理。

第18行中由于 mydata 变量中保存的是二进制格式数据,因此要将该数据写入到数据库中必须使用"appendchunk"的方法才能存储。

上述代码是将图片保存到数据库中,添加完后又回到主页面中,如图 8.21 所示。点击图片列表中的"查看"链接,则进入到图片查看页面 show.asp 文件页面,如图 8.22 所示,其代码为:

```
1      < % id = request("id")% >
2      < div align = center >
3      < image src = displaypic.asp? id = < % = id% > > < br > < br >
4      < a href = "index.asp" > 返回 </a >
5      < /div >
```

上述代码中第3行为显示图片文件 displaypic.asp 的调用,其代码为:

```
1      < ! - - # include file = "connpic.asp" - - >
2      < %
3      id = request("id")
```

```
4      set rs = server.createobject("ADODB.recordset")
5      sql = "select * from pic where picinfo_id = " & id
6      rs.open sql,conn,1,1
7      Response.ContentType = "image/jpeg"
8      Response.BinaryWrite rs("pic")
9      rs.close
10     set rs = nothing
11     set connGraph = nothing
12     % >
```

该示例代码中的第 7 行是保证数据以图片形式显示,所以将 response 对象的"ContentType"属性设置为"image/jpeg"格式输出,并在第 8 行把存入数据库的图片二进制信息取出并输出到客户浏览器。

正是因为第 7 行使该页以图片形式输出,所以在显示二进制图片的文件内不能输出文本信息,只能利用 show.asp 文件中的第 3 行进行调用,致使如图 8.22 所示的显示图片及文本在同一个页面的输出功能的实现。

在图 8.19 主页面中,链接"删除"操作和其他章节的数据删除功能类似,但是本示例中需要将相关联的两张表对应的数据全部删除,这样才能保证数据的统一完整性,该文件为 del.asp,其示例代码为:

```
1      < ! – – # include file = "connpic.asp" – – >
2      < %
3      Set rs = Server.CreateObject("ADODB.Recordset")
4      id = request.querystring("id")
5      sql = "select * from pic where picinfo_id = "&id
6      rs.open sql,conn,3,3
7      rs.delete
8      rs.close
9      sql = "select * from picinfo where id = "&id
10     rs.open sql,conn,3,3
11     rs.delete
12     response.redirect "index.asp"
13     % >
```

本章小结

本章针对网站设计中常用的基本模块设计进行了详细介绍,其中包括注册登录、留言论坛、计数统计、搜索引擎、文件上载等模块。本章分别针对这些典型的模块的功能设计、系统分析以及关键技术进行了详细地阐述并编写了 ASP 程序。为了方便读者的阅读,本章中的代码部分尽量做到精简,摒弃了大部分网页修饰中的 HTML 标识部分。

注册登录模块是应用最为广泛的模块,其中的表单验证、防止重名注册、登录验证码、用户级别的划分、个性管理页面定制、防止越权访问等关键技术都要求进行重点掌握。

留言论坛模块是数据库存储的典型模块,也可以扩展为信息发布系统,其中留言信息及其回复在同一个页面中显示的关键技术是学习重点。

计数统计模块介绍了两种类型的计数器实现方法,这里重点掌握数据库存储图形显示的计数器设计实现方法。

查询检索模块示例中,列举了较为复杂的组合查询和在查询结果中接着进行查询的设计实现过程,其中组合查询是重点。

文件上载模块相对较难,要实现功能强大的文件上载设计需要组件方式及较为复杂繁琐的代码设计,该小节只是介绍了图片文件存储到数据库的一种方法,读者可以简单了解即可。

本章所范举的这些模块在网站系统中经常用到,通过本章的学习为读者提供了设计思路及设计方法。在开发实践中,可以进行简单的改动,灵活地放到实际系统中进行应用。

思考与实践

1．在图 8.4 的示例中设计完成用户信息的"修改"及"删除"功能。

2．将图 8.7 所示的例子中添加分页显示功能。

3．把 8.1 和 8.2 小节进行结合,设计一个完成如下功能的留言板:

(1)没有注册登录的用户只可以浏览留言。

(2)只有注册并登录后的用户才可以发表留言和回复其他用户的留言,并且在浏览留言及回复时必须显示发言者的注册名。

(3)注册登录的用户,可以实现检索留言的功能。

(4)添加管理员的功能,即可以删除留言,删除用户及其该用户的所有留言。

4．设计一个投票程序,统计把端午节、中秋节等传统的节日设定为法定假日你认为是否有必要的两方面的投票数据,并且完成以下功能:

(1)要求每个用户只能投票一次,如果该用户再次投票则提示该用户已经投过票了。

(2)设定该投票的失效日期,如果过了设定的日期,则系统自动屏蔽投票显示,或用户投票时提示该投票已经过了有效期了,本投票停止。

(3)要求把统计数据以柱状图的形式显示。

5．参照"例 8.4 – 1"的程序代码及数据库,设计一个如图 8.24 所示的组合查询功能的 ASP程序,选择的检索项分别为"学生姓名"、"家庭住址"、"学生性别"以及"所学专业",逻辑选项为"并且"和"或者"。

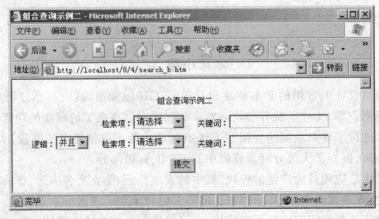

图 8.24　组合查询样式

第9章 电子商务网站开发实例

随着互联网行业的迅猛发展,电子商务业越来越成熟,网上购物给人们的生活带来了很多便利,于是这种灵活的商业模式使得网上商城也应运而生。在国内比较知名的购物网站有易趣网、当当网、淘宝网等。本章以电子商务网站为例,按照软件工程的思想要求,将详细介绍电子商务网站项目工程开发设计过程,包括需求分析、概要设计、数据库设计、目录结构设计、界面排版布局设计以及各功能模块的编码实现等,为设计建设一个完整的网站提供了解决方案。

本章的学习目标
◆ 掌握建设一个完整网站的总体设计步骤
◆ 了解网站项目工程开发的软件工程设计思想及其原理的应用

9.1 系统的需求分析

在进行一个网站项目开发之前,应对这一开发项目进行需求分析,以确定网站开发者需要完成哪些工作才能满足用户的需求。

9.1.1 系统概述

在信息飞速发展的时代,网络信息化管理系统以信息量大、数据准确、速度快、管理全面等特点在现实生活中得到广泛地应用。电子商务以其便捷的信息传输形式改变着人们以往的消费观念,利用简单、快捷且低成本的网上交易形式,买卖双方可以随时进行各种商贸活动,互联网商业的普及应用已经成为网络经济的大势所趋。

电子商务是网络时代的产物,它是指在电子网络上进行商品买卖和服务交易的过程。电子商务包括三类商务交易:第一类是指发生在企业和消费者之间的交易;第二类是指发生在企业与企业之间的交易,从事这种电子商务形式的企业对消费者来说是不可见的;第三类是指消费者与消费者之间的交易。

本章介绍的电子商务网站是建立在企业与消费者之间的商务交易网站,用户在电子商务网站上可以方便、快捷地查找到所需商品的信息,并可以足不出户地购买到商品。

9.1.2 系统的功能分析

通过对电子商务网站订购环境以及购物过程的调查研究,系统需要具有以下功能。

(1)前台客户界面部分

◆ 全面展示电子商务网站的服务项目及环境。

◆ 展示网站最新的商品信息。

◆ 展示网站推荐的商品信息。

◆ 提供相关的商业资讯报道。

◆ 为用户提供注册、修改个人资料和快速检索所需要商品信息的平台。

◆ 提供用户在网站上购物的平台。

◆ 提供用户与网站沟通交流的留言平台。

◆ 展示网站发布的公告信息。

◆ 展示商品的销量排行。

(2)后台管理界面部分

◆ 对商品详细信息以及分类信息进行管理。

◆ 对用户基本资料、交易制度、消费情况以及留言信息进行管理。

◆ 对用户提交的订单进行管理。

◆ 对管理员信息、网站公告信息以及商业资讯信息进行管理。

◆ 提供商品图片上传功能。

9.1.3 系统的可行性分析

(1)经济性

网站的宗旨是根据用户需求和市场形势提供商品的详细信息,并对商品进行详细分类,方便用户查找和购买所需的商品。

(2)技术性

网站提供购物车和收银台功能,用户选择商品并可以在线提交订单。信息管理系统实现对商品信息、用户信息、订单信息以及交易制度的管理,使网站具有友好的交易界面和良好的管理平台。

对于大型的网站进行需求分析是一个非常复杂繁琐的过程,这个过程占据系统项目开发的很大精力,详细的需求分析方法及步骤参见本书的2.3.1小节中的需求分析部分。

9.2 概要设计

概要设计是根据需求分析,确定系统的具体实施方案,它包括系统的体系结构设计、业务处理流程、用例图、网站的功能模块等,下面针对电子商务网站的概要设计进行分析及阐述。

9.2.1 网站流程分析

根据电子商务网站的需求分析,网站的流程如图9.1所示。对于大型网站,其功能和处理流程要复杂得多,这时需要对系统进行划分,按子系统进行分析,得出的功能流程图远不止一张。

9.2.2 网站的功能模块设计

电子商务网站是一个典型的数据库开发应用程序,根据系统的需求分析及流程分析,可以

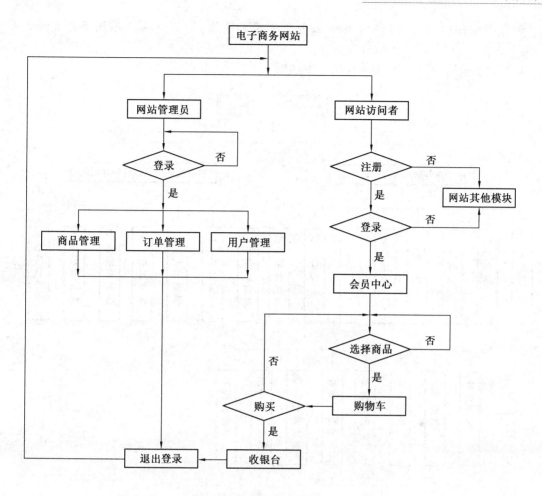

图 9.1　电子商务网站的流程图

把系统由前台功能模块和后台管理模块组成设计。

系统功能结构如图 9.2 所示。

前台功能模块的主要功能包括:最新商品、推荐商品、商业资讯、会员中心、客户留言、在线帮助、联系我们、站内公告和销量排行;其中会员中心包括:会员资料修改、修改密码、购物车、订单查询和消费查询。

后台功能管理模块的主要功能包括网站信息管理、商品信息管理、商品分类管理、用户信息管理、订单信息管理、新闻信息管理和留言信息管理。

9.2.3　系统的架构方案的设计

根据电子商务网站的功能分析,可将 Web 应用程序分为管理界面和客户界面,根据应用环境的不同,可以分为以下三种:

◆ 小型应用:可以采用 Web 服务器与数据库服务器共用一台计算机的方案,数据库可以采用 Access。

◆ 中型应用:可以采用 Web 服务器与数据库服务器分用两台计算机的方案,数据库可以采用 SQL Server 或 Oracle。

◆ 大型应用:可以采用多台 Web 服务器群集的方案,数据库可以采用 SQL Server 或 Oracle。

对于中型应用,系统运行架构解决方案如图 9.3 所示。

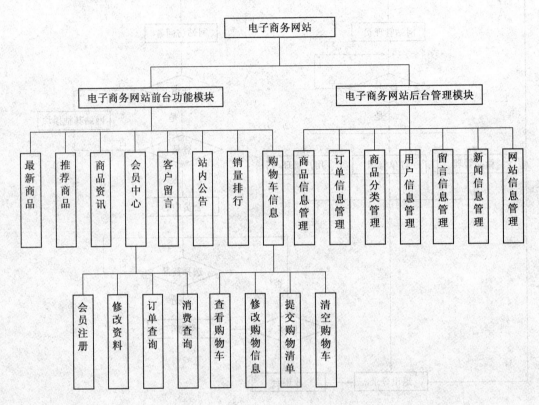

图 9.2　电子商务网站系统功能模块图

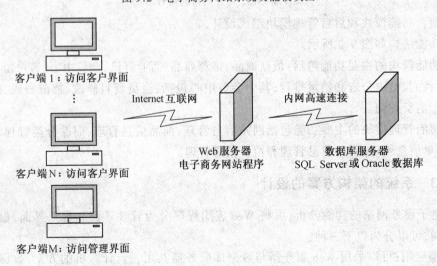

图 9.3　中型应用的系统运行架构解决方案

9.2.4 系统的软件体系结构设计

1. 系统的开发及运行环境确定

(1)开发工具

Dreamweaver、Photoshop、Flash、EditPlus、Access 等。

(2)开发语言

ASP、JavaScript 等。

(3)运行环境(软件环境)

① 服务器端：

◆ 操作系统：Windows 2003 Server。

◆ Web 服务器：IIS 6.0。

◆ 数据库平台：Access/SQL Server。

② 客户端：

◆ 任意操作系统下的浏览器均可。

2. 系统的 Web 服务器的配置

Web 服务器的配置参见本书的 3.2.2 和 3.2.3 小节。

9.3 数据库的设计

数据库在一个信息管理系统中占有非常重要的地位,数据库结构设计的好坏将直接对应用系统编码的效率及运行效果产生影响。合理的数据库结构设计可以提高数据存储的效率,保证数据的完整和一致。

9.3.1 数据库需求分析

设计数据库系统时应该先充分了解用户在各个方面的需求,包括现有的及将来可能增加的需求。

用户的需求具体体现在各种信息的提供、保存、更新和查询方面,这就要求数据库结构能充分满足各种信息的输出和输入。收集基本数据,分析数据结构及数据处理的流程,组成一份详尽的数据字典,为后面的具体设计打下基础。

通过上述的系统功能分析,针对一般电子商务网站系统总结如下的需求信息：

◆ 用户分为一般用户、注册用户和管理员用户。一般用户可以浏览网站商品信息,只有注册用户才可以购买商品。

◆ 商品按厂商分类,每一个商品都对应一个厂商。

◆ 一个用户可以购买同一个商品的多个数量或多个不同种类的商品。

◆ 一个用户按不同时期可以对应多张订单。

◆ 一个订单列表对应多个商品信息。

分析上述系统所需功能和需求总和,考虑到将来功能上的扩展,主要数据表可设计成如下的数据项和数据结构：

◆ 注册用户(会员),包括数据项:用户 ID、账号、户名、密码、联系方式及身份证号等。

◆ 商品,包括数据项:商品编号、商品名称、市场价、会员价、提供厂商、库存量及图片资料等。

◆ 订单,包括数据项:订单编号、用户名、商品名、数量、总金额、发货地点、收货人信息等。

9.3.2　数据库概念结构设计

得到上面的数据项和数据结构后,就可以设计出能够满足用户需求的各种实体,以及它们之间的关系,为后面的逻辑结构设计打下基础,这些实体包括各种具体信息,通过相互之间的作用形成数据流动。

根据数据库的需求分析,我们可以确定电子商务网站系统的数据对象、描述数据对象的属性以及数据对象之间的关系:企业可以提供多种商品,用户可以购买多样商品,同样的商品也可以被不同的用户购买,用户可以对应多个商品的订单。设计的实体之间关系图(Entity - Relationship Diagram,E-R图)见图9.4,其中一对多联系表示为1:N,多对多联系表示为 M:N。

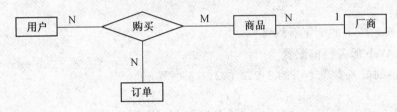

图 9.4　电子商务网站实体之间关系 E-R 图

注册用户信息实体 E-R 图如图 9.5 所示。

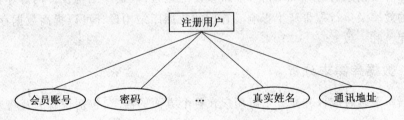

图 9.5　注册用户信息实体 E-R 图

商品信息实体 E-R 图如图 9.6 所示。

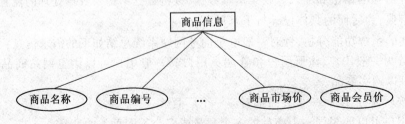

图 9.6　商品信息实体 E-R 图

订单信息实体 E-R 图如图 9.7 所示。

管理员信息实体 E-R 图如图 9.8 所示。

由于篇幅限制,其他信息对象的实体 E-R 图就不作介绍了。

为了使读者对本系统数据库表有一个更清晰的认识,笔者设计了一个数据库树形结构图,

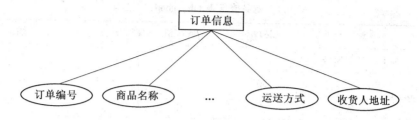

图 9.7　订单信息实体 E – R 图

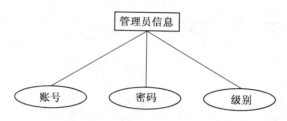

图 9.8　管理员信息实体 E – R 图

如图 9.9 所示。

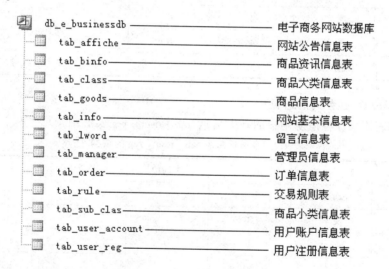

图 9.9　数据表树形结构图

9.3.3　数据库逻辑结构设计

数据库的概念结构设计完成后,可以根据上面的数据库概念结构转化为某种数据库系统所支持的实际数据模型,也就是数据库的逻辑结构。

根据数据量的大小及同时访问数据库的并发人数,系统可以选择使用不同的数据库。为了教学运行演示方便,这里我们使用 Access 数据库,由于篇幅有限,下面只给出较为重要的数据表的逻辑结构,其他数据表请参见本书代码资料。

(1)tab＿goods(商品信息表)

商品信息表用来存储商品的详细信息,tab＿goods 表的结构见表 9.1。

表 9.1　商品信息表 tab＿goods 的结构

字段名	数据类型	长度	默认值	允许为空	描　　述
id	自动编号				唯一标识
Gname	文本	50		否	商品名称
Gclass	数字	4	0		所属大类
Gsclass	数字	4	0		所属分类
Gmprice	货币	8	0		市场价
Ggprice	货币	8	0		会员价
Gprovider	文本	50		否	提供商
Gaddress	文本	100		否	所在地
Gpicture	OLE 对象				图片资料
Gintro	文本	200		否	商品简介
Gdate	日期/时间	8	Date( )		上架时间
Gstore	数字	4	0		库存量
Gsale	数字	4	0		销售量
Gcommend	是/否	1	0	否	是否推荐

(2)tab＿user＿reg(会员信息表)

会员信息表用来保存注册用户的基本信息,tab＿user＿reg 表的结构见表 9.2。

表 9.2　会员信息表 tab＿user＿reg 的结构

字段名	数据类型	长度	默认值	允许为空	描　　述
id	自动编号				唯一标识
Uname	文本	50		否	用户名称
Usex	是/否	1	0		性别
Upasswd	文本	50		否	密码
Uquestion	文本	50		否	密码提示问题
Uanswer	文本	50		否	问题答案
Udate	日期/时间	8	Now( )		注册时间
Uname	文本	50		否	真实姓名
Utel	文本	30		否	联系方式
Uemail	文本	100		否	E－mail
Ucode	文本	20		否	身份证号
Uaddress	文本	100		否	通信地址
Upcode	文本	10		否	邮编

（3）tab＿order（订单信息表）

订单信息表用来保存用户提交的订单信息以及处理订单的信息，tab＿order 表的结构见表 9.3。

表 9.3　订单信息表 tab＿order 的结构

字段名	数据类型	长度	默认值	允许为空	描　　述
id	自动编号				唯一标识
Ofid	文本	50		否	订单号
Uname	文本	50		否	用户名
Gname	文本	50		否	商品名称
Gnum	文本	50		否	数量
Ggprice	文本	50		否	单价
Udiscount	双精度型	8	0		折扣率
Otransport	文本	50		否	运输方式
Omoney	双精度型	8	0		应收金额
Oname	文本	50		否	收货人姓名
Otel	文本	30		否	收货人电话
Oaddress	文本	100		否	收货人地址
Opcode	文本	10		否	收货人邮编
Oemail	文本	100		否	收货人 Email
Opay	文本	50		否	付款方式
Odate	日期/时间	8	Now()		提交时间
Ostate	文本	50		否	执行状态
Ointro	文本	100		否	备注

9.4　详细设计

根据前面的概要设计及数据库设计，进行系统的过程设计又称详细设计阶段，详细设计包括确定网站的目录结构、公共模块的设计、页面布局排版、基本功能模块的设计与编码实现等。

9.4.1　系统目录及文件结构设计

1．系统的目录结构

在进行网站开发前，还要规划网站的目录结构，也就是说，建立多个文件夹，对各个功能模块进行划分，实现统一管理，这样做的好处在于：易于开发、易于管理、易于维护。本电子商务的站点目录及部分文件命名规划如图 9.10 所示。

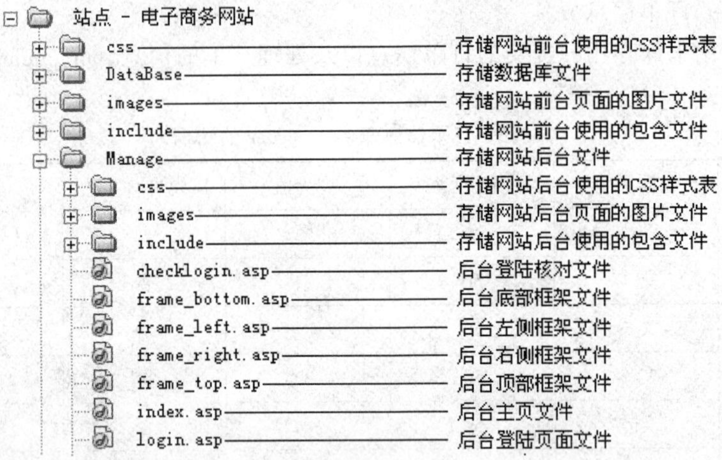

图 9.10 网站目录及部分文件命名规划

2. 系统的文件结构

(1)前台文件结构

电子商务网站系统的前台文件命名及相互关系结构如图 9.11 所示。

(2)后台文件结构

电子商务网站系统的后台管理文件命名及相互关系结构如图 9.12 所示。该图所标注的文件都在网站 manage 文件夹内。

9.4.2 网站页面的布局与排版设计

1. 前台主页的布局排版

网站的前台主页即网站的主页命名为 index.asp,采用两栏不对称方式布局,其结构示意图如图 9.13 所示。

网站的主页的运行效果如图 9.14 所示。主页布局采用固定表格形式排版,分辨率为 1 024×768 像素。

2. 后台管理页面的布局排版

后台管理员登录后的主页文件为 index.asp,该页的布局排版采用标题、页脚和目录的框架页形式,左侧目录框架为层叠式菜单栏,点击其菜单链接相应在右侧显示链接页面,其布局排版示意图如图 9.15 所示。

后台管理员登录后的主页文件,其运行效果如图 9.16 所示。

9.4.3 公共模块的设计

网站的公共模块一般是指在网站内的页面中经常用到的部分,如数据库的链接、页面头、页面尾、网站的参数、用户信息的判定等等,公共模块一般以独立文件的形式保存,在使用时采用包含页的 include 命令方式进行调用,这样不但提高了页面运行效率,同时也提高了更新维护效率。

1. 数据库链接文件

在动态网页中,很多页面都要进行与数据库有关的操作,如对数据库信息的浏览、查询、保

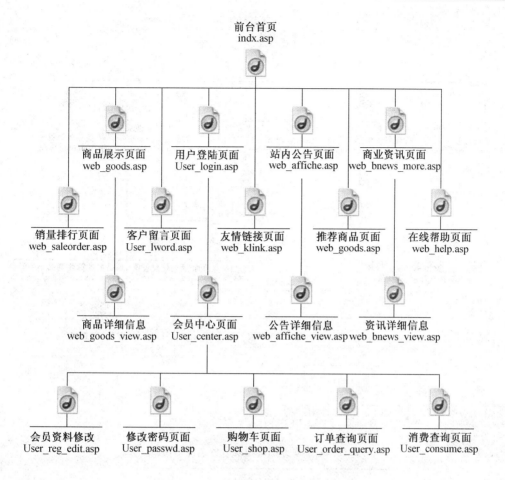

图 9.11　电子商务网站系统前台文件结构图

存、更新等。在执行这些操作前,首先要与数据库系统进行连接,本示例网站的数据库连接语句写入到 conn.asp 文件中,并保存在站内 include 文件夹内,在网页文件引用数据库连接调用如下语句:

< ! – – # include file = "include/conn.asp" – – >

数据库连接 conn.asp 文件代码为:

```
1    < %
2    dim conn , connstr
3    set conn = server.createobject("adodb.connection")
4    'ACCESS 数据库的连接
5    connstr = "DBQ = " + server.mappath("DataBase/db _ Ebusiness.mdb ") + "; DefaultDir = ; DRIVER =
{Microsoft Access Driver ( * .mdb)};"
6    conn.open connstr
7    'SQL SERVER 数据库的连接
8    'conn.Open "driver = {SQL Server}; Database = xsgl; server = 192.168.4.3; UID = sa; PWD = 123456"
9    % >
```

代码中的第 5~6 行是采用 Access 数据库时的连接方式,第 8 行是采用 SQL Server 数据库方式进行的连接,其中 xsgl 为数据库库名,192.168.4.3 为数据库服务器的 IP, sa 为用户名,

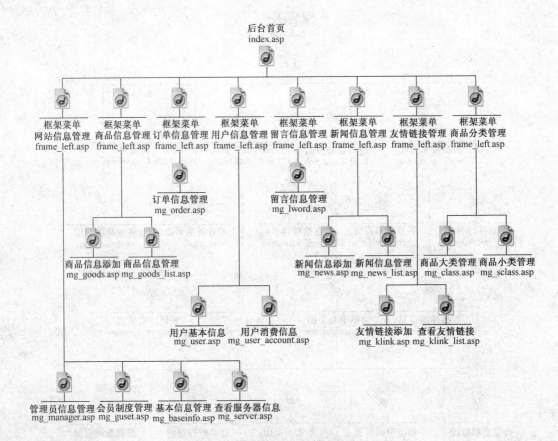

图 9.12　电子商务网站系统后台文件结构图

网页页眉——电子商务网站logo标志	
站点导航栏	
功能模块	商品展示模块
网页页脚 —— 网站信息	

图 9.13　电子商务网站主页布局排版示意图

123456 为访问数据库的密码。本示例中若转换成 SQL Server 数据库连接,可以把第 5、6 行进行注释,第 8 行的注释去掉,即可快速地转换数据库的连接。

2．页面头的设计

在网站的每个页面中,都有固定的页面头和页面尾,可参见图 9.10。页面头包含网站的 Logo 图标志和导航栏,这些内容同样采用的包含页的方式在每个页面中进行调用的。本站的页面头设计效果如图 9.17 所示。

通过网站导航,用户可以查看对应类别的信息,功能分类导航条主要通过超链接或者传递参数来实现导航功能,本站页面头文件的命名为 top.asp,其关键代码为:

图 9.14　电子商务网站主页运行效果图

框架页眉页面 frame_top.asp	
框架菜单页面 frame_left.asp	框架主显示页面 frame_right.asp
框架页脚页面 frame_bottom.asp	

图 9.15　后台主页框架布局排版及其页面文件结构示意图

1　　 < a href = "index.asp" > 首页 </a>

2　　 < a href = "web _ goods.asp? action = new" > 最新商品 </a>

3　　 < a href = "web _ goods.asp? action = commend" > 推荐商品 </a>

4　　 < a href = "web _ bnews _ more.asp" > 商业资讯 </a>

图 9.16　后台管理主页运行效果图

图 9.17　网站页面头运行效果图

5　　　< a href = ″User _ center. asp″> 会员中心 </a>

6　　　< a href = ″ # ″ onClick = ″javascript: window. open (′User _ lword. asp′,′new′,′height = 300, width = 560′);″> 客户留言 </a>

7　　　< a href = ″web _ help. asp″> 在线帮助 </a>

8　　　< a href = ″web _ connection. asp″> 联系我们 </a>

3. 页面尾的设计

页面尾包括版权信息和联系方式等内容,本示例网站的页面尾文件名为 bottom.asp。代码参见本书提供的网站文件源码。

9.4.4　商品展示模块的设计

商品展示页面的主要功能是根据获取的不同参数来确定要显示的最新商品、推荐商品或者分类商品的信息。其页面设计效果如图 9.18 所示。

图9.18 商品展示页面运行效果图

展示商品页面主要是根据传递的参数不同以确定相应的 SQL 语句,显示商品基本信息及图片信息,其关键代码为:

```
1    < %
2    Set rs = Server.CreateObject("ADODB.Recordset")
3    sqlstr = "select id,Gname,Gmprice,Ggprice from tab_goods where 1 = 1"
4    If classid < >"" Then sqlstr = sqlstr&" and Gclass = "&classid&""
5    If sclassid < >"" Then sqlstr = sqlstr&" and Gsclass = "&sclassid&""
6    If action = "commend" Then
7        sqlstr = sqlstr&" and Gcommend = true order by Gcommend"
8    Else
9        sqlstr = sqlstr&" order by id desc"
10   End IF
11   rs.open sqlstr,conn,1,1
12   % >
```

示例代码第4~5行中 classid、sclassid 分别代表商品大、小类所携带的参数值。

在商品展示页面中,可以直接读取数据库中商品对应的图片信息,在页面中调用 img.asp 文件,其关键代码为:

```
1    < %
2    Sub goods()
3    Set rs = Server.CreateObject("ADODB.Recordset")
4    id = Request.QueryString("id")
5    sqlstr = "select Gpicture from tab_goods where id = "&id&""
6    rs.open sqlstr,conn,1,3
7    Response.ContentType = "image/ * "
8    Response.BinaryWrite rs("Gpicture").getChunk(8000000)
9    rs.close
10   Set rs = Nothing
11   End Sub
12   % >
```

代码第7行中的 Response 对象的 ContentType 属性用于指定服务器响应的 HTTP 内容类型。第8行中的 Response 对象的 BinaryWrite 方法用于直接向客户浏览器发送二进制数据,并且不进行任何字符集转换。Field 对象的 getChunk 方法负责从数据库中取得资料,其参数表示所取得的资料大小。

9.4.5 购物车模块的设计

购物车模块的主要功能是保留用户选择的商品信息,并可以在购物车内设置选购商品的数量,显示选购商品的总金额,还可以清除选择的全部商品信息,重新选择商品信息。购物车页面设计效果如图 9.19 所示。

图 9.19　购物车页面设计效果图

在购物车页面中设置 Session 变量以存储用户选择的商品 ID 编号,根据商品 ID 编号以列表形式显示选择的商品信息,并可以修改购买商品的数量,示例中购物车主页文件名为 User_shop.asp,其功能按钮部分的关键程序代码为:

```
1      < %
2      id = Request("id")
3      shopping = Session("shopping")
4      ShopBag id, shopping    '执子过程 ShopBag(id, shopping)
5      Session("shopping") = shopping    '将获得的商品 ID 存储在 Session 变量中
6      Sub ShopBag(id, shopping)    '定义子过程,将选择的商品 ID 存储于变量 shopping 中
7          If Len(shopping) = 0 Then
8              shopping = id
9          ElseIf InStr( shopping, id ) < = 0 Then
10             shopping = shopping&", "&id&""
11         End If
12     End Sub
13     If Not Isempty(Request("money")) Then    '去收银台
14         idstr = Request.Form("id")
15         Response.Write ("< script language = 'javascript' > window.open('User_order.asp? idstr = " +
idstr + "','收银台','height = 550, width = 580') ; < /script >")
16     End If
17     If Not Isempty(Request("clear")) Then    '清空购物车
18         Session("shopping") = ""
19         Response.Write(" < script > alert('您的购物车已清空!'); window.location.href = ' User_
center.asp'; < /script >")
20     End if
21     % >
```

购物车主页中,根据获取的商品 ID 编号,显示商品详细信息的关键代码为:

```
1      < %
2      Set rsc = conn.Execute("select Adiscount from tab_user_account where Uname = '"& Session("Uname")
&"'")
3      Session("User_discount") = rsc("Adiscount")    '获得此用户在网站购买商品的折扣率
4      Set rsc = Nothing
5      Set rs = Server.CreateObject("ADODB.Recordset")
```

6   sqlstr = "select id,Gname,Ggprice from tab _ goods where id in ("&Session("shopping")&")"

7   rs.open sqlstr,conn,1,1

8   while not rs.eof

9   Num = Request.Form("Goods"&rs("id")) '通过获取文本框内的数字来修改选定商品的数量

10   If (Num = "" or Num < = 0) Then Num = 1

11   Session(rs("id")) = Num

12   % >

13   < tr align = "center" bgcolor = " # FFFFFF" >

14   < td > < input name = "id" type = "checkbox" id = "id" value = " < % = rs("id")% >" checked > < /td >

15   < td > < a href = "web _ goods _ view.asp? id = < % = rs("id")% >" > < % = rs("Gname")% > < /a > < /td >

16   < td > < input name = "Goods < % = rs("id")% >" type = "text" size = "3" value = " < % = Num% >" > < /td >

17   < td > < % = rs("Ggprice")% > < /td > < td > < % = Session("User _ discount")% > < /td >

18   < td > < % = rs("Ggprice") * Num * Session("User _ discount")% > < /td >

19   < /tr >

20   < %

21   sum = sum + rs("Ggprice") * Num * Session("User _ discount") '计算选中商品的总金额

22   rs.movenext

23   wend

24   rs.close

25   Set rs = Nothing

26   % >

购物车页面的运行效果如图 9.20 所示。

图 9.20 购物车页面运行效果图

9.4.6 收银台模块的设计

收银台模块的主要功能是根据用户在购物车页面提交的商品信息,为用户提供填写订单的平台,然后将用户选购的商品名称、数量以及订单信息存储在数据库中。

收银台页面接收购物车页面中传递的参数,包括选择的所有商品 ID 编号、对应的商品名称、商品单价和商品数量,并以列表形式展现给用户,使用户再次确定选择的商品信息。在该页面中用户通过填写表单信息提交本次订单,订单信息由网站后台系统管理员进行处理,本示例文件名为 User _ order.asp,其关键程序代码为:

```
1     <! - - 显示用户在购物车页面提交的商品信息 - - >
2     < %
3     idstr = Request . QueryString("idstr") '获得用户选择的所有商品 ID 编号
4     Set  rs = Server . CreateObject("ADODB . Recordset")
5     sqlstr = "select id, Gname, Ggprice from tab _ goods where id in ("&idstr&")"
6     rs . open sqlstr, conn, 1, 1
7     while  not  rs . eof
8     Num = Session(rs("id")) '获得用户选定商品的数量
9     % >
10    < tr align = "center" bgcolor = " # FFFFFF" >
11    < td > < % = rs("Gname")% > < /td >
12    < td > < % = Num% > < /td >
13    < td > < % = rs("Ggprice")% > < /td >
14    < td > < % = Session("User _ discount")% > < /td >
15    < td > < % = rs("Ggprice") * Num * Session("User _ discount")% > < /td >
16    < /tr >
17    < %
18    sum = sum + rs("Ggprice") * Num * Session("User _ discount")
19    If Goods _ name = "" Then Goods _ name = rs("Gname") Else Goods _ name = Goods _ name &","& rs("Gname")
20    If Goods _ price = "" Then Goods _ price = rs("Ggprice") Else Goods _ price = Goods _ price &","& rs("Ggprice")
21    If Numstr = "" Then Numstr = Num Else Numstr = Numstr&","&Num
22    rs . movenext
23    wend
24    Session("Goods _ name") = Goods _ name
25    Session("Goods _ price") = Goods _ price
26    Session("Numstr") = Numstr
27    Session("sum") = sum
28    rs . close
29    Set rs = Nothing
30    % >
31    <! - - 显示购物车信息及用户信息生成的表单订单 - - >
```

收银台页面的运行效果如图 9.21 所示,该表单提交接收订单信息保存到数据库的文件代码程序详见本书提供的源码资料。

9.4.7　会员注册登录模块的设计

会员模块的主要功能是为会员提供服务,服务项目包括会员注册、会员登录、会员资料修

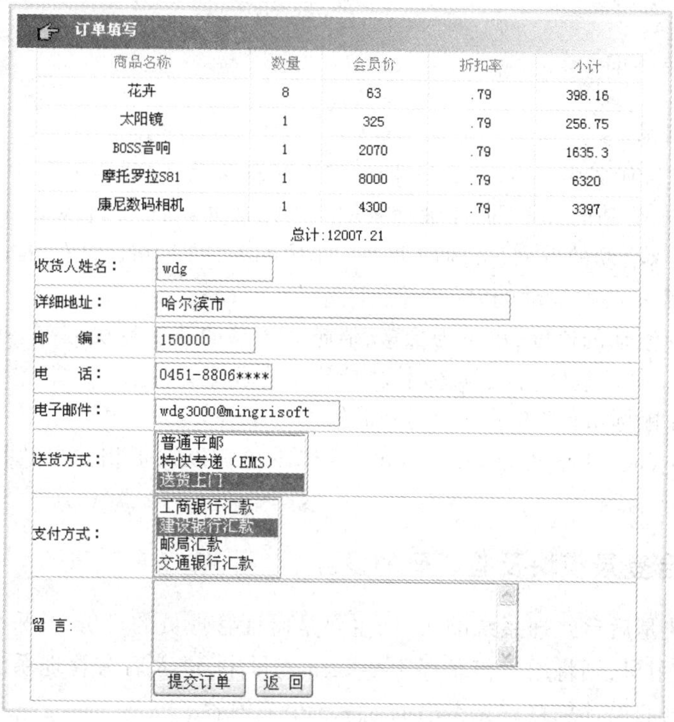

图 9.21　收银台页面运行效果图

改、找回密码、查看提交订单信息和查看在网站上的消费情况。会员注册登录模块的设计思路
详见本书的 8.1 章节的内容,具体代码见本书提供的源码资料。

9.4.8　站内公告模块的设计

站内公告模块的主要功能是以循环向上滚动的方式显示网站发布的公告信息。站内公告
页面读取数据库的站内公告信息表,通过在公告列表外加入 < marquee > 标记,实现信息滚动
的效果,本示例文件名为 web _ affiche.asp,运行效果参见图 9.10 所示的站内公告部分,其关键
代码为:

```
1    < marquee behavior = "scroll" direction = "up" scrolldelay = "3" scrollamount = "1" onmouseover = "this.
stop()" onmouseout = "this. start()" height = "100" >
2    < %
3    Set rs = Server. CreateObject("ADODB. Recordset")
4    sqlstr = "select top 6 id, Aftitle from tab _ affiche order by id desc"
5    rs. open sqlstr, conn,1,1
6    while not rs. eof
7    % >
8    < img src = "images/left _ item. gif" >   < a href = " # " title = " < % = rs("Aftitle")% >" onClick
= "javascript:window. open('web _ affiche _ view. asp? id = < % = rs("id")% >','new','height = 300, width =
580, scrollbars = yes')" > < % = Left(rs("Aftitle"),16)% > < /a > < BR >
9    < %
10   rs. movenext
11   wend
```

```
12      rs.close
13      Set rs = Nothing
14      % >
15      </marquee>
```

本示例中第 1 行代码中,< marquee > 标记实现信息滚动,它的各个属性说明如下:

◆ behavior 表示滚动的方式,循环滚动 scroll,一次滚动 slide,交替滚动 alternate。

◆ direction 表示滚动的方向,分为向上 up、向下 down、向左 left、向右 right。

◆ scrolldelay 表示两次滚动的时间间隔。

◆ scrollamount 滚动的速度,单位为像素,值越大滚动的速度越快。

◆ onMouseOver 鼠标事件,表示鼠标滑过时触发的事件。

◆ onMouseOut 鼠标事件,表示鼠标离开时触发的事件。

代码第 8 行的 onClick 事件是调用 JavaScript 脚本语言以携带相关参数打开指定文件的浏览器窗口。

9.4.9 后台登录模块及验证码的设计

后台登录模块是后台管理系统的入口,主要是验证管理员的身份,并采用验证码的方式来实现,如果为合法用户,则将用户信息存于 Session 变量中,进入后台管理系统的主界面。后台登录模块及验证码的设计思路详见本书的 8.1.5 小节内容。

9.4.10 商品大类与小类分级选择的设计

商品具有二级分类的,当单击商品大类时会显示其商品小类的信息,页面中同时会显示属于此商品大类的所有商品详细信息;当单击商品小类时,页面中会显示属于此类商品小类的所有商品详细信息,其运行效果如图 9.22 所示。

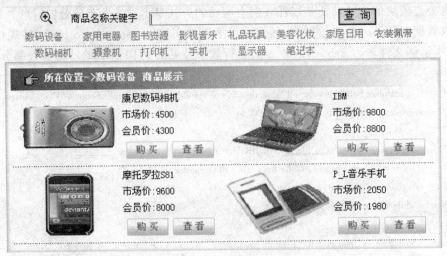

图 9.22 商品分类信息运行效果图

页面中的关键程序代码如下。

(1)创建商品大类的记录集。

使用 while...wend 语句循环显示商品大类的名称,并在超级链接 < a > 标记中向页面传递参数,使之显示属于此商品大类的商品小类和商品详细信息。

```
1      < tr >
2      < %
3      n = 1
4      Set rs = Server . CreateObject("ADODB . Recordset")
5      sqlstr = "select top 8 id,Cname from tab _ class"
6      rs . open sqlstr,conn,1,1
7      while not rs . eof
8      % >
9      < td > < a href = "web _ goods . asp? classid = < % = rs ("id") % > &classname = < % = rs ("
Cname") % > " > < % = rs("Cname") % > </a> </td>
10     < % If n mod 8 = 0 Then% > </tr> <tr> < % End If% >
11     < %
12     n = n + 1
13     rs . movenext
14     wend
15     rs . close
16     Set rs = Nothing
17     % >
```

示例中的第 9 行为商品大类所传递的参数到超级链接 web _ goods . asp 文件中,第 10 行表示为商品大类名称每 8 个显示一行。

(2)显示此商品小类的详细信息

根据接收到的传递参数值,判断是否显示商品小类名称,并在超级链接 < a > 标记中向页面传递参数,使之显示此商品小类的详细信息。

```
1      < % If Request . QueryString("classid") < > "" Then % >
2      < tr > < td height = "1" background = "images/right _ a05 . jpg" colspan = "8" > </td> </tr>
3      < tr >
4      < %
5      n = 1
6      Set rs = Server . CreateObject("ADODB . Recordset")
7      sqlstr = "select top 8 id,Csname from tab _ sub _ class where Cid = "&Request ("classid")&""
8      rs . open sqlstr,conn,1,1
9      while not rs . eof
10     % >
11     < td > < a href = "web _ goods . asp? sclassid = < % = rs ("id") % > &sclassname = < % = rs ("
Csname") % > & classname = < % = Request . QueryString("classname") % > " > < % = rs("Csname") % > </a>
</td>
12     < % If n mod 8 = 0 Then % > </tr> <tr> < % End If % >
13     < %
14     n = n + 1
15     rs . movenext
16     wend
```

```
17      rs.close
18      Set rs = Nothing
19      % >
20      < / tr >
21      < % End If % >
```

示例代码中第 7 行表示商品小类数据表中索引的小类类别参数,并显示前 8 个类别名。第 11 行为商品小类所传递的参数到超级链接 web_goods.asp 文件中。

由于篇幅的限制,其他功能模块的设计就不详细介绍了。读者可以参见本书所提供的源码资料。

9.5 网站编程中的安全防范措施

网站建设好后,如果不正确配置网站的安全设置,不但无法保证 ASP 网站数据和程序的安全,而且也会影响网站的正常使用,所以网站的安全维护至关重要。

网站的安全防范措施比较多,包括服务器操作系统、Web 服务器、数据库、脚本加密到程序编码设计等方面,下面针对电子商务网站,给出了程序设计中的安全防范措施的编码实现方法。

9.5.1 防止 SQL 注入漏洞

当应用程序使用输入内容来构造动态 SQL 语句访问数据库时,会产生 SQL 注入攻击,SQL 注入成功后,攻击者可以随意在数据库中执行命令。在程序代码设计中采用把一些 SQL 命令或 SQL 关键字屏蔽,可以防止注入漏洞的产生。

将防止 SQL 注入漏洞的程序代码写入到 conn.asp 中,以保证每个页面都能调用此程序。设计思路是将屏蔽的命令、关键字、符号等用符号“|”分隔后存储在变量中,再使用 Split 和 Ubound 脚本函数将页面接收到字符串数据与其比较,如果接收到字符串数据包含屏蔽的数据信息,则将页面转入到网站的首页,不允许访问者进行其他操作。其关键代码程序为:

```
1       < %
2       dim SQL_Injdata
3       SQL_Injdata = "'|;|and|exec|insert|select|delete|update|count|*|%|chr|mid|master|char|
truncate|declare"
4       SQL_inj = split(SQL_Injdata,"|")
5       If Request.QueryString < >"" Then
6           For Each SQL_Get In Request.QueryString
7               For SQL_Data = 0 To Ubound(SQL_inj)
8                   if instr(Request.QueryString(SQL_Get),Sql_Inj(Sql_Data)) > 0 Then
9                       Response.Redirect("/index.asp")
10                  end if
11              next
12          Next
13      End If
14      % >
```

9.5.2　防止 Access 数据库被下载

在网站开发完成以后,Access 数据库文件和其他文件一起被上传到网站服务器上。Access 数据库是以文件的形式存储的,如果数据库被下载,其数据就没有任何安全性可言了。Access 数据库文件的扩展名为 ∗.mdb 格式,如果用户洞察到 ASP 原码,在 ADO 访问数据库的方式下,数据库存放的路径和文件名也就失密,如 DBPath ＝ Server.MapPath("database/guestbook.mdb"),若用户在浏览器中打入地址及文件名就可以下载数据库文件,解决的办法是把数据库的扩展名强行改为 ∗.asp 格式。用户即使知道数据库路径及名称,因为 ASP 文件是在服务器端解释后返给客户端,若 Access 数据库强行以 ASP 文件方式读取就会出错而防止了下载。

同样,很多开发人员喜欢将用 Include 包含文件的扩展名设为 inc,但在这里仍建议以 asp 作为引用文件的扩展名。当这些代码在安全机制不好的 Web Server 上运行时,只需要在地址栏中输入某些扩展名是 inc 的文件 URL,就可以浏览该文件的内容。这是因为在 Web Server 上,如果没有定义好解析某些类型(比如 inc)的动态链接库时,该文件以源码方式显示。

9.5.3　加密口令

口令是系统中最敏感、最关键的信息,要实现口令的安全管理和动态更新,口令信息最好保存在数据库中,不要以明文存在,已防被截取。简单的做法就是利用 JavaScript 脚本语言,在用户提交时进行加密后再传送,服务器中的数据库直接以加密后的编码存储,即使用户得到并打开了数据库,也不会轻易了解加密后的编码含义。

口令的加密算法很多,在 ASP 访问数据库中最常应用的是采用 MD5 加密算法加密口令,这里就不详细介绍了。

9.5.4　用户登录的判定

本系统是一个多用户系统,其中有些页面需要用户登录后才能开放功能,比如后台管理、用户购物、查看订单等等,为防止非法用户直接调用这些页面的功能,需要在这些页面程序代码前加入用户登录判定的代码,而这些代码又是高度重复调用的,所以我们可以把它单独存放在一个文件中,使用时直接采用包含页的方式进行调用。其关键代码为:

```
< %
If session("user") = "" Then
        response.redirect "index.asp"
End if
% >
```

9.5.5　非法输入验证及验证码的使用

为保证数据录入的准确性,在通过表单录入数据到数据库时,一般都采用表单验证的方式实现,表单验证可分为服务器端验证和客户端验证方法,客户端验证的效率要高于服务器端。客户端验证方法常采用 JavaScript 和 VBScript 脚本编程实现,一般 JavaScript 脚本对于客户端浏览器的兼容性要好于 VBScript 脚本,采用 JavaScript 脚本的表单验证方法参见本书的 8.1.4 小节中的客户端验证模块的设计。

在通过表单登录及录入数据的设计中,常采用输入验证码的方式,用来防止用户利用"机器人"等软件进行自动注册、登录或灌水。验证码技术是将一串随机产生的数字或符号,生成一幅图片,图片里加上一些干扰象素(防止 OCR),由用户肉眼识别其中的验证码信息,输入表单提交网站验证,验证成功后才能使用某项功能。验证码的设计实现参见本书的 8.1.5 小节中的验证码模块的设计。

本章小结

本章以电子商务网站为例,按照软件工程的设计思想,详细介绍了网站开发的过程,由于篇幅的限制,本章的实例只是介绍了重点模块和关键代码,其他模块及程序源码可参见本书提供的网址下载查看。对于大型网站的开发步骤,读者可依照本章设计的思路及参照本书的2.3节的介绍进行设计。

通过本章的学习,读者还可以完成网上书店等类似系统的设计,本章也可以作为学生课程设计及毕业设计的范本进行参照。

思考与实践

1. 设计一个班级的同学录网站,包括用户注册登录的功能,注册登录的用户可以留言、修改个人资料、上传照片等;管理员的功能可以管理用户,管理留言等。

2. 自行设计一个小型的个人网站,并在互联网上申请一个个人的主页空间,并上传发布所设计的个人网站,提供给他人访问。上传主页的方法参见本书的 2.3.3 小节内容。

附录　VBScript 函数

附表　VBScript 函数

函数名	说　明　描　述
Abs	返回一个数的绝对值,如 Abs(− 1)和 Abs(1)都返回 1
Array	返回一个 Variant 值,其中包含一个数组
Asc	返回与字符串的第一个字母相关的 ANSI 字符编码,如 Asc("abcd")返回 97
Atn	返回一个数的反正切值,如 4 * Atn(1)得到 π 的值 3.14159265358979
Cbool	计算表达式的布尔值,如果表达式的值为 0,则返回 False,否则返回 True。例如,Cbool(1)返回 True
Cbyte	将表达式转换为 Byte 子类型,如 Cbyte(13.6789)返回 14
Ccur	将表达式转换为 Currency 子类型,如 Ccur(123.456789)返回 123.4568
Cdate	将表达式转换为 Date 子类型,如 Cdate("2008/1/1")、Cdate("2008 1 1")、Cdate("2008 年 1 月 1 日")等非规范格式返回的都为 2008 − 1 − 1
CDbl	将表达式转换为 Double 子类型
Chr	返回与指定的 ASCII 字符代码相对应的字符,如 Chr(72)返回 H
Cint	将表达式转换为 Integer 子类型,如 Cint(123.45)返回 123,Cint(123.55)返回 124
CLng	将表达式转换为 Long 子类型,如 CLng(123456.78)返回 123457
Cos	返回某个角的余弦值
CreateObject	创建并返回对象实例。注意,在 ASP 中不要用该函数来创建对象实例
CSng	将表达式转换为 Single 子类型
CStr	将表达式转换为 String 子类型,如 str = CStr(90.01),则 str 值为字符串"90.01"
Date	返回当前系统日期
DateAdd	返回已添加指定时间间隔的日期,如 DateAdd("m",2,"2008 − 3 − 1")将 2008 年 3 月 1 日加两个月,得到 2008 − 5 − 1
DateDiff	返回两个日期间的时间间隔,如 Datediff("d","2008 − 2 − 1","2008 − 3 − 1")将返回 29,其中 d、h、n、s、m、ww、yyyy 等分别代表天、小时、分、秒、月、周和年等
DatePart	返回给定日期的指定部分,如 DatePart("yyyy","2008 − 3 − 1")返回 2008
DateSerial	使用指定的年、月、日返回 Date 子类型,如 DateSerial(2007,13,32)将返回 2008 − 2 − 1,其中 13 月进 1 年变为 1 月,32 为 1 月份进 31 天 1 个月剩下 1 天
DateValue	返回 Date 子类型,如 DateValue("2008,2,28 21:10:52")将返回 2008 − 2 − 28
Day	返回日期的日值,如 Day("2008 − 2 − 28 21:10:52")将返回 28
Eval	计算一个表达式的值并返回结果

续附表

函数名	说 明 描 述
Filter	对字符串数组进行过滤,将满足匹配条件的元素构成的数组返回
Int	返回数字的整数部分,如 int(5.6)将返回 5,当数字为负数时,则返回小于该数字的第一个负整数,如 Int(-5.4)将返回-6
Fix	返回数字的整数部分,如果参数为负数,返回大于参数的第一个负整数。例如:Fix(-5.4)将返回-5
FormatCurrency	将指定表达式转换为格式化的货币值。例如,当系统控制面板中定义的货币符号是人民币符号时,FormatCurrency(2100)将返回￥2 100.00
FormatDateTime	将指定表达式转换为格式化的日期时间值,如 FormatDateTime(Now,1)返回值为 2008 年 3 月 2 日,其中参数 0 显示完整的日期及时间、1 是按区域设置显示完整的日期格式、2 简短的日期格式、3 时间格式、4 是以 24 小时格式显示时间
FormatNumber	将指定表达式转换为格式化的数值,如 FormatNumber(123.4567,2)返回值为带两位小数点的数 123.46;FormatNumber(-0.1,3,-1)将返回-0.100
FormatPercent	将指定表达式转换为百分比格式,如 FormatPercent(-0.1,3,-1)将返回-10.000%,FormatPercent(2/32)返回 6.25%
GetObject	访问文件中的自动化对象,并将该对象赋给对象变量。注意,在 ASP 中不要用该函数来创建对象实例
Hex	返回表示十六进制数字值的字符串,如 Hex(123)返回"7B"
Hour	返回 0~23 之间的一个整数,表示一天中的某一小时,如 hour(#13:10:40#)返回 13,hour(now())返回当前时间的小时值
InStr	返回某字符串在另一字符串中第一次出现位置,如 instr("abcd","bc")返回值为 2
InStrRev	返回某字符串在另一个字符串中出现的从结尾计起的位置
IsArray	返回布尔值,确定一个变量是否为数组
IsDate	返回布尔值,确定表达式是否可以转换为日期
IsEmpty	返回布尔值,确定一个变量是否为空
IsNull	返回布尔值,确定一个表达式是否包含无效的数据
IsNumeric	返回布尔值,确定一个表达式是否为数字
IsObject	返回布尔值,确定一个表达式是否引用了有效的对象
Join	返回字符串,将数组中的多个子字符串合成一个字符串
LBound	返回数组某一维的最小索引值
LCase	返回字符串的小写形式
Left	返回指定数目的从字符串的左边算起的字符,如 left("abcdefg",3)将返回 abc
Len	返回字符串内字符的数目,如 len("abcdefg")将返回 7
Log	返回数值的自然对数
Ltrim	截去字符串中的前导空格
Rtrim	截去字符串中的后续空格
Trim	截去字符串中的前导与后续空格

续附表

函数名	说　明　描　述
Mid	从字符串中返回指定数目的字符,如 mid("abcdefg",2,3)含义是从已知的字符串中第 2 个字符起,返回 3 个字符,结果为 bcd
Minute	返回时间分钟 0~59 之间的一个整数,表示一小时内的某一分钟,如 Minute(#13:20:49#)返回值为 20
Month	返回 1~12 之间的一个整数,表示一年中的某月
MonthName	返回代表指定月份的字符串,如 MonthName("4")返回四月
MsgBox	显示一个信息对话框
Now	根据计算机系统设定的日期和时间,返回当前的日期和时间值
Replace	将字符串内的子字符串替换为指定的串,如 Replace("abcd","cd","ab")返回 abab
RGB	返回代表 RGB 颜色值的整数,如 RGB(255,34,120)返回 7873279
Right	从字符串右边返回指定数目的字符
Rnd	返回一个随机数
Round	返回按指定位数进行四舍五入的数值,如 Round(3.14159,2)返回 3.14
Second	返回 0~59 之间的一个整数,表示一分钟内的某一秒
Sin	返回一个角度的正弦值
Space	返回由指定数目的空格组成的字符串,如 Space(3)则返回 3 个空格的字符串
Split	返回一个从索引值从 0 开始的一维数组,该数组的元素由传入字符串分割成子字符串所构成
Sqr	返回数值的平方根
StrComp	比较两个字符串,并返回比较结果为 -1、0 和 1,分别表示为小于、等于和大于
String	返回指定长度的、重复字符组成的字符串,如 String(3,"B")返回"BBB"
StrReverse	将字符串按反序排列输出
Tan	返回一个角度的正切值
Time	返回目前的系统时间
Timer	返回午夜 12 时以后已经过去的秒数
TimeSerial	返回含指定时、分、秒的时间,如 TimeSerial(12,-15,20)返回 11:45:20
TimeValue	返回包含时间的 Data 子类型,如 TimeValue(now())等同 time()返回系统当前时间
TypeName	返回一个变量的子类型信息
Ubound	返回数组某一维的最大索引值
Ucase	返回字符串的大写形式
Weekday	返回表示一星期中某天的整数,如 Weekday(now()),返回值 1 表示星期日、2 星期一、3 星期二、……、7 星期六
WeekdayName	返回一个字符串,表示星期中指定的某一天
Year	返回一个代表某年的整数,如 Year(now())返回 2008

参 考 文 献

[1] 林小芳,吴怡.ASP 动态网页设计教程[M].北京:清华大学出版社,2006.

[2] 金旭亮,吴彬.网站建设教程[M].北京:高等教育出版社,2003.

[3] 陈建伟,李美军,施建强.ASP 动态网站开发教程[M].北京:清华大学出版社,2005.

[4] 刘亚姝,许小荣,张玉梅.ASP 动态网站开发技术与实践[M].北京:电子工业出版社,2007.

[5] 刘志铭,庞娅娟,孙明丽.ASP + Access 数据库系统开发案例精选[M].北京:人民邮电出版社,2007.

[6] 许卫林.VBScript + ASP 动态网页制作[M].北京:中国电力出版社,2002.